快速精通

博碩文化

iOS17 程式設計

Beginning iOS 17 Programming with Swift and SwiftUI

從零開始｜活用 **Swift** 與 **SwiftUI** 開發技巧

Simon Ng 著 / 王豪勳 譯 / 博碩文化 審校

從零開始掌握 SwiftUI 框架與開發技巧

快速強化你的 iOS App 開發實戰能力

輕鬆成為專業程式設計師

｜了解 Xcode 開發工具｜使用清單視圖、堆疊視圖設計 UI 與深色模式｜

｜快速學習 Swift App 程式編寫、物件導向與 SwiftUI 程式設計｜

｜運用 SwiftData 與 CloudKit 存取資料｜使用地圖與相機｜

｜實作動態視覺效果｜開發使用者通知｜App 本地化｜

｜App 測試與上架程序｜

使用
Xcode 15 &
iOS 17 &
Swift 5.9
開發

快速精通 iOS 17 程式設計

從零開始活用 Swift 與 SwiftUI 開發技巧

作　　者：Simon Ng
譯　　者：王豪勳
審　　校：博碩文化
責任編輯：曾婉玲

董 事 長：曾梓翔
總 編 輯：陳錦輝

出　　版：博碩文化股份有限公司
地　　址：221 新北市汐止區新台五路一段 112 號 10 樓 A 棟
　　　　　電話 (02) 2696-2869　傳真 (02) 2696-2867
發　　行：博碩文化股份有限公司
郵撥帳號：17484299　戶名：博碩文化股份有限公司
博碩網站：http://www.drmaster.com.tw
讀者服務信箱：dr26962869@gmail.com
訂購服務專線：(02) 2696-2869 分機 238、519
（週一至週五 09:30 ～ 12:00；13:30 ～ 17:00）

版　　次：2024 年 2 月初版

建議零售價：新台幣 760 元
Ｉ Ｓ Ｂ Ｎ：978-626-333-748-0（平裝）
律師顧問：鳴權法律事務所 陳曉鳴 律師

本書如有破損或裝訂錯誤，請寄回本公司更換

國家圖書館出版品預行編目資料

快速精通 iOS 17 程式設計：從零開始活用 Swift 與
SwiftUI 開發技巧/Simon Ng 著；王豪勳譯. -- 初版. --
新北市：博碩文化股份有限公司, 2024.02
　面；　公分
譯自：Beginning iOS programming with Swift and
SwiftUI (iOS 17 and Xcode 15)

ISBN 978-626-333-748-0(平裝)
1.CST: 系統程式 2.CST: 電腦程式設計 3.CST: 行動資
訊

312.52　　　　　　　　　　　　　　113000898

Printed in Taiwan

歡迎團體訂購，另有優惠，請洽服務專線
博 碩 粉 絲 團　(02) 2696-2869 分機 238、519

好評推薦

「因為本書我找到了一個實習機會與一份工作，跟著本書學習一週後，我立即能夠開發自己的 App！四個月後，我獲得了 Ancestry 所提供的實習機會，成為一個 iOS 開發者，這真的是我做過最好的一項投資。」　　　　　　　　　　—Adriana，Ancestry iOS 開發者

「基礎與進階這兩本書的內容可以了解所有 App 的設計、程式語法、測試與發布的觀念，你所需要的只是創意。」　　　　　　　　　　　　　　　— Rich Gabrielli

「我已經發表了 8Cafe 與 8Books App，這些 App 都是啟蒙於 AppCoda Swift iOS 這本優秀的書，很高興跟你的團隊一起學習發展。事實上，我的許多 App／遊戲的靈感與技術來自於你的基礎與進階的優秀 Swift 著作，對我與許多的開發者而言，你的才華、知識、專業與不吝分享，簡直是上天所恩賜的禮物。」　　　　　　— Mazen Kilani，8Cafe

「我開發 iOS App 至今大約一年的時間，非常感謝 AppCoda 團隊，我購買 Swift 一書後，快速增強了我的生產力，並瞭解了整個 Xcode 與 iOS 的開發程序。所學到的比起我在決定購買使用 AppCoda 的書籍之前，花了許多時間透過在 StackOverflow 與 Github 搜尋學習來得多。所有的資訊都會更新且精確，內容易於閱讀與遵循，書中所用的範例專案也非常棒，我強力推薦此書，若是你想要開始快速學習 Swift 的話，不用再等了。」

　　　　　　　　　　　　　　　　　　　—David Gagne，Bartender.live 作者

「AppCoda 的書令人非常激賞，內容寫得非常清楚，即使沒有任何概念，書中的內容會鼓勵你獨立思考並吸收這些觀念，沒有其他比這更詳盡的學習資源了。」

　　　　　　　　　　　　　　　　　　　　　　— 日本 Sheehan，Ingot LLC

「這本書寫得非常好，簡潔有力，書中的範例非常棒且貼近真實的應用，它真的幫助我完成第一個 App，並於 App Store 上架，內容給我許多進一步強化與更新 App 的想法。我將它作為我的參考指南，也很感謝每當 Swift 與 iOS 有做變更時，都能收到更新。」

　　　　　　　　　　　　　　　　　　　—David Greenfield，ThreadABead 作者

「非常感謝作者寫了這麼棒的書！這本書幫助我開發了第一個真正的 App，自從在 App Store 上架後，不到兩個月就賺進了美金 200 元，我也獲得了一個在行動部門進行軟體開發的工作。再次感謝這本超棒的書，如果有人問我是怎麼學習程式的，我一定會盡力推廣此書。」　　　　　　　—Rody Davis，Pitch Pipe with Pitch Assistant 開發者

「這本書寫得很棒！我在 Udemy 有購買另一個 Swift 的課程，但是講師並沒有太多開發者的背景，而我知道本書作者是一個有經驗的開發者。此外，內容的說明非常清楚。」

—Carlos Aguilar，Roomhints Interior Design Ideas 作者

「多年來，我一直在尋找良好的學習資源，來幫助我加強 App 的開發技巧。而這本書真的拯救了我，這是我寫程式十年來所讀過的書中，說明得最好的一本，內容容易理解，且切中所有要點。說再多的謝謝，都不足以表達我對於作者撰寫本書的感激之情。」

—Eric Mwangi

「這本書以許多的範例來闡釋，對於有經驗但想入門 Swift 的開發者來說，也非常有幫助。」

—Howard Smith，Flickitt

「沒有這本書，我無法成為一個 iOS 開發者。」

—Changho Lee，SY Energy

「我想要學習使用 Swift 來開發 iOS 程式。而我找到了這本書，此書絕對是學習 Swift 與 iOS App 開發的絕佳方式，如果你有些程式背景，在幾天內就能夠做出一些 App，如果你不是的話，一樣也能夠學會 App 的開發。」

—Leon Pillich

「這是我在網路上所找到的最佳書籍，內容非常容易理解，三年前我開始學習寫程式，而今我的 App 能夠完成，都歸功於這本書。」

—Aziz，Kuwait Concepts 工程師

「有見解、實用與學習動機。這本書充滿知識性與有深度的主題，書中對於 iOS 開發的各個面向提供了提示與技巧，並鼓勵學生／讀者能夠持續往前，不會害怕去深入理解觀念，真的是太棒了！」

—Moin Ahmad，Guess Animals 作者

「這本書教導我如何建立我想要的 App，書中的內容規劃得很好，每一章的篇幅拿捏得恰到好處，不會太過冗長而無法消化，想要學習開發第一個 App 並進階學習的話，我強烈推薦這本內容超棒的好書。」

—Stephen Donnelly，Rascalbiscuit 總監

「我嘗試過多種學習資源，包括史丹佛的課程，雖然我已經從其他資源學過自動佈局、委派、Segue 等主題，但這是第一個讓我能夠真正理解這些內容的一本書。」

—Nico van der Linden，Expertum SAP 開發者

「過去三年以來，我已經購買了超過十多本有關 Objective C 與 Swift 的書。我目前在一所高中教授電腦科學先修課程，我主要是教授 Java 語言，不過我也教授其他數種程式語言，所以我會收藏大量的教科書，雖然我過去幾年所購買的其他書籍與線上教學影片的內容也很不錯，但是我發現 AppCoda 所出版的書更勝於這些教材。本書作者在書中對於某

個主題的表達方式，就好像我在課堂上接受他的指導一樣，而不只是閱讀書面上的文字而已。最棒的是他的寫作方式就好像他正在跟你說話一樣，而不只是單純的介紹。」

—Ricky Martin，Gulf Coast 高中

「這是我在學習 Swift 時所找到的學習書籍之一。作為一個初學者，這本書非常容易學習與理解，整本書以貼近真實生活的範例來建立 App，這種學習方式真是太天才了，最後也能夠實用它。我學習了很多，也運用了很多其中的內容於我的 App 中。我發現我會常常會回去參考此書，這真的是一本很棒的作品。」　　　　—Bill Harned，Percent Off 作者

「這是有關 iOS 開發最棒的書籍，內容編排絕佳且容易跟著實作，是很棒的開發學習良伴。」　　　　　　　　　　—Ali Akkawi，iOS 與 Android 行動 App 自由工作者

「我喜歡本書，內容編排得非常有結構，幾乎涵蓋了所有最新的觀念。」

—Barath V，首席 iOS 開發人員，Robert Bosch LLC

「我已經購買過 iOS 11 Swift 程式入門與進階版一書，我是由 Java 開發轉成 iOS 的行動應用開發者，這些書真的幫助我學到如何建立行動應用程式，在入門版中的 FoodPin 應用程式範例，可以學到建立一個 App 所用到的常用元件，這是一個很棒的學習方式，即使我已經從事 iOS App 開發工作三年之久，我還是常常回來參考 AppCoda Swift 的書籍。」

—Stacy Chang

「或許沒有這本書，我也能完成我的 App，但花費的時間可能會更久，也許自己都不會相信我可以做得這麼好，如果沒有這本書，我的 App 也不會出現在 App Store 了，以上所述皆為真，繼續加油吧！」　　　　　　　　　　　— Marc Estwick

「去年暑假時，我沒有錄取高科技公司的實習機會，因此我選擇購買了本書，並利用整個暑假期間學習 SwiftUI，我很快就學會了，這本書真的超棒。我已經製作了好幾個App，『Receipted』是我第一個在 App Store 上架的 App。當我今年我再次開始參加實習工作的面試時，我展示了自己做過的 SwiftUI App，結果獲得八家公司的實習機會！」

— Hunter Kingsbeer

序 言

多年前，人們會問：「Swift 已經適合進行 App 開發了嗎？」

現在每個人都知道 Swift 是開發 iOS App 時需要學習的程式語言。我對 Swift 程式設計有著真誠的熱情，對這門語言的欽佩不僅僅是因為作為一位 Swift 程式設計講師或推廣我的課程／書籍的願望所驅使。憑藉著十五年以上的各種程式語言程式設計經驗，我可以自信地說：「 Swift 已經成為我目前最喜歡的程式語言，其精心設計的結構、簡化的語法且簡潔無瑕是其具有吸引力的關鍵因素之一。與傳統的 Objective-C 相比，Swift 易於學習並提高 iOS App 開發的效率，皆突顯了選擇它的優勢。

Swift 由 Apple 於 2014 年 6 月推出，經歷了重大的更新和改版。至今，蘋果公司已經隨著 Xcode 15 一起發布了 Swift 程式語言 5.9 版本，並導入了豐富的功能。從第一版發布以來，經過九年多的發展，Swift 不再是一個全新的程式語言，它已經發展成為強大且完善的程式語言，有望解決跨 iOS、macOS、watchOS 及 tvOS 等應用程式的開發問題。值得注意的是，Lyft、LinkedIn、Mozilla 等公司已採用 Swift 進行應用程式開發，無論你是計畫要開發下一個 iOS App，還是想從事 iOS App 開發工作，Swift 無疑都是值得學習及使用的程式語言。

本書涵蓋了 iOS 應用程式開發所需學習的所有內容。然而，重要的是要記住 Swift 只是一個程式語言，要成功開發 iOS App，你需要獲取 Swift 以外的知識。除了介紹 Swift 以外，本書將會教導你如何使用 SwiftUI 來設計使用者介面，並掌握 iOS SDK 的基本 API，最重要的是透過從頭開始建立一個真正的 App，你將獲得實用的 Swift 程式設計技能。

對於那些沒有任何程式設計經驗的初學者而言，你可能想知道是否可以學習 Swift 程式設計，並建立一個功能完善的 iOS App。

自從 Swift 釋出以來，我就使用 Swift 進行程式設計，因此我可以自信地說：「與 Objective-C 相比，Swift 非常容易理解，而且對於初學者來說更容易掌握。」雖然不是每個人都能成為出色的開發者，但是我堅信任何人都可以學習程式設計，並使用 Swift 開發 App，這一切只需努力付出、保持毅力、主動學習與採取行動。有了正確的心態和努力，你可以踏上一段充實的 Swift 程式設計及應用程式開發之旅。

我在十年前創辦 AppCoda，然後開始每週規律地刊登 iOS 程式設計教學，從那時起，我已經出版了數本 iOS 應用程式開發的書籍。一開始，我認為想要學習應用程式開發的是那些已經具備程式開發經驗與技術背景的人，有趣的是，來自不同背景的人們都熱衷於建立自己的 App。

我有一位法國讀者，他的職業是外科醫生，他從零程式設計經驗開始，來推出他的第一個 App，該 App 是讓任何人都能免費分享及宣傳活動的資訊。另一位讀者的職業是飛行員，他在幾年前開始學習 iOS 程式設計，現在他已經建立了一個可以讓自己及其他飛行員使用的 iPhone App。而 Boozy 是一個能夠尋找歡樂時光、每日優惠及早午餐的 App，這個 App 是由一位法學院輟學的學生所開發的，由於 Boozy App 的開發者在華盛頓地區找不到一個可以喝飲料的好去處，所以她決定做一個 App 來滿足實際需求，同樣的，當她有了這個想法時，還不知道如何寫程式，於是她從頭開始慢慢地跟著我們一起學習。

我時常收到有人想要建立一個 App 的 Email，這些 Email 的內容通常是像這樣：「我有一個很棒的 App 點子，但是我不知道要從哪裡開始進行？我沒有程式開發技術，我可以從頭開始學習，讓我的想法成真嗎？」

我從這些真正鼓舞人心的故事中學到，你不需要具備電腦科學或工程的學位才能夠建立一個 App，這些讀者都有一個共同點，就是他們都會堅定不移地採取行動，努力讓一切成真，而這正是你所需要的。

那麼，你已經有 App 點子嗎？我相信你一定可以自己做出一個 App。如果你真的對建立 App 這件事充滿熱情且專心致力完成的話，絕對沒有任何事情可以阻止你學習及實現目標。在此引用《最後的演說》（Last Lecture）中我最喜歡的格言之一作為總結：

Brick walls are there for a reason: they let us prove how badly we want things.

人生中那些豎立在前面阻擋你的牆是有原因的，它讓我們證明我們有多渴望得到所想要的東西。

—Randy Pausch

最後，感謝選擇本書的朋友，我希望你會喜愛閱讀本書，它可以幫助你在 App Store 推出你的第一個 App。若是你願意與我分享你的應用程式開發之旅的故事，可以透過這個 Email：simonng@appcoda.com 來告知我，我很高興收到你的來信，並了解你的經驗。

AppCoda 創辦人

Simon Ng

關於本書

本書是專門為有 App 點子、但不知道該如何著手的讀者所設計的，它全面涵蓋 Swift 程式設計，引導你從頭開始建立一個真正的 App。從 Swift 與 SwiftUI 的基礎知識開始，你將逐步進行原型設計及建立 App。

本書的每一章會重點介紹如何使用 iOS API 來實現不同的功能，學習完本書後，你將擁有一個功能齊全的 App。在整個程式設計的旅程中，你將學到基本技能，例如：在清單視圖中顯示資料、使用堆疊視圖進行 UI 設計、建立動畫、處理地圖、開發自適應 UI、在本地端資料庫儲存資料、iCloud 資料上傳、使用 TestFlight 進行 Beta 測試等。

本書提供大量的實作練習及專案，讓你可以編寫程式碼、除錯及測試你的 App，雖然這需要付出相當的努力，但絕對是一個有益的經驗，最後你將紮實掌握 Swift 5.9、Xcode 15 與 iOS 17 程式設計，最重要的是你將能夠開發 App，並將其發布至 App Store。

閱讀對象

本書專為沒有程式設計經驗的初學者所量身打造，它也適合想要學習新語言的程式設計師、想要將他們的設計轉換為 iOS App 的設計師、或想要學習程式技術的企業家。

如果你是已經熟悉使用 macOS 和 iOS 的讀者，那麼本書將為你提供踏上 Swift 程式設計之旅的所需知識。

SwiftUI vs UIKit

SwiftUI 的導入，對於現有的 iOS 開發者及有興趣學習 iOS 應用程式開發的人來說，產生了巨大的影響，這無疑是近年來 iOS 應用程式開發領域的最重大變化。然而，這個轉變可能會讓初學者應該專注於哪個 UI 框架感到困惑，問題來了：「你應該學習哪一個框架或是從哪一個框架開始學起？」

決定學習哪種框架之前，你必須先思考自己學習 iOS 程式設計的動機，並且確定你的目標。你是想成為一個專業的 iOS 開發者並就業，或者你只是想學習新事物來作為一種愛好？

如果你想成為一個專業的 iOS 開發者，並以此專業來求職時，則建議你學習這兩個框架。App Store 上的大多數 App 都是使用 UIKit 開發的，因此在專業環境中，你很有可能會處理基於 UIKit 的 App，在這種情況下，從 UIKit 開始，然後再轉換到 SwiftUI，將是一個合適的方式。另一方面，如果你將程式設計作爲一種愛好，或者只是將開發 App 作爲業餘專案，則我建議你直接從 SwiftUI 開始。

本書將教你如何使用 SwiftUI 框架來建立一個眞正的 App，如果你計畫從 SwiftUI 開始，則你可以繼續閱讀本書的第 1 章。而我的另一本著作《快速精通 SwiftUI》適合有基本的開發經驗，其每個章節所開發的程式都是獨立的。

目 錄

CHAPTER 01 開發工具、學習方法與 App 點子 001

1.1 開發 App 的所需工具 002
1.2 學習 App 的方式 005
1.3 發想 App 好點子 007
1.4 UIKit 與 SwiftUI 009
1.5 本章小結 011

CHAPTER 02 使用 Playground 來首次體驗 Swift 013

2.1 Swift 的歷史 014
2.2 開始學習 Swift 016
2.3 在 Playground 中試驗 Swift 017
2.4 常數與變數 019
2.5 型別推論 021
2.6 處理文字 022
2.7 流程控制 026
2.8 陣列與字典 029
2.9 可選型別 034
2.10 玩玩 UI 038
2.11 本章小結 040

CHAPTER 03 使用 Swift 與 SwiftUI 建立你的第一個 App ...041

3.1 SwiftUI 介紹 042
3.2 宣告式程式設計 vs 指令式程式設計 043
3.3 使用 SwiftUI 建立你的第一個 App 045
3.4 熟悉 Xcode 工作區 047

3.5　首次執行你的 App 048

3.6　處理文字 049

3.7　變更字型與顏色 050

3.8　運用按鈕 052

3.9　自訂按鈕樣式 053

3.10　加入按鈕動作 055

3.11　堆疊視圖介紹 057

3.12　了解方法 060

3.13　你的作業：按鈕與方法的應用 062

3.14　本章小結 062

CHAPTER 04 使用堆疊視圖設計 UI 063

4.1　VStack、HStack 與 ZStack 介紹 064

4.2　範例 App 065

4.3　建立新專案 065

4.4　加入圖片至 Xcode 專案中 066

4.5　使用堆疊視圖佈局標題標籤 068

4.6　使用留白與間距 070

4.7　使用圖片 072

4.8　使用水平堆疊視圖來排列圖片 074

4.9　在圖片下方加入標籤 076

4.10　使用堆疊視圖佈局按鈕 078

4.11　設定預覽名稱並橫向預覽 079

4.12　取出視圖使程式碼有更好的結構 081

4.13　使用尺寸類別調整堆疊視圖 083

4.14　保存向量資料 086

4.15　你的作業：建立新 UI 087

4.16　本章小結 088

CHAPTER *05* 原型設計 089

5.1　在紙上繪出你的 App 點子 091

5.2　繪出 App 線框圖 092

5.3　使你的草圖 / 線框圖可互動 093

5.4　常用的原型設計工具 095

5.5　本章小結 101

CHAPTER *06* List 與 ForEach 103

6.1　建立一個 SimpleTable 專案 105

6.2　建立一個簡單的清單 106

6.3　使用項目陣列來顯示清單 108

6.4　將縮圖加到清單視圖 111

6.5　變更清單視圖的樣式 112

6.6　顯示清單的另一種方式 113

6.7　你的作業：各個儲存格顯示不同的圖片 114

6.8　本章小結 115

CHAPTER *07* 自訂清單視圖 117

7.1　建立 Xcode 專案 118

7.2　準備餐廳圖片 120

7.3　建立基本的清單視圖 121

7.4　顯示不同的餐廳圖片 122

7.5　重新設計列佈局 123

7.6　圖片圓角化 126

7.7　隱藏清單分隔符號 127

7.8　使用深色模式測試 App 127

7.9　你的作業：修正問題並重新設計列佈局 129

7.10　本章小結 130

CHAPTER 08 顯示確認對話方塊及處理清單視圖選取 131

8.1 建立更優美的列佈局 133

8.2 查閱文件 139

8.3 使用狀態來管理列的選取 140

8.4 偵測觸控並顯示確認對話方塊 141

8.5 了解綁定 143

8.6 顯示提示訊息 144

8.7 實作「標記為最愛」功能 145

8.8 預覽列佈局 147

8.9 你的作業：支援新功能與移除圖示 149

8.10 本章小結 150

CHAPTER 09 結構、專案組織與程式文件 151

9.1 物件導向程式設計的基礎理論 152

9.2 類別、物件及結構 153

9.3 結構 153

9.4 複習 FoodPin 專案 155

9.5 建立 Restaurant 結構 157

9.6 初始化器的說明 158

9.7 self 關鍵字 159

9.8 預設初始化器 160

9.9 使用 Restaurant 物件的陣列 160

9.10 組織你的 Xcode 專案檔 165

9.11 使用註解來記錄與組織 Swift 程式碼 166

9.12 本章小結 168

9.13 進階參考資料 168

CHAPTER 10 清單刪除、滑動動作、內容選單與
動態控制器 169

10.1 執行列的刪除 170

10.2 使用滑動動作 172

10.3 建立內容選單 173

10.4 SF Symbols 介紹 175

10.5 運用動態控制器 176

10.6 本章小結 179

CHAPTER 11 運用導覽視圖 181

11.1 建立導覽視圖 182

11.2 新增餐廳細節視圖 183

11.3 從一個視圖導覽到另一個視圖 188

11.4 使用色調 189

11.5 自訂返回按鈕 189

11.6 移除揭示指示器 191

11.7 本章小結 192

CHAPTER 12 改進細節視圖、自訂字型及導覽列 193

12.1 快速瀏覽起始專案 194

12.2 使用自訂字型 196

12.3 改進細節視圖 199

12.4 忽略安全區域 205

12.5 在導覽視圖中預覽細節視圖 206

12.6 自訂導覽列 207

12.7 你的作業：修復錯誤 208

12.8 本章小結 209

CHAPTER *13* 顏色、Swift 擴展與動態型別 **211**

13.1 自訂顏色 212

13.2 Swift 擴展 213

13.3 為深色模式調整顏色 214

13.4 動態型別 217

13.5 本章小結 220

CHAPTER *14* 運用地圖 **221**

14.1 了解 SwitUI 的地圖視圖 222

14.2 建立自己的地圖視圖 224

14.3 使用地理編碼器來將地址轉換為座標 225

14.4 新增標記至地圖 229

14.5 嵌入 MapView 230

14.6 顯示全螢幕地圖 231

14.7 禁用使用者互動 232

14.8 作業①：禁用使用者互動 233

14.9 作業②：修正導覽列透明度問題 233

14.10 本章小結 234

CHAPTER *15* 動畫與模糊效果 **235**

15.1 加入圖片素材 237

15.2 使用列舉來顯示評分 238

15.3 實作評分視圖 239

15.4 應用視覺模糊效果 241

15.5 顯示評分畫面 244

15.6 應用動畫來關閉評分視圖 246

15.7 以滑入動畫為評分按鈕設定動畫 247

15.8 本章小結 250

CHAPTER 16 運用可觀察物件與 Combine 251

16.1 目前設計的問題 252

16.2 使用可觀察物件 253

16.3 在細節視圖中顯示評分 255

16.4 本章小結 257

CHAPTER 17 運用表單與相機......................................259

17.1 了解 SwiftUI 的文字欄位 260

17.2 為使用者輸入建立通用表單欄位 261

17.3 實作餐廳表單 266

17.4 使用相片庫與相機 268

17.5 新增工具列按鈕 274

17.6 顯示新餐廳視圖 276

17.7 本章小結 277

CHAPTER 18 運用資料庫與 SwiftData 279

18.1 何謂 SwiftData..280

18.2 使用程式碼建立及管理資料模型............................281

18.3 定義 FoodPin 專案的模型類別.............................283

18.4 使用 @Query 取得紀錄 286

18.5 從資料庫中刪除紀錄 289

18.6 修復餐廳細節視圖 290

18.7 修復評分視圖 291

18.8 設定模型容器 292

18.9 處理空清單視圖 292

18.10 將資料加到持久性儲存器 294

18.11 更新餐廳紀錄 297

18.12 你的作業：修復錯誤 298

18.13 本章小結 298

CHAPTER 19 使用 Searchable 加入搜尋列 299

19.1 使用 Searchable 300

19.2 將搜尋列加入餐廳清單視圖 301

19.3 搜尋列的位置 302

19.4 執行搜尋並顯示搜尋結果 302

19.5 搜尋建議 305

19.6 你的作業：加強搜尋功能 306

19.7 本章小結 306

CHAPTER 20 使用 TabView 建立導覽畫面 307

20.1 快速瀏覽導覽畫面 308

20.2 建立導引視圖 310

20.3 加入 Next 及 Skip 按鈕 313

20.4 顯示導引視圖 315

20.5 使用 UserDefaults 316

20.6 本章小結 318

CHAPTER 21 使用標籤視圖及自訂標籤列 319

21.1 使用 TabView 建立標籤介面 321

21.2 調整標籤列項目的顏色 323

21.3 設定初始視圖 323

21.4 本章小結 324

**CHAPTER 22 使用 WKWebView 與 SFSafariViewController
顯示網頁內容** 325

22.1 設計 About 視圖 327

22.2 準備連結 329

22.3 使用連結開啟 Safari 329

22.4　使用 WKWebView 331

22.5　使用 SFSafariViewController 334

22.6　本章小結 336

CHAPTER **23 運用 CloudKit** **337**

23.1　了解 CloudKit 框架 340

23.2　在 App 中啟用 CloudKit 342

23.3　在 CloudKit 儀表板中管理紀錄 344

23.4　使用便利型 API 從公共資料庫取得資料 348

23.5　使用操作型 API 從公共資料庫取得資料 354

23.6　使用動態指示器來優化效能 357

23.7　下拉更新 360

23.8　使用 CloudKit 儲存資料 362

23.9　依建立日期來排序結果 365

23.10　你的作業：顯示餐廳的位置與類型 365

23.11　本章小結 366

CHAPTER **24 App 本地化以支援多種語言** **367**

24.1　Xcode 15 導入字串目錄功能 368

24.2　加入支援的語言 369

24.3　使用字串目錄 370

24.4　測試本地化 App 371

24.5　使用預覽來測試本地化 373

24.6　為你的文字加入註解 373

24.7　對通用文字使用 String(localized:) 初始化器 374

24.8　本章小結 375

CHAPTER **25** 觸覺觸控 **377**

25.1 主畫面的快速動作 379

25.2 使用自訂 URL 協定處理快速動作 382

25.3 如果 App 沒有執行怎麼辦？ 386

25.4 本章小結 387

CHAPTER **26** 開發使用者通知 **389**

26.1 善用使用者通知來提升客戶參與度 391

26.2 使用者通知框架 393

26.3 請求使用者許可 393

26.4 建立與排程通知 394

26.5 加入圖片至通知中 397

26.6 與使用者通知互動 399

26.7 處理動作 401

26.8 本章小結 403

CHAPTER **27** 在 iOS 實機上部署與測試 App **405**

27.1 程式碼簽章與描述檔 406

27.2 檢視你的 Bundle ID 407

27.3 在 Xcode 中自動簽署 408

27.4 透過 USB 部署 App 至你的裝置 410

27.5 透過 Wi-Fi 部署 App 412

27.6 本章小結 413

CHAPTER **28** 使用 TestFlight 進行 Beta 測試及 CloudKit
生產環境部署 **415**

28.1 在 App Store Connect 建立 App 紀錄 417

28.2 App 資訊 418

28.3 定價與供應狀況 419

28.4 App 隱私權政策 419

28.5 準備送審 419

28.6 更新建置版本字串 422

28.7 準備 App 圖示 423

28.8 建立啟動畫面 424

28.9 App 的打包與驗證 426

28.10 上傳你的 App 到 App Store Connect 428

28.11 管理內部測試 428

28.12 管理外部使用者的 Beta 測試 430

28.13 CloudKit 生產環境部署 432

28.14 本章小結 433

CHAPTER 29 App Store 上架 435

29.1 做好準備與充分測試 436

29.2 上傳你的 App 至 App Store 437

29.3 本章小結 439

APPENDIX A Swift 基礎概論 441

A.1 變數、常數與型別推論 442

A.2 沒有分號做結尾 443

A.3 基本字串操作 443

A.4 陣列 444

A.5 字典 446

A.6 集合 447

A.7 類別 448

A.8 方法 449

A.9 控制流程 450

A.10 元組 452

A.11   可選型別 454

A.12   為何需要可選型別？ 455

A.13   解開可選型別 456

A.14   可選綁定 456

A.15   可選鏈 457

A.16   可失敗初始化器 459

A.17   泛型 459

A.18   泛型型別約束 460

A.19   泛型型別 461

A.20   計算屬性 462

A.21   屬性觀察者 464

A.22   可失敗轉型 465

A.23   repeat-while 465

A.24   for-in where 子句 466

A.25   Guard 466

A.26   錯誤處理 468

A.27   可行性檢查 472

01 開發工具、學習方法與 App 點子

當你拿起本書時，想必是希望建立一個 iOS App，而製作 App 是一個有趣且有益的經驗。我對於多年前第一次做出 App 時的喜悅依然印象深刻，儘管我做的是很簡單且很基礎的 App。

iOS（供 iPhone 與 iPad 使用的行動作業系統）發布至今已經十多年了，工具、程式語言及其框架在這些年來已有了巨大的變化，因此在深入研究 iOS 程式設計之前，我們先來了解你開發 App 所需要的工具，並且為學習 iOS App 開發做好準備。

1.1 開發 App 的所需工具

Apple 比較偏好採用封閉系統，而不是使用開放系統。iOS 只能在 Apple 自己的裝置如 iPhone 與 iPad 中運作。和另一個競爭對手 Google 不同的是，Android 系統可以在不同製造商所製作的行動裝置中運作。如果有志成為一個 iOS 開發者的話，表示你需要一台 Mac 才能進行 iOS App 的開發。

①需要一台 Mac 電腦

擁有一台 Mac 電腦，是 iOS 程式開發的基本要求。要開發一個 iPhone（或 iPad）App，你需要準備一台能執行 macOS 13.5 版本（或更高版本）的 Mac 電腦。若是你目前只有 PC，最便宜的方案是購買 Mac Mini。在撰寫本書時，Mac Mini 的入門版市售價格是台幣 18,900 元，你可以把它接到你的 PC 螢幕即可。我建議你選擇配備 Apple M1 晶片的 Mac Mini 基本款，這樣的配備已足夠順利執行 iOS 開發工具。當然，若你有更多預算的話，可以購買更高階的中階版、高配版，或是搭載較佳的運算處理器的 iMac。

②註冊一個 Apple ID

你需要一個 Apple ID 才能下載 Xcode，以及閱讀 iOS SDK 文件與其他技術資源。最重要的是，它可以讓你部署 App 至 iPhone / iPad 來進行實機測試。

若是你曾經在 App Store 下載過 App，那很明確的，你已經有了一個 Apple ID。若是你之前從來沒有建立過 Apple ID，則只要到 Apple 的網站：URL https://appleid.apple.com/account，跟著步驟來註冊即可。

③安裝 Xcode

當我們要開發 iOS App 時，Xcode 是唯一需要下載的工具。Xcode 是一個由 Apple 所提供的整合開發環境（Integrated Development Environment，簡稱 IDE），它提供你開發 App 所有的工具。Xcode 包含了最新版本的 iOS SDK（Software Development Kit 的縮寫）、一個內建的程式碼編輯器、圖形化使用者介面（User Interface，簡稱 UI）編輯器、除錯（Debug）工具以及其他的工具。最重要的是，Xcode 提供了 iPhone（或 iPad）的模擬器，讓你不需要用到實體裝置也能測試你的 App。

當要安裝 Xcode 時，必須開啟你的 Mac 電腦的 Mac App Store 來下載。若是你使用最新版本的 Mac OS，你應該可以在 Mac 電腦下方的 Dock 工具列找到 Apple Store 的圖示，如圖 1.1 所示。如果找不到的話，你可能需要升級到新版的 Mac OS。

圖 1.1　在 Dock 工具列上的 App Store 圖示

在 Mac App Store 中，搜尋「Xcode」，並點選「Get」按鈕下載，如圖 1.2 所示。

圖 1.2　在 App Store 中下載 Xcode

接著完成安裝程序後，電腦上的 Launchpad 就會出現一個 Xcode 的圖示，如圖 1.3 所示。

圖 1.3　在 Launchpad 上的 Xcode 圖示

撰寫本書內容時，Xcode 是 15 版，因此本書會全部使用這個版本來建立相關的範例 App。即使你已安裝過之前版本的 Xcode，我仍建議你升級到最新版本，這樣可以讓你更容易跟著本書的課程來學習。

④ 註冊 Apple 開發者計畫（可自行選擇）

進行 iOS App 開發時，最常被問到是否需要申請 Apple 開發者計畫（Apple Developer Program；URL https://developer.apple.com/programs/），我簡短答覆你：「可自行選擇」。首先，Xcode 已經包含了內建的 iPhone 及 iPad 模擬器，你可以在自己的 Mac 電腦上開發及測試 App，而不一定要加入 Apple 開發者計畫。

從 Xcode 7 開始，Apple 改變了有關在實體裝置上建立及執行 App 的政策。在此之前，你需要支付每年 99 美元，才能夠在實體的 iPhone 或 iPad 部署與執行你的 App。而現在已經不需要先申請 Apple 開發者計畫，就可以在實體裝置上做測試。不過必須要告訴你的是，當你想要嘗試更多先進的功能，例如：在應用程式內購買（In-App Purchase）、推播通知與 CloudKit，你依舊需要申請開發者計畫會員。最重要的是，若是沒有支付 99 美元年費的話，則無法將你的 App 提交至 App Store。

那麼，現在該申請開發者計畫了嗎？Apple 開發者計畫每年要付 99 美元，雖然不是太貴，但是也不是很便宜。當你在閱讀這本書時，很可能你只是一個開發新手，才剛開始要探索 iOS 程式開發而已。本書是針對初學者所撰寫的，我們會從簡單的部分入手，還不會馬上觸及進階的功能，直到你掌握了基本的技巧。

因此，即使你沒有馬上註冊開發者計畫，你還是可以跟著本書絕大部分的內容在實體裝置上測試 App。此刻不妨先節省成本，我會讓你知道何時該申請開發者計畫，屆時我會鼓勵你參加開發者計畫來發布 App 至 App Store 上。

1.2 學習 App 的方式

自 2012 年開始以來，我透過部落格、線上課程以及開設親自授課的工作坊，來進行 iOS 程式教學，我發現學習方法與心態對於「學習是否成功」會有很大的影響。在我說明 Swift 與 iOS 程式開發之前，我需要你調整好正確的學習心態，並了解什麼才是最有效率的程式學習方法。

親自動手寫

關於如何學習寫程式的常見問題之一是：

「學習 iOS 程式的最佳方式為何？」

首先，感謝你閱讀本書。我必須告訴你：「學習程式語言不能只是看書而已」。本書中有 Xcode、Swift 與 iOS App 開發中所有你必須學習的內容。

不過，最重要的是「採取行動」。

若是必須要給這個問題一個答案的話，我會說：「從做中學」，這就是我的教學方法的關鍵。

我來稍微改變一下這個問題：

「學習英文（或任何其他語言）的最佳方式為何？」

「學習騎自行車（或其他各式運動）的最佳方式為何？」

你或許已經知道答案了，我特別喜歡在 Quora（ URL https://www.quora.com/How-do-I-quickly-and-efficiently-learn-a-new-language ）中學習一門新語言的答案：

「依照這個規則重複不斷：每天聽一小時、說一小時、發表一篇日誌。」

—Dario Mars Patible

透過練習來學習，而不是只研究文法。學習程式和學習一種語言非常相似，你需要採取行動，如做一些專案或者練習作業。你必須坐在 Mac 前面，進入 Xcode 的世界並寫程式。過程中如果有做錯並不要緊，只要記得閱讀本書時，要開啟 Xcode 來寫程式。

了解學習 App 開發的動機

為什麼你需要學習開發 App 呢？是什麼樣的動機讓你願意犧牲週末假日來學習如何寫程式呢？

有些人學習 App 開發是為了錢，這並沒有對錯，你可能想要透過 App 來賺些外快，甚至想把它變成一項真正的生意，這點可以理解，誰不想擁有富裕的生活呢？

不過，至 2022 年 8 月，App Store 上已經有 220 萬個 App。將 App 上傳至 App Store，然後期望一夕致富已經是非常困難的事。當賺錢是你開發 App 的唯一理由時，你可能很快就灰心並放棄，尤其是你看到像這樣的文章：

● **我在 App Store 賺了多少錢？** （URL https://juejin.cn/post/6844903422802706440）

「現實是售出 199 套＝總銷售額 US$ 209 ＝淨收益 US$ 135（我的淨利）。為了讓 App 能夠上架，我必須要付 $99 開發費。過了兩個月又一週之後，我的（稅前）利潤是 $36。」

—James

寫程式是有難度且具挑戰性的事情。我發現那些能夠精通程式語言的人，都富有強烈想開發 App 的渴望，並熱衷於學習程式，他們通常會將腦海中所浮現的想法變成真實，賺錢對他們而言，反而不是第一要關切的事；他們知道這個 App 除了可以解決他的問題之外，同時也能帶給其他人好處，有了如此強大的目標後，他們會克服任何障礙來完成，所以請再次思考一下你的學習程式動機是什麼？

教學相長

「教學相長」是一句古老的諺語，在現代社會上依然適用。然而，你不需要成為一個專家才能教學，我並不是指在大學授課或在正式課堂上面對一群學生來教學的情形。教學不一定要透過這種方式才行，它可以像是和同事或隔壁同學分享你的知識這麼簡單。

試著找到一些有興趣學習 iOS 程式的朋友，當你學到一些新知識時，試著向某人解釋內容。舉例而言，當你完成第一個 App 之後，可告訴你親近的朋友，它是如何運作的，並教導他們如何建立一個 App。

如果你無法找到可以分享的夥伴時怎麼辦呢？別擔心，你可以開始在「medium.com」（URL https://medium.com）或者你喜歡的部落格平台上，每天寫部落格文章，以將你所學習的內容加以歸納整理。

這是我在 Appcoda.com 發表了許多的教學文章以及出版我的第一本書後，所發現的最有效率的學習方法。

有時你以為自己已經很了解內容了，但是當你需要向某人解釋觀念或者回答問題時，你也許會發現自己實際上並沒有完全了解，這會讓你更認真去學習內容。當你在學習 iOS 程式設計時，不妨試試這個方法。

具備耐心

「意志力是面對長遠目標時的熱情與毅力。意志力是耐力的表現，意志力是日復一日對未來依然堅信不已。不是只有這週、這個月，而是年復一年。用心、努力工作來實現所堅信的未來。意志力是將生活看作爲一場馬拉松，而不是短跑。」

—Angela Lee Duckworth 博士

我的學生問我：「成爲一位好的開發者，需要多少時間？」

要精通一門程式語言，並成爲一位很優秀的開發者，通常需要數年之久，絕對不是幾週或幾個月就可以達成。

本書將帶領你開始這個旅程，你將學會 Swift 與 iOS 程式設計的基礎，最後做出自己的 App。也就是說，要成爲一位專業的程式設計師，並建立一些不錯的 App，是需要付出時間的。

請具備耐心。對於你的第一個 App，不要把期望設得太高，只要享受這個過程，去建立一些好玩有趣的作品。持續地閱讀及寫程式，最終你將精通這個技術。

1.3 發想 App 好點子

我總是鼓勵我的學生在開始學習 App 開發時，提出自己的 App 點子，這個點子不需要太大，你不需要馬上想出建立下一個 Uber 或者改變世界的 App，你只需要由一個很小且可以解決問題的點子來開始即可。

這邊提供你一些例子。

我最常提及的一個經典例子是「Cockpit Dictionary」，它是由飛行員 Manolo Suarez 所開發的 App。他在學習 App 程式設計時，已經有了一個 App 的點子，這個點子並不特別，不過卻可以解決他自己的問題。有成千上萬的航空術語都是使用縮寫形式，即使有超過 20 年飛航經驗的飛行員，也無法記得所有的縮略詞與專業術語。而與其把字典印出來，他想到建立一個給飛行員使用的簡單 App，然後利用這個 App 來查詢所有的航空術語。這個既簡單又很棒的點子，可以解決他自己的問題，如圖 1.4 所示。

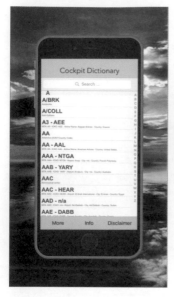

圖 1.4　Cockpit 字典

　　而另外一個例子是「NOAA Buoy Data」App，雖然這個 App 已經從 App Store 下架了，但我依然想以此為例，這個 App 的設計是取得國家海洋暨大氣總署（National Oceanic and Atmospheric Administration，簡稱 NOAA）的國家資料浮標中心（National Data Buoy Center，簡稱 NDBC）的天氣、風與波浪的最新資料。這個 App 是由 Leo Kin 所開發，他是在手術後的復健過程中想到了這個 App，如圖 1.5 所示。

　　「手術之後，我必須穿著護頸器好幾個月。在那幾個月中，我不能移動太多，即使走路或舉起手臂都很困難。我的物理治療師告訴我必須要儘可能地運動，來讓我逐漸萎縮的肌肉能夠回復。

　　有一個島離我的住家很近，我很喜歡去那邊散步。唯一的問題是它只能在退潮的時候過去，而一旦漲潮，除了游泳之外，便無法回去。由於我的身體很虛弱，我非常害怕被困在這個島上而無法回去。當我在走路的時候，我總是查詢一下 NOAA 的網站，並檢查潮汐的高低是否讓我有足夠的時間能夠返回。

　　在某次散步時，我想到建立一個 App，即使沒有人會使用這個 App 也不要緊，因為它可以幫助我追蹤潮汐的狀況，讓我能夠及時返家。」
　　　　　　　　　　　　　　　　　　　　　　　　　　　　　　　　　　　　—Leo Kin

　　你也許對他的 App 不感興趣，但它能夠及時解決他所面臨的問題，或許在那個島上的人們會因為他的 App 而獲得好處。

 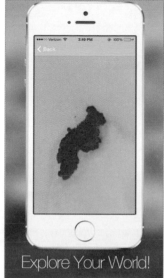 

圖 1.5 **NOAA Buoy Data App**

　　擁有一個 App 點子，可以讓你有更明確的學習目標與動機。現在花點時間，在下面寫下三個 App 點子：

1. _____

2. _____

3. _____

1.4 UIKit 與 SwiftUI

　　你應該學習哪個 UI 框架呢？作為初學者，你可能聽過 UIKit 與 SwiftUI 這兩個術語，有些人主張應該學習 UIKit 來進行 App 開發，而有些人則建議你可以略過 UIKit 並直接沉浸在 SwiftUI 中，因為它是 Apple 最新的 UI 框架。

　　我覺得你可能對這些技術術語感到困惑，讓我簡要地概述一下這兩個框架，這樣你就可以清楚地知道優先考慮哪一個。

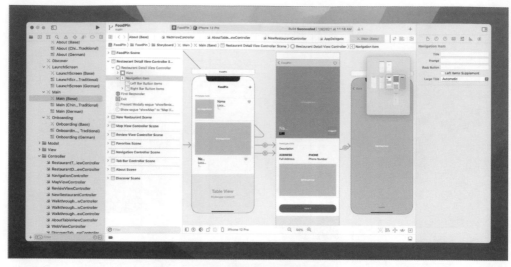

圖 1.6　使用 UIKit 與介面建構器來建立 App

　　首先，這兩個框架都可以讓你建立出色的 App。UIKit 框架是自 iOS 首次發布以來可用的最初 UI 框架。使用 UIKit，你可以編寫程式碼來建立行動應用程式 UI，或是使用 Xcode 的介面建構器（Interface Builder）來建立應用程式佈局，不過其缺點之一是相較於 SwiftUI，UIKit 框架更難學習。

圖 1.7　使用 SwiftUI 建立 App

使用 SwiftUI，你可以使用宣告式（Declarative）Swift 語法來開發 App UI，這表示 UI 程式碼編寫起來更容易且更直覺。和目前的 UI 框架（如 UIKit）相比，你可以使用更少的程式碼來建立相同的 UI。

預覽功能一直是 Xcode 的弱點，雖然你可以在介面建構器（或故事板）中預覽簡單的佈局，但通常只有在 App 載入到模擬器後，才能預覽完整的 UI，而 SwiftUI 會在你編寫程式碼時，提供 UI 的即時回饋來改進這一點。例如：當你在表格中加入一個新紀錄時，Xcode 會在預覽畫布中動態更新 UI；此外，在深色模式（Dark Mode）下預覽你的 UI 或進行其他的調整，就像更改選項一樣簡單。這個「即時預覽」功能簡化了 UI 開發，並顯著加快迭代過程。

現在，我們來解決核心問題：「作為一個初學者，你應該學習哪一個框架呢？」

你應該要問自己：「為什麼要學習 iOS 程式設計？你的目標是什麼？你是想成為一個專業的 iOS 開發者並獲得工作機會呢？或者你只是有興趣學習新事物來作為一種愛好？」

如果你的目標是在 iOS 開發上建立職業生涯，則我的建議是「這兩個框架都要學習」，但最好是從 UIKit 開始，因為許多公司仍在使用 UIKit 開發 App。取得 UIKit 技能，將會大幅提高你的就業能力，這也是為何我建議你先熟悉 UIKit，再學習 SwiftUI。

另一方面，如果你把程式設計當成一種愛好，或者只是作為業餘專案來建立一個 App，則我建議你直接深入研究 SwiftUI，它更容易學習，可讓你用更少的程式碼來建立 App。不過，有時你可能會需要使用 UIKit 中的特定 UI 元件，到時候你可以學習如何使用這些特定的 UIKit 元件，如此可以先專注於學習 SwiftUI，等到有需要時再學習 UIKit。

1.5 本章小結

以上介紹到這裡，請花一些時間在你的 Mac 上安裝 Xcode，然後集思廣益你的 App 點子，並選擇你想要關注的框架。本書會教你所需的技能來建立你自己的 App，如果 SwiftUI 是你的焦點，則請繼續進入下一章，我們將開始使用 Swift 進行程式設計。

準備好開始這趟令人興奮的旅程吧！

使用 Playground 來
首次體驗 Swift

現在你已經設定完 iOS App 開發所需的環境，再繼續往下之前，我先回覆初學者另一個常見的問題，很多人會問我：「開發 iOS App 之前需要先具備哪些技能」，簡而言之，可以歸納成以下三個部分：

- **學習 Swift**：Swift 現在是撰寫 iOS App 所推薦的程式語言。
- **學習 Xcode**：Xcode 是你設計 App UI、撰寫 Swift 程式與建立你的 App 所需的開發工具。
- **了解 iOS 軟體開發工具**：Apple 提供軟體開發工具，使開發者能夠更輕鬆開發程式。這個套件內建一組軟體開發工具與 API，可以讓開發者強化 iOS App 的開發能力。例如：下一章將要討論的 SwiftUI 框架，是建置使用者介面和動畫的基本框架之一。如果你想要在你的 App 中顯示網頁，SDK 還提供了一個內建的瀏覽器來讓你直接嵌入在 App 中。

你需要具備以上三項的相關知識，而且還有許多的東西要學習。不過別擔心，當你學習完本書之後，你將學習到這些能力。

<table>
<tr><td>**2.1**</td><td># Swift 的歷史</td></tr>
</table>

首先，我來告訴你一些關於 Swift 的歷史。

在 2014 年的 Apple 全球開發者大會上，Apple 推出了一個名為「Swift」的新程式語言，這令所有的 iOS 開發者大吃一驚，Swift 被宣稱為一種「快速、現代、安全、互動」的程式語言，其更易於學習，且具有讓程式開發更有效率的許多功能。

在 Swift 發布之前，iOS Apps 主要是以 Objective-C 來撰寫，這個語言已經存在 30 多年了，並被 Apple 選為 Mac 與 iOS 的主要開發語言。我曾和許多優秀的 iOS 開發者交談過，絕大多數的人認為 Objective-C 難以學習，而且語法看起來很怪異。簡單來說，這些程式碼嚇跑了一些想學習 iOS 程式開發的初學者。

Swift 程式語言的發布，或許是 Apple 對於其中一些評論的回答，其語法更為簡潔易讀。從 Swift 發布 Beta 版以來，我就一直使用 Swift 開發，至今已經超過 8 年了，我可以說使用 Swift 幾乎可保證你的開發效率更高，一旦你習慣了 Swift 程式語言，你就很難再切換回 Objective-C 了。

在我看來，Swift 將會吸引更多的網頁開發者或初學者來建立 App。如果你是擁有任何腳本語言編寫經驗的網頁開發者，你可以利用現有的專業技術來獲得有關開發 iOS App 的知識，對你而言，學習 Swift 會相當容易。話雖如此，即使你是一個完全沒有程式設計經驗的初學者，你也會發現 Swift 語言更友善，並且在使用 Swift 開發 App 時感覺更自在。

2015 年 6 月，Apple 宣布了 Swift 2，並且將這個程式語言變成開源，這真是一件大事，自此之後，開發者就使用這個程式語言開發一些有趣且驚人的開源專案。你不僅可以使用 Swift 來開發 iOS App，而且 IBM 等公司還開發了網頁框架（Web Framework），可以讓你以 Swift 建立 Web App，現在你也可以在 Linux 執行 Swift。

在 Swift 2 發布之後，Apple 於 2016 年 6 月推出了 Swift 3，該版本的程式語言已整合到 2016 年 9 月所發布的 Xcode 8 中，這被認為是這個程式語言誕生以來的最大版本之一。Swift 3 有許多的變更，API 被重新命名，並引入了更多的功能，所有的變更都有助於讓這個語言變得更好，並使得開發者可以編寫更漂亮的程式碼，不過所有的開發者都需要額外花工夫將專案移轉至新版本，以因應這些重大的變化。

2017 年 6 月，Apple 發布了 Swift 4 與 Xcode 9，其有更多的增強與改進，這個版本的 Swift 側重於能夠向下相容，這表示用 Swift 3 開發的專案在理想情況下不需任何修改，就可在 Xcode 9 執行。即使你不得不移轉，從 Swift 3 移轉到 Swift 4 也比從 Swift 2.2 移轉到 Swift 3 要簡單得多。

2018 年，Apple 只發布了 Swift 的小更新，並將 Swift 的版本號推至 4.2，雖然它不是大版本，但是這個新版本也加入了很多的語言功能來提升生產力及效率。

2019 年 3 月下旬，Apple 正式發布了 Swift 5，這是該程式語言的重要里程碑，雖然它包含了許多的新功能，但最重要的變化是 Swift 執行現在已被包含在 Apple 平台作業系統中（包括 iOS、macOS、watchOS 與 tvOS），對於優秀的開發者來說，實際上是個好消息，這表示 Swift 語言更加穩定、成熟了。而你在本書中所學到的一切，都將適用於 Swift 的未來版本。

2023 年，Swift 語言進一步更新到 Swift 5.9，其功能更加豐富，例如：巨集（Macro）。

如果你完全是個初學者，你可能心中會有些疑問，為什麼 Swift 會不斷變化呢？如果它不斷更新，Swift 到底能不能使用呢？

幾乎所有的程式語言都會隨著時間而改變，Swift 也不例外，每年都會在 Swift 加入新的程式語言功能，以使這個程式語言更強大，並且對開發者更友善。這和我們的語言一樣，例如：英語仍然會隨著時間而變更，每年都會在字典中加入新的單字與片語（如 freemium）。

說明 所有的程式語言一段時間就會做更新，理由有很多種，就和英語一樣。

※ 出處：URL https://www.english.com/blog/english-language-has-changed

雖然 Swift 不斷進化，但這並不表示它還不能被眞正運用，當你想建立一個 iOS App，你應該使用 Swift。事實上，它已經成爲 iOS App 的開發標準，如 LinkedIn（URL https://engineering.linkedin.com/ios/our-swift-experience-slideshare）、Duolingo（URL http://making.duolingo.com/real-world-swift）與 Mozilla（URL https://mozilla-mobile.github.io/ios/firefox/swift/core/2017/02/22/migrating-to-swift-3.0.html），從最初的版本都已經完全使用 Swift 來撰寫。自 Swift 4 發布以來，這個程式語言變得更穩定，絕對適合企業與一般開發來使用。

2.2 開始學習 Swift

對於背景與歷史就談到這裡，我們來開始介紹 Swift。

在嘗試開始使用 Swift 程式語言之前，先來看下列的程式碼。

Objective-C

```
const int count = 10;
double price = 23.55;


NSString *firstMessage = @"Swift is awesome. ";
NSString *secondMessage = @"What do you think?";
NSString *message = [NSString stringWithFormat:@"%@%@", firstMessage, secondMessage];


NSLog(@"%@", message);
```

Swift

```
let count = 10
var price = 23.55

let firstMessage = "Swift is awesome. "
let secondMessage = "What do you think?"
var message = firstMessage + secondMessage

print(message)
```

第一個程式碼區塊是使用 Objective-C 編寫的，第二個程式碼區塊則是使用 Swift 編寫的，你對於以上哪一種語言比較喜歡呢？我猜你更喜歡使用 Swift 來編寫，特別是當你對

Objective-C 語法感到沮喪時。Swift 較清楚且易於閱讀，每一個敘述末尾都沒有 @ 符號與分號。以下這兩個敘述是將第一個訊息與第二個訊息串接在一起，我相信你大概能猜到下列 Swift 程式碼的含義：

```
var message = firstMessage + secondMessage
```

而你恐怕會對下列的 Objective-C 程式碼感到困惑：

```
NSString *message = [NSString stringWithFormat:@"%@%@", firstMessage, secondMessage];
```

2.3 在 Playground 中試驗 Swift

　我不想直接列出程式碼來讓你感到厭煩，而探索程式的最好方式就是「實際編寫程式」了。Xcode 有一個名為「Playground」的內建功能，它是供開發者試驗 Swift 程式語言的互動式開發環境，可以讓你即時看到程式碼的執行結果，稍後你將會了解我的意思以及 Swift Playground 的運作方式。

　假設你已經安裝好 Xcode 15（或更高版本），啟動這個應用程式（點選 Launchpad 的 Xcode 圖示），然後你應該會看到一個啟動對話方塊，如圖 2.1 所示。

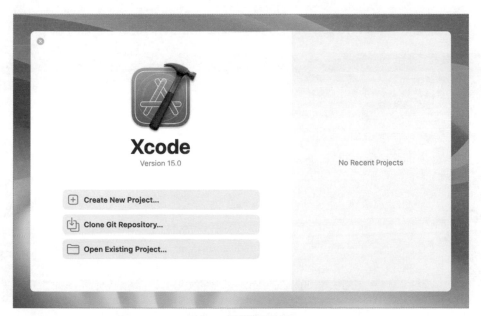

圖 2.1　啟動對話方塊

Playground 是一種特殊類型的 Xcode 檔案。在 Xcode 主選單中，點選「File→New→ Playground...」來建立一個新 Playground 檔案，然後它會提示你為 Playground 選擇模板。由於我們著重於在 iOS 環境中探索 Swift，因此在「iOS」區塊下選擇「Blank」來建立一個空白檔，接著點擊「Next」按鈕來繼續，如圖 2.2 所示。

圖 2.2　建立一個 Playground 檔

當你確認儲存檔案後，Xcode 會開啟 Playground 介面，你的畫面應該如圖 2.3 所示。

圖 2.3　Playground 介面

畫面的左側窗格是你輸入程式碼的編輯區，當你想測試程式碼並看它是如何運作時，則點擊「Play」按鈕，Playground 會立即解譯程式碼（直到「Play」按鈕那一行），並在右側窗格中顯示結果。預設上，Swift Playground 包含兩行程式碼，如你所見，當你在第 4 行點擊「Play」按鈕後，greeting 變數的結果會立即出現在右側窗格中。

我們將會在 Playground 中撰寫一些程式，請記住這個練習的目的是要讓你體驗 Swift 程式，並學習它的基礎知識。我不會介紹 Swift 的所有功能，而是將重點放在下列的主題：

- 常數（Constant）、變數（Variable）與型別推論（Type Inference）。
- 控制流程（Control Flow）。
- 集合型別（Collection Types），如陣列（Array）與字典（Dictionary）。
- 可選型別（Optional）。

這些是你需要了解的 Swift 相關基本主題，你將透過例子進行學習。然而，我很確信你將會對一些程式觀念感到困惑（尤其是程式菜鳥的話），但不用擔心，你將會在章節裡找到我的學習建議，只要遵循我的建議來持續學習即可，還有當你在學習上遇到障礙時，記得要休息一下。

酷！讓我們開始吧！

2.4 常數與變數

常數與變數是程式中的兩個基本元素。變數（或是常數）的觀念和你在數學所學的一樣，如下所示：

```
x = y + 10
```

這裡 x 與 y 都是變數。10 是一個常數，表示值是沒有改變的。

在 Swift 中，你使用 var 關鍵字宣告變數，並使用 let 關鍵字宣告常數。當你將上列的方程式寫成程式碼，看起來如下所示：

```
let constant = 10
var y = 10
var x = y + constant
```

在 Playground 輸入上列的程式碼，然後點擊第 5 行的「Play」按鈕，結果如圖 2.4 所示。

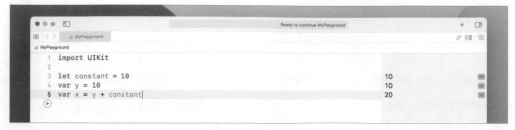

圖2.4　方程式的結果

你可以為變數與常數選擇任意名稱，只要確保名稱是有意義的即可，例如：你可以重寫同一段程式碼如下：

```
let constant = 10
var number = 10
var result = number + constant
```

為了讓你清楚了解 Swift 的常數與變數的差異，輸入下列的程式碼來變更 constant 與 number 的值：

```
constant = 20
number = 50
```

接著，按下 Shift + command + Enter 鍵來執行程式，除了使用「Play」按鈕以外，你可以使用快捷鍵來執行程式。

你只需要為常數與變數設定新值，不過一旦你變更常數的值，Xcode 就會在控制台出現錯誤提示；反之，number 則沒有問題，如圖 2.5 所示。

圖2.5　Playground 中的錯誤提示

這是 Swift 中常數與變數的主要差異，當常數使用值進行初始化，就不能再更改它，如果初始化後必須更改值的話，則使用變數。

2.5　型別推論

Swift 提供開發者許多功能來編寫簡潔的程式，其中一個功能是「型別推論」。我們剛才討論的相同程式碼片段可以明確編寫如下：

```
let constant: Int = 10
var number: Int = 10
var result: Int = number + constant
```

Swift 中的每個變數都有一個型別，在「:」後面的關鍵字「Int」表示變數 / 常數的型別是整數，如果儲存的值是小數，我們使用 Double 型別。

```
var number: Double = 10.5
```

還有其他型別，例如：用於文字資料的 String 和用於布林值（true / false）的 Bool。

現在回到型別推論，Swift 中這個強大功能可讓你在宣告變數 / 常數時省略型別，以使程式碼更簡潔。Swift 編譯器可以透過檢查你給定的預設值來推論型別，這就是為何我們可將程式碼編寫如下：

```
let constant = 10
var number = 10
var result = number + constant
```

這裡所給定的值（即 10）是一個整數，所以其型別會自動設定為「Int」。在 Playground 中，你可以按住 option 鍵，然後點選任何一個變數名稱，來揭示由編譯器所推論的變數型別，如圖 2.6 所示。

圖 2.6　按住 option 鍵並選擇變數來揭示其型別

2.6 處理文字

到目前為止，我們只使用了 Int 與 Double 型別的變數。想要在變數中儲存文字資料，Swift 提供了一個名為「String」的型別。

要宣告 String 型別的變數，你使用 var 關鍵字賦予變數一個名稱，並為變數指定初始文字。所指定的文字以雙引號（"）包裹，下面是一個例子：

```
var message = "The best way to get started is to stop talking and code."
```

在 Playground 中輸入上列的程式碼並點擊「Play」按鈕後，你將會在右側窗格看到結果，如圖 2.7 所示。

圖 2.7　字串立即顯示在右側窗格

Swift 提供不同的運算子與函數（或是方法）來讓你操作字串，例如：你可以使用 + 運算子來將兩個字串串接在一起，如圖 2.8 所示。

```
var greeting = "Hello "
var name = "Simon"
var message = greeting + name
```

圖 2.8　字串串接

如果你想要將整個句子轉換成大寫呢？Swift 提供了一個名為「uppercased()」的內建方法，可以將一個字串轉換成大寫。你可以輸入下列的程式碼來試驗：

```
message.uppercased()
```

Xcode 的編輯器有自動完成的功能，「自動完成」是一個很方便的功能，可加快程式編寫的速度。當你輸入「mess」，會看到一個自動完成視窗，它根據你輸入的內容顯示一些建議，你只需要選擇「message」，並按下 Enter 鍵即可，如圖 2.9 所示。

圖 2.9　自動完成功能

Swift 採用點語法來存取內建的方法及變數的屬性。當你在 message 之後輸入點符號，自動完成視窗會再次彈出，它會建議一串可透過變數存取的方法與屬性。你可以持續輸入 uppercase()，或者從自動完成視窗中選取，如圖 2.10 所示。

圖 2.10　方法清單

一旦輸入完成後，你會馬上看到輸出結果。當我們對 message 使用 uppercased()，這個 message 的內容會自動轉換為大寫。

uppercased() 是字串所內建的功能之一，你可以使用 lowercased() 來將 message 轉換成小寫。

```
message.lowercased()
```

或者，如果你想要計算字串的字元數量，則可以編寫程式碼如下：

```
message.count
```

圖 2.11　使用內建的函數來操作字串

字串的串接看起來非常簡單，對吧？你只要使用＋運算子，就可以將兩段字串相加。不過，並不是一切都這麼單純，我們在 Playground 中編寫下列的程式碼：

```
var bookPrice = 39
var numOfCopies = 5
var totalPrice = bookPrice * numOfCopies
var totalPriceMessage = "The price of the book is $" + totalPrice
```

將字串與數字混合在一起的情況很常見。在以上的例子中，我們計算書的總價，並建立一個訊息告訴使用者總價為何，如果你在 Playground 中輸入這些程式碼，你會注意到一個錯誤，如圖 2.12 所示。

圖 2.12　除錯區／主控台

當 Xcode 在程式碼中發現錯誤時，這個錯誤會以帶有簡短錯誤訊息的紅色警示符號來指示錯誤，Xcode 有時會顯示可能的錯誤修復方案，有時則不會。

要揭示錯誤詳細訊息，則你可以參考除錯區／主控台。如果主控台未顯示在你的 Playground 中，則點擊右上角的「除錯區」按鈕。

在我告訴你如何解決這個問題之前，你知道程式碼為何無效嗎？請先花個幾分鐘來想一下。

首先，要記住 Swift 是型別安全（type-safe）的語言，這表示每一個變數都有一個型別，以指定它可以儲存什麼樣的值。你知道 totalPrice 的型別是什麼嗎？回想之前我們學過的內容，Swift 可以透過檢查值來確定變數的型別。

因為 39 是一個整數，Swift 判斷 bookPrice 的型別是 Int，numOfCopies 與 totalPrice 也是。

主控台中顯示的錯誤訊息會提到 + 運算子不能串接 String 變數與 Int 變數，它們必須具有相同的型別。換句話說，你必須要先將 totalPrice 從 Int 轉換成 String 才能執行。

你可使用下列的程式碼來將整數轉換成字串：

```
var totalPriceMessage = "The price of the book is $" + String(totalPrice)
```

還有一種名為「字串插值」（String Interpolation）的方式也可以辦到。你可以像這樣編寫來建立 totalPriceMessage 變數：

```
var totalPriceMessage = "The price of the book is $ \(totalPrice)"
```

「字串插值」是在多個型別中建立字串的推薦方式，你可以將用於字串轉換的變數包裹在括號中，並使用反斜線作為前綴。

變更完成之後，點擊「Play」按鈕來重新執行這段程式，錯誤應該已經修正。

2.7 流程控制

> 提示 關於自信心，我認為你們會意識到，你們的成功不僅僅是因為你們自己所做的一切，而是因為在朋友的幫助下，你們不害怕失敗。如果真的失敗了，爬起來再試一次，如果再次失敗，那就再爬起來，再試一次；如果最後還是失敗了，或許該考慮做些其他的事情，你們能夠站在這裡，不僅是因為你們的成功，而是因為你們不害怕失敗。　　　　　　　　　　　　　　　　—John Roberts，美國首席大法官
>
> ※ 出處：URL http://time.com/4845150/chief-justice-john-roberts-commencement-speech-transcript/

每天我們都會做很多的決定，不同的決定會導致不同的結果或行為。舉例而言，你決定明天 6 點若能起床，你就為自己做一頓豐盛的早餐，否則的話，你就出去吃早餐。

寫程式時，你會使用到 if-then 以及 if-then-else 敘述來檢查條件，然後決定下一步要做什麼。如果你要將以上的例子寫成程式，看起來會像這樣：

```
var timeYouWakeUp = 6

if timeYouWakeUp == 6 {
    print("Cook yourself a big breakfast!")
} else {
    print("Go out for breakfast")
}
```

你宣告一個 timeYouWakeUp 變數來儲存你睡醒的時間（24 小時制），並使用 if 敘述來評估一個條件，以決定下一步的動作。這個條件是放在 if 關鍵字後面，這裡我們比較 timeYouWakeUp 的值，來看它是否等於 6。這裡的 == 運算子是用來進行比較。

如果 timeYouWakeUp 等於 6，則執行大括號中的動作（或敘述）。在程式碼中，我們簡單使用 print 函數來將訊息輸出到主控台；否則，將執行 else 區塊中指定的敘述，來輸出另一個訊息，如圖 2.13 所示。

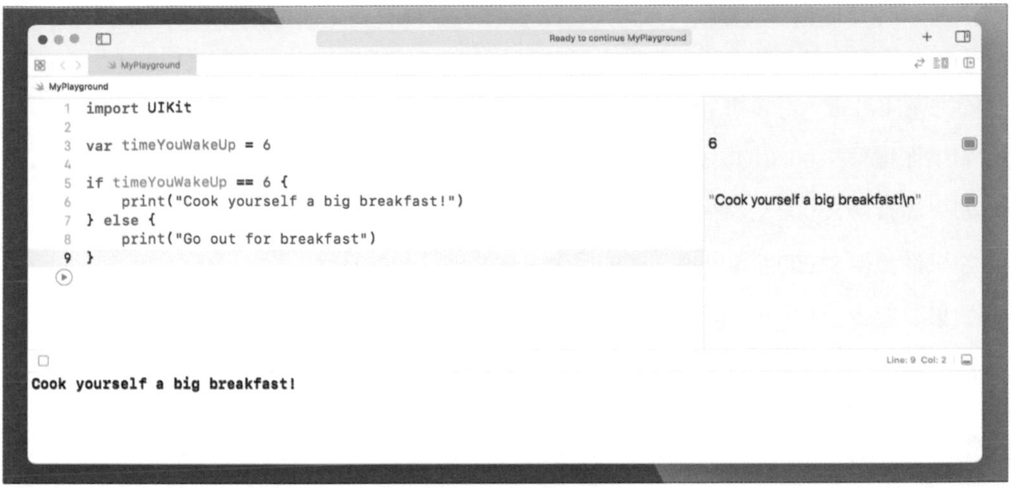

圖 2.13　if 敘述的例子

在 Playground 中，你會在主控台看到「Cook yourself a big breakfasts!」這個訊息，因為 timeYouWakeUp 的值被初始化為「6」，你可以試著變更為其他值，來看看會有什麼樣的結果。

在程式設計中，條件式邏輯很常見。假設你正在開發一個登入畫面，需要使用者輸入使用者姓名與密碼。使用者只能使用有效的帳號才能登入，在這種情況下，你可以使用 if-else 敘述來驗證使用者名稱與密碼。

if-else 敘述是 Swift 控制程式流程的其中一種方式，Swift 也提供 switch 敘述來控制要執行哪個程式碼區塊，你可以使用 switch 重寫上面的例子：

```swift
var timeYouWakeUp = 6

switch timeYouWakeUp {
case 6:
    print("Cook yourself a big breakfast!")
default:
    print("Go out for breakfast")
}
```

如果 timeYouWakeUp 設定為「6」，也會得到相同的結果，switch 敘述是把一個值（這裡指的是 timeYouWakeUp 的值）和 case 內的值進行比較，預設的 case 是由 default 關鍵字指示，這和 if-else 敘述的 else 程式碼區塊很像，如果所評估的值與任何一種情況不相符的話，就會執行預設的 case，因此如果你將 timeYouWakeUp 的值修改為「8」，則會顯示「Go out for breakfast」的訊息。

至於何時要使用 if-else 敘述或者 switch 敘述，並沒有一定的準則，有時我們更喜歡其中一個，只是可讀性的緣故。假設你通常在年底獲得獎金，現在你正在為你的下一個旅行目的地制定計畫，計畫如下：

● 如果你獲得 $10000 的獎金（或者更多），你將前往巴黎或倫敦旅行。

● 如果你獲得 $5000 至 $9999 之間的獎金，你將前往東京旅行。

● 如果你獲得 $1000 至 $4999 之間的獎金，你將前往曼谷旅行。

● 如果獎金少於 $1000，則待在家中。

　當你將以上的計畫寫成程式碼，寫法如下：

```
var bonus = 5000

if bonus >= 10000 {
    print("I will travel to Paris and London!")
} else if bonus >= 5000 && bonus < 10000 {
    print("I will travel to Tokyo")
} else if bonus >= 1000 && bonus < 5000 {
    print("I will travel to Bangkok")
} else {
    print("Just stay home")
}
```

　>= 是比較運算子（Comparison Operator），表示「大於或等於」。第一個 if 條件檢查 bonus 的值是否大於或等於 10000。要同時指定兩種條件，你可以使用 && 運算子。第二個 if 條件檢查值是否在 5000 與 9999 之間。其餘的程式碼應該無須解釋。

　你可以使用 switch 敘述來將上列的程式碼改寫如下：

```
var bonus = 5000

switch bonus {
case 10000...:
    print("I will travel to Paris and London!")
case 5000...9999:
    print("I will travel to Tokyo")
case 1000...4999:
    print("I will travel to Bangkok")
default:
    print("Just stay home")
}
```

Swift 有一個非常方便的範圍運算子「...」，其定義從下限至上限的範圍，例如：「5000...9999」，表示範圍是從 5000 到 9999。對於第一個情況，「10000...」表示大於 10000 的值。

這兩個程式碼區塊的執行完全一樣，但是你比較喜歡哪種方式呢？在這種情況下，我比較喜歡 switch 敘述，可以讓程式更簡潔。無論如何，即使你比較喜歡使用 if 敘述來處理以上的問題，結果是一樣的。當你繼續探索 Swift 程式語言，你將會了解 if 或 switch 的使用時機。

2.8 陣列與字典

現在你已經對變數與控制流程有了基本的了解，我來介紹另一個常會用到的程式觀念。

到目前為止，我們使用的變數只能儲存單一值。參考前面程式碼片段中的變數，不論變數型別為何，bonus、timeYouWakeUp 與 totalPriceMessage 都可存放單一值。

我們來看下列的範例。假設你正在建立一個書架應用程式來分門別類你的圖書蒐藏。在你的程式碼中，你可能會有一些變數存放你的書名：

```
var book1 = "Tools of Titans"
var book2 = "Rework"
var book3 = "Your Move"
```

除了在每一個變數儲存單一值之外，是否有其他方式能夠儲存更多的值呢？

Swift 提供一個名為「陣列」（Array）的集合型別，可以讓你在一個變數中儲存多個值。有了陣列，你可以像這樣儲存書名：

```
var bookCollection = ["Tool of Titans", "Rework", "Your Move"]
```

你可以使用一串值來初始化一個陣列，並將值以逗號分開，然後以方括號包裹起來。同樣的，因為 Swift 是一種型別安全的語言，因此所有值必須要是相同的型別（如字串）。

如果你才剛開始學習寫程式，可能會對陣列值的存取感到奇怪。在 Swift 中，使用下標語法（Subscript Syntax）來存取陣列元素。第一個項目的索引是 0，因此引用陣列的第一個項目，可以編寫如下：

```
bookCollection[0]
```

如果在 Playground 中輸入上列的程式碼並點擊「Play」按鈕，你應該會在輸出窗格看到「Tool of Titans」。

當你以 var 宣告一個陣列，你可以修改它的元素，例如：你可以像這樣呼叫 append 內建方法，來加入一個新的項目至陣列中：

```
bookCollection.append("Authority")
```

現在陣列有四個項目，那麼該如何知道陣列的總數呢？使用內建的 count 屬性：

```
bookCollection.count
```

你知道要怎樣才能把陣列的每個項目的值輸出到主控台嗎？

不要馬上看解答。

試著想一下。

好的，你也許會編寫程式碼如下：

```
print(bookCollection[0])
print(bookCollection[1])
print(bookCollection[2])
print(bookCollection[3])
```

這樣的寫法沒有問題，不過還有更好的方式。如你所見，上面的程式都是重複性的，如果陣列有 100 個項目，則輸入 100 行程式碼會很乏味。在 Swift 中，你可以使用 for-in 迴圈，以特定的次數來執行一個任務（或一段程式）。舉例而言，你可以將上列的程式碼簡化如下：

```
for index in 0...3 {
    print(bookCollection[index])
}
```

你指定要迭代的數字範圍「0...3」，在這個情況下，for 迴圈內的程式碼會執行 4 次，而 index 的值會跟著做變更。當 for 迴圈第一次開始執行，index 的值設定為「0」，它會輸出 bookCollection[0]。當敘述執行後，index 的值會更新為「1」，並輸出 bookCollection[1]，整個過程重複持續到所設的範圍（即 3）為止。

現在問題來了，如果陣列中有 10 個項目該怎麼做呢？你也許會將範圍從 0...3 改為 0...9；那麼如果項目增加到 100 個呢？你會將範圍改成 0...99。

有沒有通用的方法可以做到這一點，而不必每次項目總數更改時都要去更新程式碼？

你是否注意到 0...3、0...9 與 0...99 等這些範圍的模式？

範圍的上限等於項目總數減 1，其實你可以將程式碼重寫如下：

```
for index in 0...bookCollection.count - 1 {
    print(bookCollection[index])
}
```

現在，不管陣列項目的數量如何，這個程式碼片段都可執行。

Swift 的 for-in 迴圈提供另一種迭代陣列的方式，範例程式碼片段可以重寫如下：

```
for book in bookCollection {
    print(book)
}
```

當陣列（即 bookCollection）迭代時，每次迭代的項目會被設定給 book 常數。當迴圈第一次開始後，bookCollection 內的第一個項目設定給 book，下次的迭代中，陣列的第二個項目將會指定給 book，這個過程持續進行到最後一個陣列項目。

現在相信你已經了解 for-in 迴圈的原理，並知道如何使用迴圈來重複任務。我們來說明另一個常見的集合型別，稱為「字典」（dictionary）。

字典和陣列很相似，可以讓你在一個變數／常數中儲存多個值，主要的差異在於字典中的每個值會關聯一個鍵（key），你可以使用唯一鍵來存取該項目，而不是使用索引來識別項目。

讓我繼續以藏書為例子，每本書有一個唯一的 ISBN（國際標準書號，International Standard Book Number 的縮寫），如果你想要將每本書以它的 ISBN 作為其索引，你可以像這樣宣告與初始化一個字典：

```
var bookCollectionDict = ["1328683788": "Tool of Titans", "0307463745": "Rework", "1612060919":
"Authority"]
```

這個語法與陣列初始化的語法非常相似，所有的值都被一對方括號包裹起來，鍵與值分別以　個冒號（:）隔開。在範例程式碼中，其鍵為 ISBN，而每本書都關聯一個唯一的 ISBN。

那麼你該如何存取一個特定項目呢？同樣的，和陣列非常相似，不過這裡不使用數字索引，而是使用一個唯一鍵。範例如下：

```
bookCollectionDict["0307463745"]
```

這會回傳一個值給你：「Tool of Titans」。要迭代字典中的所有項目，你也可以使用 for-in 迴圈：

```
for (key, value) in bookCollectionDict {
    print("ISBN: \(key)")
    print("Title: \(value)")
}
```

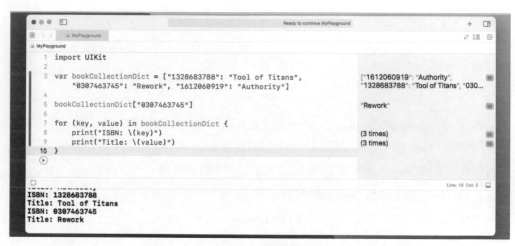

圖 2.14　迭代字典

你可從主控台中的訊息中看出，項目的排序並沒有依照初始化的順序，和陣列不一樣，這是字典的特性，項目是以無排序的方式來儲存。

你可能想說，建立一個 App 時，何時會用到字典？我們以另一個例子來看它之所以會稱爲「字典」的原因。思考一下你是如何使用字典？在字典中查詢一個字，它會標示文字的含義。在這種情況下，這個文字就是鍵，其含義是關聯的值。

在進入到下一小節之前，我們做一個很簡單的練習來建立一個表情符號字典，這個字典存放表情符號的意義，爲了簡單起見，這個字典具有下列幾個表情符號及其意義：

- 👻：Ghost。
- 💩：Poop。
- 😡：Angry。
- 😱：Scream。
- 👾：Alien monster。

你知道如何使用字典型別來實作表情符號字典嗎？以下是表情符號字典的程式架構，請填入缺少的程式碼，以使它能夠執行：

```
var emojiDict = // 填入初始化字典的程式 //

var wordToLookup =  // 填入鬼臉表情符號 //
var meaning = // 填入存取值的程式 //
wordToLookup = // 填入生氣表情符號 //
meaning = // 填入存取值的程式 //
```

要在 Mac 上輸入表情符號，則按下 Control + command + Space 鍵。

你能夠完成這個練習嗎？我們來看圖 2.15 的解答及其輸出結果。

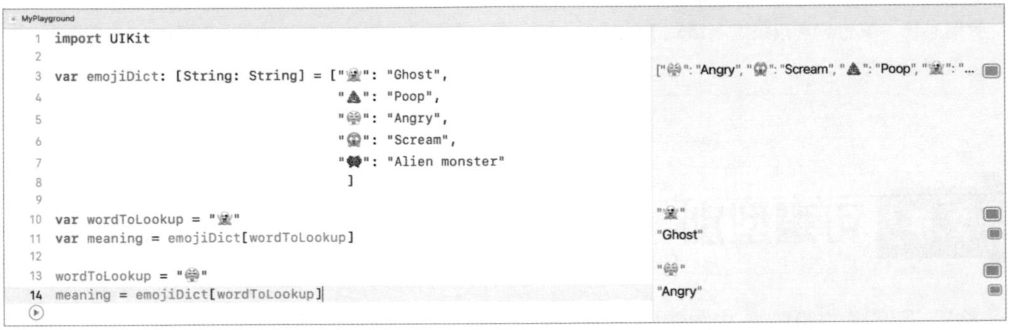

圖 2.15　表情符號字典練習的解答

我相信你已經自己找出解答了。

現在，我們加入幾行程式碼來輸出 meaning 變數至主控台，如圖 2.16 所示。

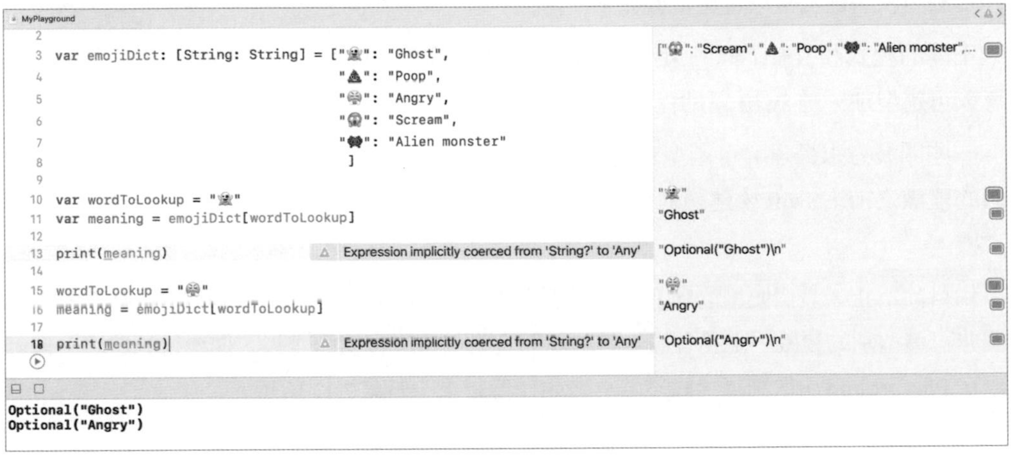

圖 2.16　輸出 meaning 變數

你會注意到兩件事：

- Xcode 指出這兩個輸出的敘述都有一些問題。
- 主控台區的輸出和我們之前經歷過的其他輸出有所不同。結果是正確的，但是可選型別是什麼意思呢？

> **說明** 在 Xcode 中，警告是以黃色來標示。警告和錯誤的差異在於，即使有一些警告，你的程式還是能夠執行。顧名思義，警告會預先告知你有某些問題。你最好能夠修復這些問題，以免有潛在的問題。

這兩個問題都和 Swift 中一個名為「可選型別」（Optional）的新觀念有關。即使你有一些程式設計的背景，對你而言，這個觀念可能是新的。

> **提示** 我希望你能夠喜歡到目前為止的內容。如果有任何問題而卡住的話，不妨休息一下，喝杯咖啡來放鬆心情，或者你可以跳過本章剩下的部分，然後進入下一章來試著建立你的第一個 App，你隨時可以回來複習本章。

2.9 可選型別

你有過這樣的經驗嗎？你開啟一個 App，點擊一些按鈕，然後突然就當機了，我相信你應該有過這種經歷。

為什麼 App 會當機呢？一個常見的原因是，App 試著在執行期中存取一個沒有值的變數，然後便發生例外事件。

那麼有沒有辦法可以避免當機呢？

不同的程式語言有不同的策略來鼓勵程式設計師寫一些好的或者不易出錯的程式碼。導入可選型別，是 Swift 幫助程式設計師編寫更好的程式來避免 App 當機的方式。

一些開發者很難理解可選型別的觀念，它的基礎觀念其實十分簡單。在存取可能沒有值的變數之前，Swift 會建議你先驗證它，你必須先確保它有值才繼續，如此可避免 App 當機。

到目前為止，我們使用的所有變數或常數都有一個初始值，這在 Swift 中是必要的。一個非可選型別的變數一定要有值，當你試著宣告一個沒有值的變數，你會得到錯誤，你可以在 Playground 中做測試，試試看會發生什麼結果，如圖 2.17 所示。

圖 2.17　宣告沒有初始值的變數／常數

在某些情況下，你必須宣告一個沒有初始值的變數。想像一下，你正在開發一個有註冊表單的 App，表單中的所有欄位並非都是必填，有些欄位（如工作職稱）是可以選填的，在這種情況下，這些可選欄位的變數可能沒有值。

技術上，可選型別只是 Swift 中的一個型別，這個型別表示變數可以有值或沒有值。要宣告變數為可選型別，你可以在變數後面加上問號（？），如下所示：

```
var jobTitle: String?
```

你宣告一個名為「jobTitle」、String 型別的變數，它也是可選型別。如果你將上面的程式碼放在 Playground 中，它不會顯示錯誤，因為 Xcode 知道 jobTitle 可以沒有值。

與編譯器可以從初始值推論型別的非可選型別變數不同，你必須明確指定可選型別變數的型別（例如：String、Int）。

如果你依照我的指示在 Playground 中輸入程式碼（並點擊「Play」按鈕），你可能會注意到結果窗格顯示 nil。對於任何沒有值的可選型別變數，會為其指定一個名為「nil」的特別值，如圖 2.18 所示。

圖 2.18　指定一個特別值「nil」給沒有值的可選型別變數

換句話說，nil 表示變數沒有值。

當你必須指定一個值給可選型別變數，你可以像往常一樣指定，如下所示：

```
jobTitle = "iOS Developer"
```

現在你應該對可選型別有些概念了，但是它如何幫助我們寫出更好的程式呢？如圖 2.19 所示來輸入程式碼。

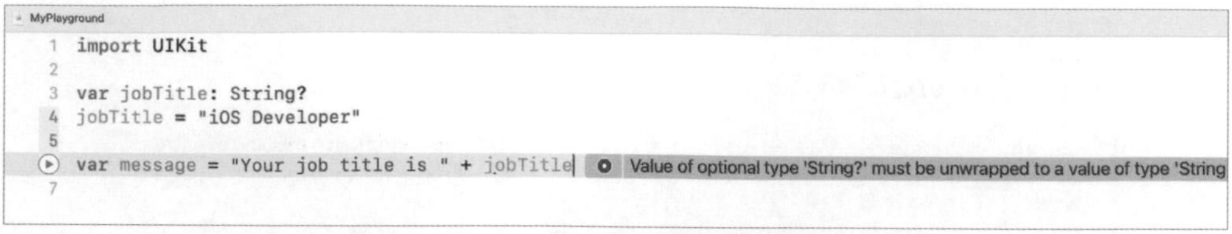

```
• MyPlayground
  1  import UIKit
  2
  3  var jobTitle: String?
  4  jobTitle = "iOS Developer"
  5
▶ 6  var message = "Your job title is " + jobTitle  ⊗ Value of optional type 'String?' must be unwrapped to a value of type 'String
  7
```

圖 2.19　當你存取可選型別變數時顯示錯誤

當你一輸入完下列的程式碼，Xcode 會提示一個錯誤訊息。

```
var message = "Your job title is " + jobTitle
```

這裡的 jobTitle 被宣告為一個可選型別變數，Xcode 告訴你該行程式碼有潛在的錯誤，因為 jobTitle 應該是沒有值，你必須在使用可選型別變數之前要先做一些驗證。

這就是可選型別如何避免你寫出有問題的程式的方式。每當你需要存取一個可選型別變數，Xcode 會強制你執行驗證來看這個可選型別是否有值。

強制解開

而你該如何執行這樣的驗證，並解開（Unwrap）可選型別變數的值呢？Swift 提供幾個方法。

首先，即所謂的「if 敘述與強制解開」（Forced Unwrapping）。簡單來說，你使用 if 敘述來將可選型別變數與 nil 進行比較，即可驗證這個可選型別變數是否有值。若這個可選型別確實有值，你可以解開它的值來做進一步的處理，程式碼如下所示：

```
if jobTitle != nil {
    var message = "Your job title is " + jobTitle!
}
```

!= 運算子表示「不等於」，因此當 jobTitle 不等於 nil，它必定有值。你可以執行 if 敘述中程式碼區塊的敘述，當你需要存取 jobTitle 的值時，可加入一個驚嘆號（!）至可選型別變數的後面，這個驚嘆號是一種特別的指示符號，用來告知 Xcode：你確認這個可選型別變數有值，它是安全的，可以放心使用。

可選型別綁定

「強制解開」是存取可選型別變數值的一種方式，而另外一種方式稱為「可選型別綁定」（Optional Binding），這是使用可選型別的推薦方式，至少你不需要使用「!」。

如果使用可選型別綁定，同樣的程式碼片段可以重寫如下：

```
if let jobTitleWithValue = jobTitle {
    var message = "Your job title is " + jobTitleWithValue
}
```

你使用 if let 來找出 jobTitle 是否有值，如果有的話，這個值會被指定給臨時常數 jobTitleWithValue。在程式碼區塊中，你可以像平常一樣使用 jobTitleWithValue，如你所見，並不需要加入「!」這個後綴。

你是否必須給臨時常數一個新名稱？

不，其實你可以像這樣使用同樣的名稱：

```
if let jobTitle = jobTitle {
    var message = "Your job title is " + jobTitle
}
```

說明 即使名稱是相同的，上面的程式碼實際上有兩個變數。黑色字體的 jobTitle 是可選型別變數，而藍色字體的 jobTitle 是作為指定可選型別值的臨時常數。

這與 Swift 可選型別有關。你是否被各種「?」與「!」符號感到困惑？我希望你已經沒有問題了，如果你還是不了解可選型別，可將你的問題刊登到我們的臉書社團（URL https://www.facebook.com/groups/appcodatw/ ）。

好的，你還記得在圖 2.16 的警告提示嗎？當你試著輸出 meaning，Xcode 會給你一些警告。在主控台中，即使輸出了該值，它會以「Optional」為前綴，如圖 2.20 所示。

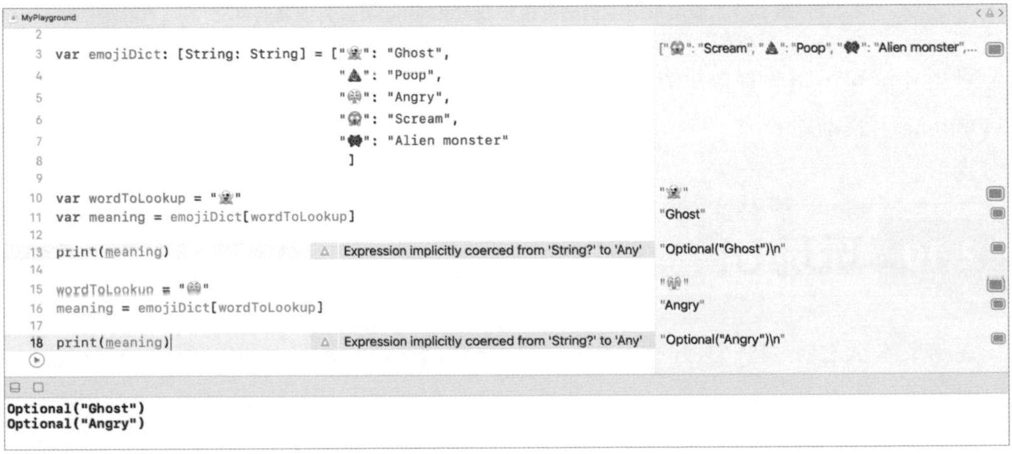

圖 2.20　和圖 2.16 一樣顯示警告訊息

現在你已經知道原因為何了吧？為何這個 meaning 變數是一個可選型別呢？那麼該如何修改程式來移除這個警告訊息呢？

同樣的，先不要看解答，自行思考一下。

當你仔細看一下程式碼，meaning 實際上是一個可選型別，這是因為字典可能沒有給定鍵的值，例如：如果你在 Playground 中編寫程式碼如下：

```
meaning = emojiDict[" 😎 "]
```

這個 meaning 變數會被指定為 nil，因為 emojiDict 並沒有鍵「😎」的值。

因此，每當我們需要存取 meaning 的值時，則必須先驗證其是否有值。想要避免產生警告訊息的話，我們可以使用可選型別綁定來測試值是否存在，如圖 2.21 所示。

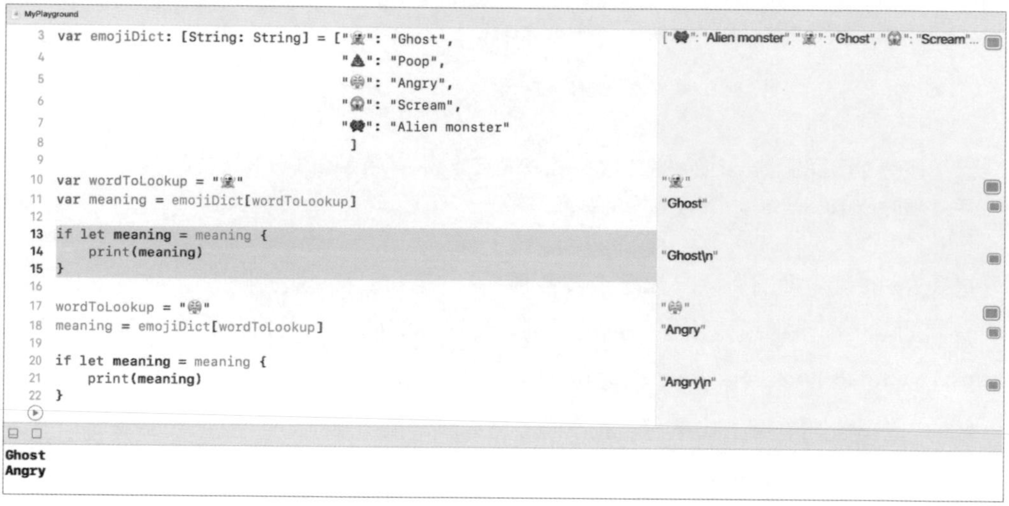

圖 2.21　使用可選型別綁定來檢查 meaning 是否有值並解開它

變更完成後，這個警告訊息便會消失，你也會注意到顯示在主控台中的值，不再以「Optional」為前綴。

2.10 玩玩 UI

在結束本章之前，我們來建立一些 UI 元件。我們要做的是在視圖中顯示表情符號及其對應的意義，如圖 2.22 所示。

圖 2.22　在視圖中顯示表情符號

如同我在本章開頭所說，除了學習 Swift，你還需要熟悉 iOS SDK 提供的框架。而基本的框架之一是 SwiftUI，它可讓你建立互動式 UI。

你也可以使用 Playground 來探索一些 SwiftUI 框架提供的 UI 控制元件。現在輸入下圖所示的程式碼，然後點擊「Play」按鈕來執行程式碼。

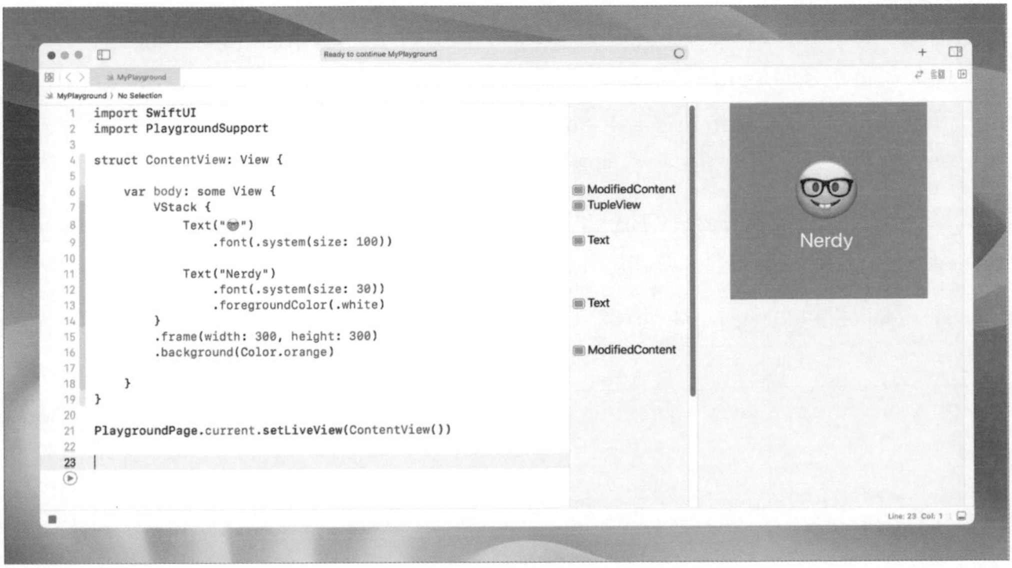

圖 2.23　使用 SwiftUI 渲染視圖

這應該可讓你體驗一下 SwiftUI。你剛才使用 SwiftUI 框架在畫面上渲染視圖和一些文字標籤。

「視圖」（View）是 iOS 中的基本 UI 元素。你可以把它想成一個用於顯示內容的矩形區域。ContentView 是我們的通用 View 的自訂版本，在視圖中，我們加入兩個文字元件來顯示表情符號圖示與標籤，我們還更改背景視圖為橘色。

下列程式碼是用於在 Playground 中預覽 UI：

```
PlaygroundPage.current.setLiveView(ContentView())
```

這就是 SwiftUI 和 iOS SDK 的強大之處，它有大量的預建元素，並讓開發者使用幾行程式碼就能自訂它們。

我猜你可能尚未完全了解 SwiftUI 的程式碼。不用擔心！我只是想快速介紹一下 SwiftUI，我們將在下一章中帶你了解一些最常見的 SwiftUI 元件。

2.11 本章小結

現在你已經嘗試過 Swift 了，感覺如何呢？喜歡嗎？我希望你覺得 Swift 對初學者友好以及本章內容不會嚇到你學習 App 開發。

接下來，我將教你使用 SwiftUI 建立你的第一個 App，你現在可以進入下一章。不過，如果你想學習更多的 Swift 程式語言，我建議你要看一下 Apple 官方的《Swift 程式語言指南》（ URL https://docs.swift.org/swift-book/ ）。你將學會這個語言的語法，了解函數、可選型別以及其他內容，但這不是立即要做的事情。

若是你迫不及待想要建立你的第一個 App，則翻到下一章，之後再來閱讀《Swift 程式語言指南》，你可以學習到更多關於 Swift 的內容。

另外，本章提供 Playground 範例檔（ swiftui-playgrounds.zip ）供你參考。

03

使用 Swift 與 SwiftUI
建立你的第一個 App

現在你應該已經安裝好 Xcode，並且對 Swift 語言有一些了解。如果你跳過了前兩章的內容，則我強烈建議你在此暫停，並返回閱讀它們，你必須先安裝 Xcode，才能完成本書中的所有練習。

在上一章中，你已經嘗試使用 SwiftUI 來建立一些 UI 元件。在本章中，我們將深入研究並為你全面介紹 SwiftUI 框架，另外你將有機會建立你的第一個 iOS App。

3.1 SwiftUI 介紹

2019 年的 WWDC 中，Apple 宣布了一個名為「SwiftUI」的全新框架，這讓所有的開發者都大為驚訝，它不僅改變了開發 iOS App 的方式，也是自 Swift 問世以來 Apple 開發者的生態系統（包括 iPadOS、macOS、tvOS 與 watchOS）的最大轉變。

> 說明 SwiftUI 是一種創新且極為簡單的方式，透過 Swift 的強大功能，可在所有的 Apple 平台上建立使用者介面。只需使用一套工具與 API，即可為所有的 Apple 裝置建立使用者介面。
>
> — Apple（ URL https://developer.apple.com/xcode/swiftui/ ）

開發者對於「應該直覺設計 App UI，還是用程式碼編寫 UI」一事已爭論許久，而 SwiftUI 的導入就是 Apple 對於這個問題的回應。透過這個創新的框架，Apple 對開發者提供了一個建立使用者介面的全新方式。請參見圖 3.1 所呈現的畫面，並花些時間查看其所對應的程式碼。

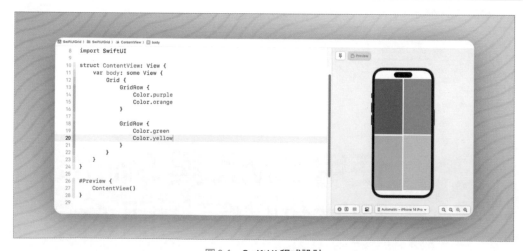

圖 3.1　SwiftUI 程式設計

隨著 SwiftUI 的發布，你現在可以使用宣告式（Declarative）的 Swift 語法來開發 App 的 UI，這表示編寫 UI 程式碼的過程變得更簡單且直覺。和目前的 UI 框架（如 UIKit）相比，你可以使用更少的程式碼來實現相同的 UI。

3.2 宣告式程式設計 vs 指令式程式設計

和 Java、C++、PHP 與 C# 類似，Swift 是一個指令式程式語言（Imperative Programming），不過 SwiftUI 以其為一個宣告式 UI 框架（Declarative UI Framework）而自豪，該框架可以讓開發者以宣告式的方式建立 UI。而「宣告式」一詞是什麼意思呢？它和指令式程式設計有何不同呢？更重要的是，這個變更對你編寫程式的方式有什麼影響呢？

對於剛接觸程式設計的人來說，可能不需要立即去關心兩者之間的差異，因為一切對你而言都是新的內容，不過如果你有一些物件導向程式設計的經驗，或者之前曾經使用 UIKit 開發過，則這個典範轉移（Paradigm Shift）會顯著影響你建立使用者介面的方式，你可能需要忘記一些舊思維並學習新觀念。

那麼，指令式程式設計與宣告式程式設計之間有何不同之處呢？如果你到維基百科搜尋這兩個專有名詞，你會找到以下的定義：

「在電腦科學中，指令式程式設計是一種使用語句來變更程式狀態的程式設計典範。就像自然語言中命令式語氣表達指令的方式一樣，指令式程式是由電腦執行的指令所組成。

在電腦科學中，宣告式程式設計是一種建立電腦程式的結構與元件風格的程式設計典範，它表達的是運算邏輯，而不描述控制流程。」

如果你沒有電腦科學背景，則很難理解其實際的差異，讓我用一個相關的類比來解釋其中的差異處。

這裡不將重點放在程式設計上，我們談一下披薩的烹飪（或任何你喜歡的料理）。假設你正在指示其他人（助手）去準備一個披薩，你可以使用指令式或宣告式的方式來進行。要以指令式烹飪披薩，你需要像食譜一樣來明確告訴助手每個指示：

- 加熱到 550°F 或更高溫度，至少要 30 分鐘。

- 準備一磅麵團。

- 將麵團揉成 10 英吋大小的圓。

- 將蕃茄醬以湯匙舀入披薩的中間，並均勻塗抹至邊緣。

- 再撒上一些配料（包括洋蔥、切片蘑菇、義式辣味香腸、煮熟的香腸、煮熟的培根、切塊的辣椒）與起司。

- 將披薩烘烤 5 分鐘。

另一方面，如果你選擇以宣告式的方式來烹飪披薩，則不需要逐步說明，相反的，你只需要描述你想要做什麼樣的披薩，例如：你喜歡厚皮或者薄皮？想要義式辣味香腸與培根等配料、還是經典的瑪格莉特番茄紅醬？披薩的直徑要 10 吋或者 16 吋？透過傳達你的喜好，助手可處理剩下的事情，並相應地烹飪披薩。

這就是指令式與宣告式的主要不同之處。現在回到 UI 程式設計，指令式 UI 程式設計需要開發者編寫詳細的指令，來佈局 UI 並控制其狀態；反之，宣告式 UI 程式設計則可讓開發者描述 UI 的外觀，以及它應該如何回應狀態變更。

宣告式的程式碼風格將讓程式碼更易於閱讀與理解，除此之外，SwiftUI 框架可以讓你以更少的程式碼來建立使用者介面。例如：假設你的任務是要在 App 中建立一個心形按鈕，這個按鈕應該放置於螢幕中心，並回應使用者的觸控；當使用者點擊這個心形按鈕時，它的顏色應從紅色變為黃色，而當使用者按住這個心形時，它應以動畫方式放大。

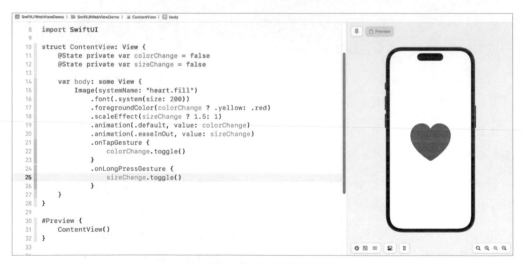

圖 3.2　互動式心形按鈕的實作

參考一下圖 3.2，這是實作心形按鈕所需要的程式碼，大約 20 行的程式碼，你就可以建立一個帶有縮放動畫的互動式按鈕，而這就是宣告式 UI 框架的強大之處。

3.3 使用 SwiftUI 建立你的第一個 App

介紹完 SwiftUI 框架的背景資訊，如我常說的一句話：「你必須親自動手寫程式來學習程式設計」，現在是時候開啓 Xcode 並使用 SwiftUI 來編寫你的第一個 iOS App。在本章的其餘部分中，你將編寫程式碼來嘗試不同的 UI 元件，例如：文字、圖片、堆疊視圖。此外，你將學習如何偵測點擊手勢。透過結合所有的技術，你最終將建立你的第一個 App。

首先開啓 Xcode，並使用 iOS 類別下的「App」模板來建立一個新專案，點選「Next」按鈕來進入下一個畫面，如圖 3.3 所示。

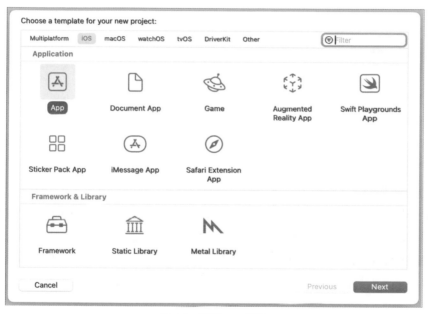

圖 3.3　**選擇 App 模板**

接下來，設定專案名稱爲「HelloWorld」。「Hello World」是初學者要去建立的第一個程式，其是一個在裝置螢幕上輸出「Hello World」文字的簡單程式。雖然你的第一個 App 會比這個程式更加複雜，但讓我們遵循傳統，將專案名稱命名爲「HelloWorld」，如圖 3.4 所示。

圖 3.4　輸入專案選項

「組織識別碼」（Organization Identifier）是你的 App 的唯一識別碼，這裡我使用「com. appcoda」，不過你在這裡應該填入你自己的值，如果你有自己的網站，可將其設定為反向域名。另外，你可以使用「com.」，例如：你的名字叫做「Pikachi」，則組織識別碼可填寫為「com.pikachi」。

Xcode 現在支援兩種建立使用者介面的方式，由於本書是與 SwiftUI 有關，因此請將「介面」（Interface）選項設定為「SwiftUI」，對於程式語言（Programming Language）則將其設定為「Swift」。

而「Include Tests」選項，你可不用勾選；點選「Next」按鈕繼續，接著 Xcode 會詢問你儲存「HelloWorld」專案的位置，請選擇你的 Mac 電腦上的任何資料夾（例如：桌面）。你或許會注意到有個「版本控制」（Source Control）的選項，這裡不勾選它，本書不會用到這個選項，最後按下「Create」按鈕繼續。

當你確認後，Xcode 會自動建立「HelloWord」專案，畫面如圖 3.5 所示。

圖 3.5　Xcode 工作區的原始碼編輯器與預覽窗格

3.4　熟悉 Xcode 工作區

在我們開始實作「Hello World」App 之前，讓我們花幾分鐘來快速瀏覽 Xcode 的工作區環境。左側窗格是「專案導覽器」（Project Navigator），你可在此區域中找到所有的專案檔案；工作區中心部分是「編輯區」（Edit Area），你可此區域中進行所的編輯工作（例如：編輯專案設定、原始碼檔案、使用者介面等）。

依照檔案類型的不同，Xcode 會在編輯區向你顯示不同的介面，例如：你在專案導覽器中選取「HelloWorldApp.swift」，Xcode 會在中心區域顯示原始碼，如圖 3.8 所示。Xcode 內有數種主題供你選擇，例如：如果你喜愛深色主題，則可以到選單並選擇「Xcode → Preferences → Themes」來做變更。

如果你選取了「ContentView.swift」檔，Xcode 會自動調整程式碼編輯器的大小，並在其旁邊顯示一個額外窗格，此為 ContentView 的預覽窗格。如果你看不到設計畫布，則可以到 Xcode 選單並選擇「Editor → Canvas」來啟用它。

設計畫布可顯示 SwiftUI 程式碼的預覽，Xcode 會依照你在模擬器選項中所選的模擬器（例如：iPhone 14/15 Pro）來渲染預覽。

為了給自己更多的空間來編寫程式碼，你可以隱藏專案導覽器（Project Navigator）與檢閱器（Inspector），如圖 3.6 所示。如果你想調整預覽大小，則使用右下角的放大圖示。

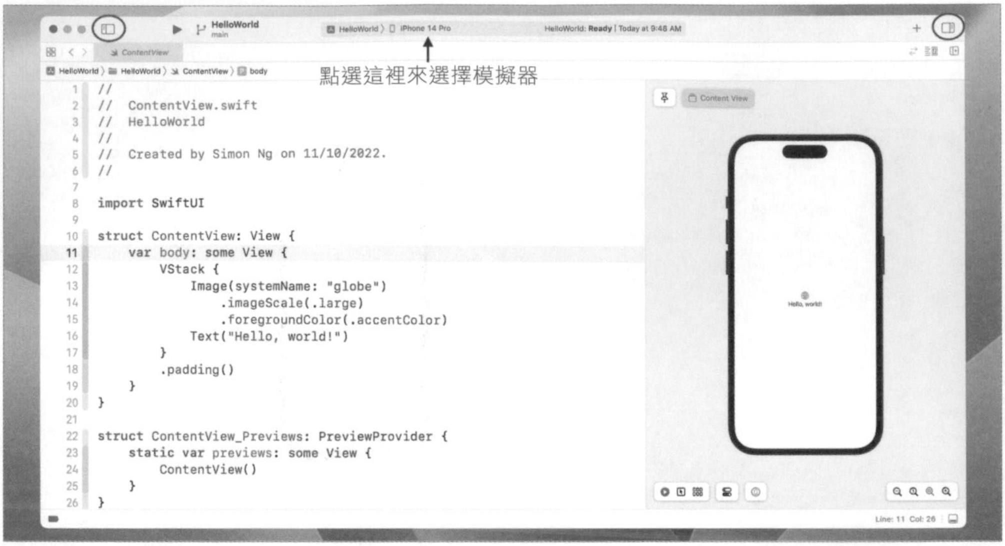

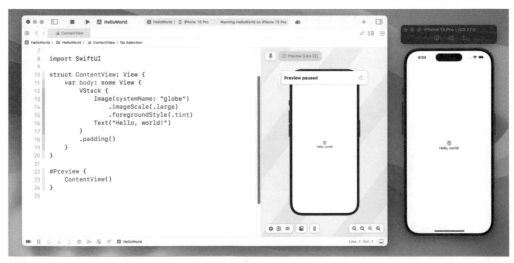

圖 3.6　預覽 App

首次執行你的 App

　　至目前為止，我們還沒有撰寫一行程式碼。ContentView 中的程式碼是由 Xcode 產生的，在我們編寫自己的程式碼之前，讓我們試著使用內建的模擬器來執行 App，這將使你了解如何在 Xcode 中建立與測試你的 App。在工具列中，你應該會看到「Run」按鈕（亦是「Play」按鈕），如圖 3.7 所示。

圖 3.7　在模擬器中測試 App

Xcode的「Run」按鈕是用於建立App，並在選定的模擬器中執行它。在上述的範例中，模擬器設定為「iPhone 15 Pro」。如果你點選「iPhone 15 Pro」按鈕，你將看到可用的模擬器清單，例如：iPhone SE與iPhone 15 Pro Max，我們使用「iPhone 15 Pro」作為模擬器來測試。

當選擇後，你可以按下「Run」按鈕來在模擬器中載入你的App，圖3.7顯示了iPhone 15 Pro的模擬器。要結束App時，只需點擊工具列中的「Stop」按鈕。

試著選擇另一個模擬器（例如：iPhone SE）並執行App，你將看到螢幕上顯示另一個模擬器。最新版本的Xcode可以讓開發者同時執行多個模擬器，如圖3.8所示。

圖3.8　同時執行多個模擬器

這個模擬器的工作原理和iPhone實機非常相似，你可以點擊「home」按鈕（或按下 Shift + command + H 鍵）來開啟主畫面，它還有一些內建的App，只需使用一下，便可熟悉Xcode和模擬器環境。

3.6 處理文字

現在你應該熟悉了Xcode工作區，是時候檢查SwiftUI程式碼。在ContentView中產生的範例程式碼已經向你展示如何顯示單行文字。你初始化Text物件，並將欲顯示的文字（例如：Hello World）傳送給它，如下所示：

```
Text("Hello World")
```

如此，預覽畫布會在螢幕上顯示「Hello World」，這是建立一個文字視圖的基本語法。你可以任意變更文字內容，畫布應該會立即顯示更改結果，如圖 3.9 所示。

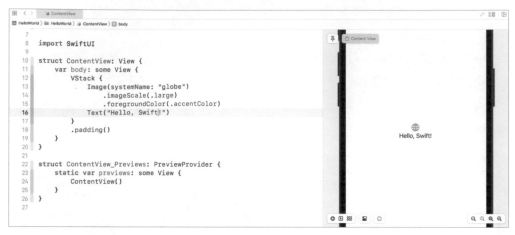

圖 3.9　變更文字

3.7　變更字型與顏色

在 SwiftUI 中，你可以呼叫名為「修飾器」（Modifier）的方法來變更控制元件的屬性（例如：顏色、字型與粗細）。假設你想要將文字加粗，你可以使用 fontWeight 修飾器，並指定你想要的字型粗細（例如：.bold）：

```
Text("Stay Hungry. Stay Foolish.").fontWeight(.bold)
```

你可以使用點語法（dot syntax）來存取修飾器。每當你輸入一個點時，Xcode 會顯示可使用的可能修飾器或值。例如：當你在 fontWeight 修飾器中輸入一個點時，你將看到各種字型粗細的選項，你可以選擇「bold」來加粗文字；如果你想要讓它更粗一點，則可以選擇「heavy」或「black」，如圖 3.10 所示。

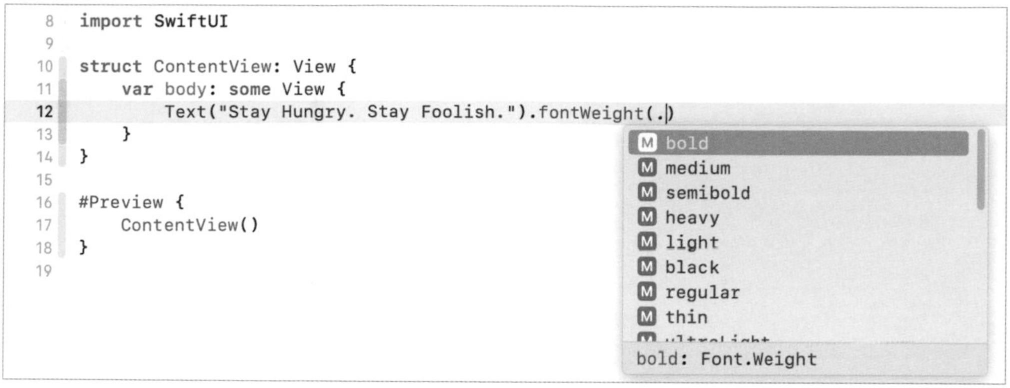

```
 8    import SwiftUI
 9
10    struct ContentView: View {
11        var body: some View {
12            Text("Stay Hungry. Stay Foolish.").fontWeight(.)
13        }
14    }
15
16    #Preview {
17        ContentView()
18    }
19
```

| M bold |
| M medium |
| M semibold |
| M heavy |
| M light |
| M black |
| M regular |
| M thin |
| M ultraLight |

bold: Font.Weight

圖 3.10　加上 fontWeight 修飾器

透過使用 .bold 值來呼叫 fontWeight 修飾器，它實際上會回傳一個加上粗體字的視圖。
SwiftUI 有趣之處在於，你可以進一步將此新視圖串接其他修飾器，例如：你想要讓粗體
文字更大一點，則可以編寫程式碼如下：

```
Text("Stay Hungry. Stay Foolish.").fontWeight(.bold).font(.title)
```

font 修飾器可讓你變更字型屬性。在上列的程式碼中，我們指定使用 title 字型來放大文
字。SwiftUI 內有幾種內建的文字樣式，包括 title、largeTitle、body 等，如果你想要進一
步加大字型大小，則將「.title」替換為「.largeTitle」。

如果我們繼續在同一行程式碼中串接多個修飾器，則程式碼會變得難以閱讀，因此我
們通常會將程式碼拆成多行，並按照以下格式編寫：

```
Text("Stay Hungry. Stay Foolish.")
    .fontWeight(.bold)
    .font(.title)
```

功能是相同的，但我相信你會發現到上列的程式碼更易於閱讀。我們將在本書的其餘
部分使用此程式碼的編寫慣例。

font 修飾器還可以讓你更改文字設計，例如：你想要字型圓滑，可以將 font 修飾器編寫
如下：

```
.font(.system(.title, design: .rounded))
```

這裡你指定使用有 title 文字樣式以及 rounded 設計的系統字型，預覽畫布應該會立即對
變更做出回應，並向你顯示圓體文字，如圖 3.11 所示。

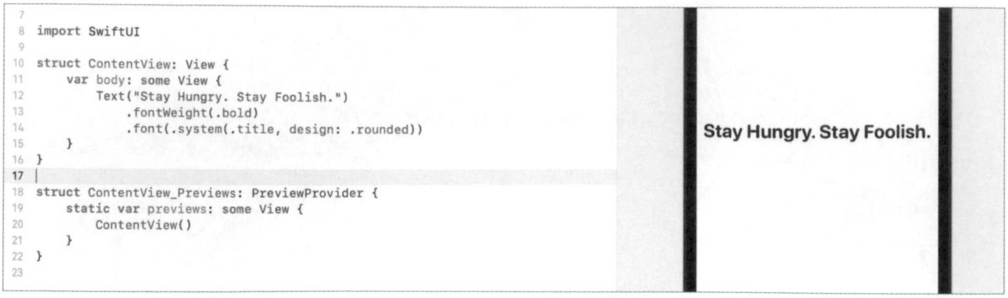

```
7
8  import SwiftUI
9
10 struct ContentView: View {
11     var body: some View {
12         Text("Stay Hungry. Stay Foolish.")
13             .fontWeight(.bold)
14             .font(.system(.title, design: .rounded))
15     }
16 }
17 |
18 struct ContentView_Previews: PreviewProvider {
19     static var previews: some View {
20         ContentView()
21     }
22 }
23
```

Stay Hungry. Stay Foolish.

圖 3.11　**變更字型樣式**

3.8　運用按鈕

「按鈕」是另一個你需要了解的常見 UI 元件，它是一個非常基本的 UI 控制元件，能夠處理使用者的觸碰，並觸發特定的動作。

要使用 SwiftUI 建立按鈕，你只需要使用下列的程式碼片段來建立按鈕：

```
Button {
    // 欲執行的動作
} label: {
    // 按鈕外觀描述
}
```

建立按鈕時，需要提供兩個程式碼區塊：

● **欲執行的動作**：使用者點擊或選取按鈕後要執行的程式碼。

● **按鈕外觀描述**：描述按鈕外觀和感覺的程式碼區塊。

例如：如果你只想將 Hello World 標籤變成一個按鈕，你可以更新程式碼如下：

```
struct ContentView: View {
    var body: some View {

        Button {

        } label: {
            Text("Hello World")
                .fontWeight(.bold)
                .font(.system(.title, design: .rounded))
```

```
 9
10    struct ContentView: View {
11        var body: some View {
12            Button {
13
14            } label: {
15                Text("Hello World")
16                    .fontWeight(.bold)
17                    .font(.system(.title, design: .rounded))
18            }
19        }
20    }
21
22    #Preview {
23        ContentView()
24    }
25
```

Hello World

即使我們沒有指定任何的後續動作，「Hello World」文字也會變成一個可點擊的按鈕，文字顏色會自動變更爲藍色，因爲這是 iOS 中按鈕的預設文字。

你可以在預覽中點擊按鈕來測試一下，如圖 3.12 所示。儘管按鈕不執行任何動作，但你在點擊按鈕時應該會看到閃爍效果。

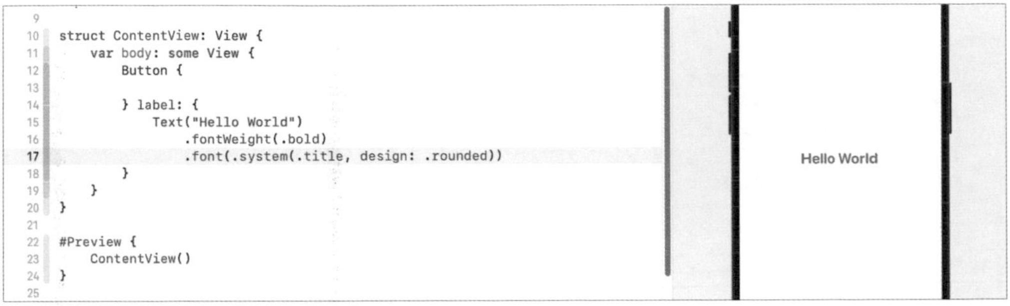

圖 3.12　執行 App 來測試按鈕

3.9　自訂按鈕樣式

與 Text 類似，你可以透過加上一些修飾器來自訂按鈕的顏色，例如：你可以加上 foregroundStyle 與 background 修飾器來製作一個紫色的按鈕。

```
Button {

} label: {
    Text("Hello World")
        .fontWeight(.bold)
        .font(.system(.title, design: .rounded))
}
.foregroundStyle(.white)
.background(.purple)
```

更改後，按鈕應該如圖 3.13 所示。

Hello World

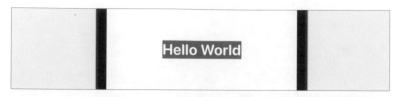

圖 3.13　**變更按鈕的顏色**

如你所見，按鈕看起來不甚理想，在文字四周加上一些間距不是會更好嗎？為此，你可以使用 padding 修飾器，如圖 3.14 所示。

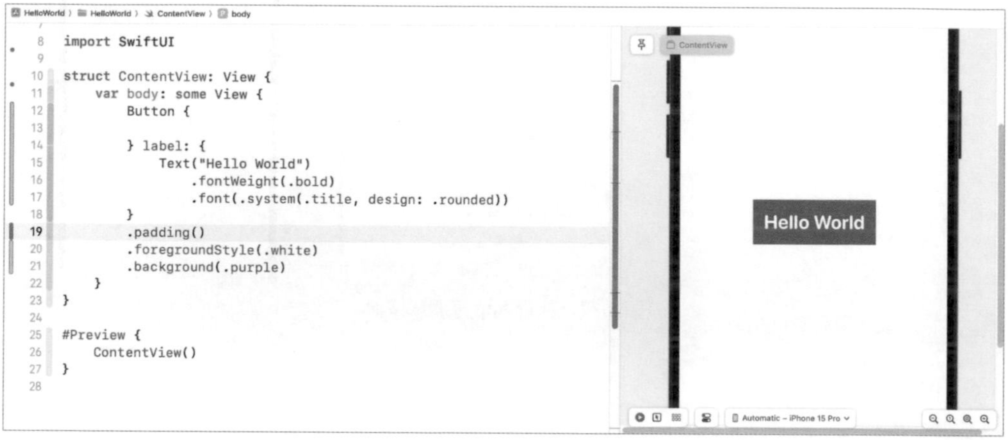

HelloWorld 〉 HelloWorld 〉 ContentView 〉 body
import SwiftUI
struct ContentView: View {
var body: some View {
Button {
} label: {
Text("Hello World")
.fontWeight(.bold)
.font(.system(.title, design: .rounded))
}
.padding()
.foregroundStyle(.white)
.background(.purple)
}
}
#Preview {
ContentView()
}
ContentView
Hello World
Automatic – iPhone 15 Pro

圖 3.14　**加上 padding 修飾器**

SwiftUI 也可以非常輕鬆地建立圓角按鈕，你只要加上 clipShape 修飾器，並設定其值為「RoundedRectangle(cornerRadius: 20)」，如下所示：

```
.clipShape(RoundedRectangle(cornerRadius: 20))
```

cornerRadius 的值描述了按鈕的圓角程度。較大的值會產生更圓的角，而較小的值會產生尖角，你可以將圓角半徑改為其他值來查看效果。

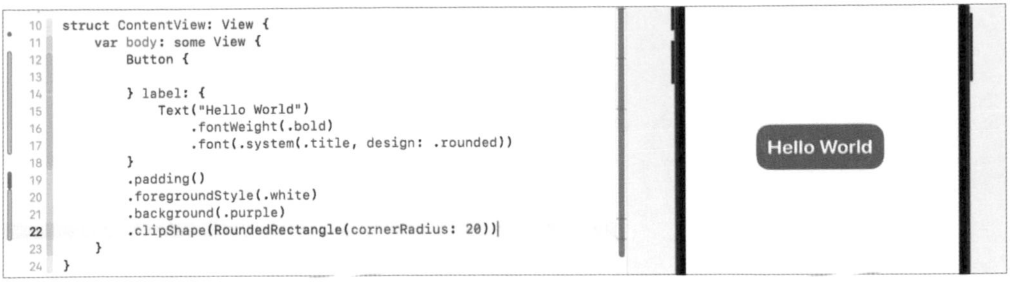

```
10  struct ContentView: View {
11      var body: some View {
12          Button {
13
14          } label: {
15              Text("Hello World")
16                  .fontWeight(.bold)
17                  .font(.system(.title, design: .rounded))
18          }
19          .padding()
20          .foregroundStyle(.white)
21          .background(.purple)
22          .clipShape(RoundedRectangle(cornerRadius: 20))|
23      }
24  }
```

Hello World

圖 3.15　建立圓角按鈕

3.10 加入按鈕動作

如果按鈕不執行任何動作，那麼它就毫無用處。我們的目標是在點擊按鈕後說話，它會說：「Hello World!」。

這個任務可能看起來具有挑戰性，因爲它涉及文字轉語音的功能，然而 Apple 讓它變得非常簡單，即使對於初學者來說也是如此。

如前所述，iOS SDK 內建了許多出色的框架來供開發者使用。在我們的例子中，我們使用 SwiftUI 框架來建立使用者介面，爲了實現文字轉語音的功能，我們可以依靠 AVFoundation 框架。

在使用該框架之前，我們必須在程式碼的開頭匯入它。在 import SwiftUI 的下方插入以下的 import 敘述：

```
import AVFoundation
```

接下來，在 ContentView 中宣告一個變數來建立與存放語音合成器，如圖 3.16 所示：

```
let synthesizer = AVSpeechSynthesizer()
```

然後更新 Button 的程式碼如下：

```
Button {
    let utterance = AVSpeechUtterance(string: "Hello World")
    utterance.voice = AVSpeechSynthesisVoice(identifier: "com.apple.speech.synthesis.voice.Fred")
    synthesizer.speak(utterance)
```

```
} label: {
    Text("Hello World")
        .fontWeight(.bold)
        .font(.system(.title, design: .rounded))
}
.padding()
.foregroundStyle(.white)
.background(.purple)
.clipShape(RoundedRectangle(cornerRadius: 20))
```

這裡我們在程式碼區塊中加入三行程式碼,這就是你需要指示 iOS 爲你朗讀一段文字的程式碼。第一行程式碼指定文字(即「Hello World」),第二行程式碼將語音設定爲英式英文,最後一行是使用選定的聲音來說出文字。

圖 3.16　**爲按鈕加入動作區塊**

要測試 App,你需要在模擬器中執行 App,點擊「Play」按鈕,並執行 App。要測試文字轉語音,則點擊「Hello World」按鈕來進行測試。

圖 3.17 在模擬器中執行 Hello World

3.11 堆疊視圖介紹

你的第一個 App 運作良好，對吧？只需要大約 10 行的程式碼，你就已經建立一個可以將文字翻譯為語音的 App。目前，該按鈕是設計說出「Hello World」，如果你想在「Hello World」按鈕上方建立另一個會說不同句子或文字的按鈕時怎麼辦？如何排列 UI 佈局呢？

SwiftUI 提供了一種名為「堆疊視圖」（Stack View）的特殊類型視圖，供你建立複雜的使用者介面。更具體地說，堆疊視圖可讓你在垂直或水平方向排列多個視圖（或 UI 元件）。例如：如果你想在「Hello World」按鈕上方加入一個新按鈕，你可以將這兩個按鈕嵌入到 VStack 中，如下所示：

```
VStack {

  // 新按鈕

  // Hello World 按鈕
}
```

VStack 是一個用於垂直佈局視圖的垂直堆疊視圖，在 VStack 中的視圖順序決定了嵌入視圖的排列方式。在上列的程式碼中，新按鈕將放置在「Hello World」按鈕的上方。

現在我們來修改原先的程式碼，以查看其實際的變化。要將「Hello World」按鈕嵌入到 VStack 中，你可以按住 control 鍵並點選 Button，在內容選單中選擇「Embed in VStack」，然後 Xcode 會將「Hello World」按鈕包裹在 VStack 視圖中，如圖 3.18 所示。

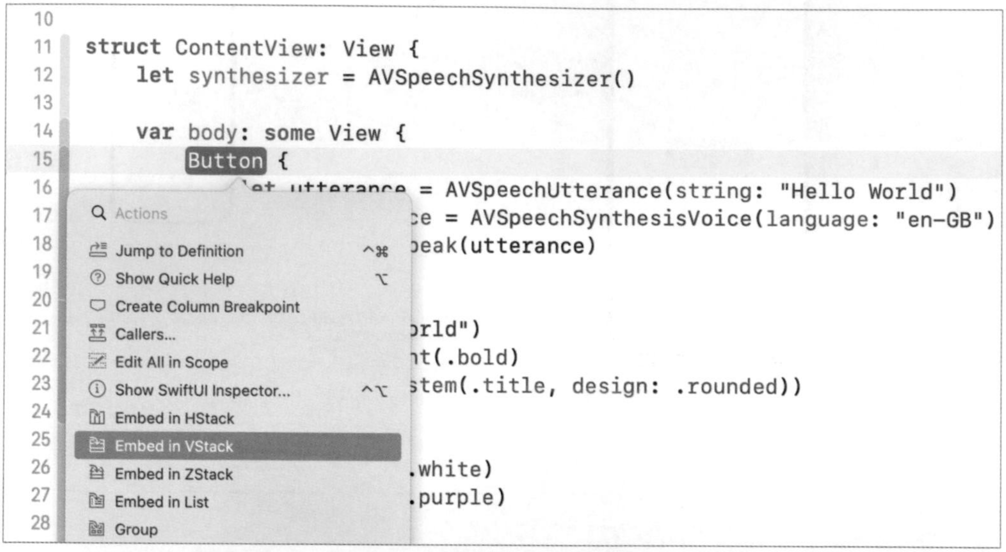

圖 3.18　在 VStack 中嵌入按鈕

在 VStack 中嵌入「Hello World」按鈕後，複製「Hello World」按鈕的程式碼來建立一個新按鈕，如下所示：

```
VStack {

    Button {
        let utterance = AVSpeechUtterance(string: "Hello Programming")
        utterance.voice = AVSpeechSynthesisVoice(identifier: "com.apple.speech.synthesis.voice.
Fred")
        synthesizer.speak(utterance)

    } label: {
        Text("Hello Programming")
            .fontWeight(.bold)
            .font(.system(.title, design: .rounded))
    }
    .padding()
    .foregroundStyle(.white)
    .background(.yellow)
    .clipShape(RoundedRectangle(cornerRadius: 20))
```

```
Button {
    let utterance = AVSpeechUtterance(string: "Hello World")
    utterance.voice = AVSpeechSynthesisVoice(identifier: "com.apple.speech.synthesis.
voice.Fred")
    synthesizer.speak(utterance)

} label: {
    Text("Hello World")
        .fontWeight(.bold)
        .font(.system(.title, design: .rounded))
}
.padding()
.foregroundStyle(.white)
.background(.purple)
.clipShape(RoundedRectangle(cornerRadius: 20))
}
```

　　將新按鈕的標籤改爲「Happy Programming」，並且其背景顏色也更新爲「.yellow」。除了這些變更之外，AVSpeechUtterance 的字串參數更改爲「Happy Programming」，你可以參考圖 3.19 來進行修改。

圖 3.19　**在 VStack 中嵌入按鈕**

　　以上就是如何垂直排列兩個按鈕的方法，你可以執行 App 來快速測試一下。「Happy Programming」按鈕的工作原理與「Hello World」按鈕完全相同，但它說的是「Happy Programming!」。

了解方法

在結束本章之前，我來介紹另一個基本的程式設計觀念。請再看一下 ContentView 的程式碼，這兩個按鈕有很多的相似之處以及重複的程式碼，其中一個重複是按鈕的動作區塊的程式碼，如圖 3.20 所示。

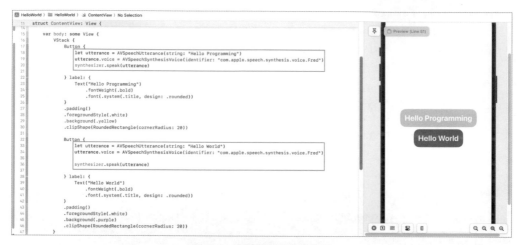

圖 3.20　程式碼區塊非常相似

這兩個程式碼區塊幾乎相同，除了要讀取的文字不同而已，一個是「Happy Programming」，另一個是「Hello World」。

在 Swift 中，你可以為這類重複性任務定義一個方法。在這個例子中，我們可以在 ContentView 中建立一個名為「speak」的方法，如下所示：

```
func speak(text: String) {
    let utterance = AVSpeechUtterance(string: text)
    utterance.voice = AVSpeechSynthesisVoice(identifier: "com.apple.speech.synthesis.voice.
Fred")

    synthesizer.speak(utterance)
}
```

func 關鍵字是用來宣告一個方法，在 func 關鍵字之後是方法的名稱。這個名稱識別該方法，並使得該方法可以在程式碼中的其他地方輕鬆呼叫。另外，方法可以接受參數作為輸入，參數是在括號內定義。每個參數都應該有一個名稱與一個型別，並以冒號（:）分隔。在本例中，該方法接受一個型別為 String 的 text 參數。

在該方法中，這是用來將文字轉語音的幾行程式碼，唯一的差異是下列這行程式碼：

```
let utterance = AVSpeechUtterance(string: text)
```

我們將字串參數設定為「text」，也就是方法呼叫者所傳送的文字。

既然我們已經建立了方法，那麼該如何呼叫它呢？你只需要使用方法名稱，並將所需的參數傳送給它，如下所示：

```
speak(text: "Hello World")
```

我們回到 ContentView 結構來修改程式碼，首先建立如圖 3.21 所示的 speak(text: String) 方法，接著你可以透過呼叫 speak 方法來取代兩個按鈕的動作區塊。

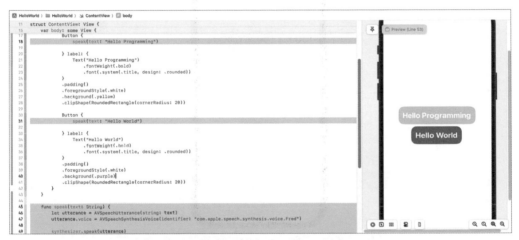

圖 3.21　透過建立 speak 方法來刪除重複的程式碼

這個新方法不會改變 App 的功能，兩個按鈕的運作與之前完全相同，但是正如你從最終的程式碼中看到的那樣，它更易於閱讀且簡潔。

而且，如果你需要在 App 中傳入另一個文字轉語音按鈕時怎麼辦？你不再需要複製這四行程式碼，只需要呼叫 speak 方法與要讀取的文字即可，這就是為什麼我們需要將常用的操作群組為方法。

3.13 你的作業：按鈕與方法的應用

為了幫助你充分了解如何使用按鈕與方法，這裡有一個簡單的作業供你練習，你的任務是修改目前的程式碼並建立「猜猜這些電影」App。這個 UI 及其功能和「Hello World」App 非常相似，每個按鈕都會顯示一組表情符號圖示，而玩家的任務是從這些表情符號中猜出電影的名稱，透過點擊按鈕，App 會說出正確的答案。例如：當玩家點擊藍色按鈕時，App 會唸出「答案是 Ocean 11」，如圖 3.22 所示。

圖 3.22　建立「猜猜這些電影」App

3.14 本章小結

恭喜！你已經建立了你的第一個 iPhone App，這雖然是一個簡單的 App，但是我相信你已經對 Xcode、SwiftUI 與 iOS SDK 提供的內建框架有了更深的了解，這比你想像的還要容易，對吧？

在本章所準備的範例檔中，有完整的專案（swiftui-helloworld.zip）與作業解答（swiftui-guessthesemovies.zip）可供你參考。

04 使用堆疊視圖設計 UI

我已經簡要介紹了 SwiftUI 的觀念，並向你示範如何處理一些基本的 UI 元件，其中包括垂直堆疊視圖（即 VStack）。我們建立的第一個 App 非常簡單，隨著 App 的 UI 變得更複雜時，將會需要使用不同型態的堆疊視圖來建立使用者介面，更重要的是，你需要學習如何建立可相容各式螢幕大小的 UI。

在本章中，我將會介紹所有類型的堆疊，並建立更全面的 UI，在真實世界所運用的 App 中，你可能看過這些 UI。此外，我將介紹另一種用來顯示圖片的常見 SwiftUI 元件。你將會學習到：

- 使用圖片視圖（Image View）來顯示圖片。
- 使用內建的素材目錄（Asset Catalog）來管理圖片。
- 使用堆疊視圖來佈局使用者介面。
- 使用尺寸類別來調整堆疊視圖。

你會很驚訝使用堆疊視圖便可完成這麼多的工作。

4.1　VStack、HStack 與 ZStack 介紹

SwiftUI 為開發者提供三種不同類型的堆疊，以組合不同方向的視圖。依據你要如何排列視圖，而可以使用：

- **HStack**：水平排列視圖。
- **VStack**：垂直排列視圖。
- **ZStack**：將一個視圖重疊在其他視圖之上。

圖 4.1 展示了如何使用這些堆疊來組織視圖。

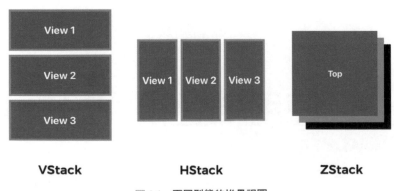

圖 4.1　不同型態的堆疊視圖

4.2 範例 App

首先，我們來看一下將建立的範例 App。我會示範如何使用堆疊視圖來佈局歡迎畫面，如圖 4.2 所示。

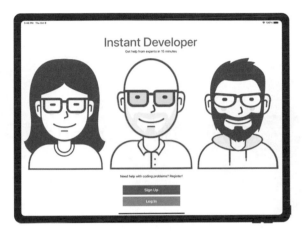

圖 4.2　範例 App

在前面的章節中，你已經使用了 VStack 來垂直排列 UI 元件，但是要建立 App UI，你需要組合各種類型的堆疊視圖，如你所見，該 App UI 在所有螢幕尺寸上都運作良好。如果你有使用過 UIKit 的經驗，可能就會知道使用自動佈局來建立相容所有螢幕尺寸的 UI 的必要性，而對初學者而言，自動佈局可能是一個複雜的主題且不易學習，好消息是 SwiftUI 不再使用自動佈局，並簡化了編寫自適應 UI 的過程，你很快就會明白我的意思。

4.3 建立新專案

現在開啓 Xcode，並建立一個新的 Xcode 專案，選擇「Application（在 iOS 下）→ App」，並點選「Next」按鈕。在專案選項中，你可以填入下列資訊：

- **Product Name（專案名稱）**：StackViewDemo；這是你的 App 名稱。
- **Team（團隊）**：這裡先不做更動。
- **Organization Identifier （組織識別碼）**：com.appcoda；這其實是反向域名，如果你擁有網域，你可以使用自己的網域名稱；否則的話，你可以使用「com.appcoda」或者只填寫「edu.self」。

- **Bundle Identifier（套件識別碼）**：com.appcoda.StackViewDemo；這是你的 App 的唯一識別碼，在 App 送審時會用到。你不需要填入這個選項，Xcode 會自動幫你產生。

- **Interface（介面）**：SwiftUI；如前所述，Xcode 現在支援兩種建立 UI 的方式，這裡請選擇「SwiftUI」，因為本書會使用 SwiftUI 來開發 UI。

- **Language（語言）**：Swift；我們會使用 Swift 來開發專案。

- **Include Tests（包含測試）**：不用勾選；這個選項不要勾選，此專案不會進行任何測試。

點選「Next」按鈕，接著 Xcode 會詢問你要將 StackViewDemo 專案儲存在哪裡，在你的 Mac 電腦中挑選一個資料夾，並點選「Create」按鈕來繼續。

4.4 加入圖片至 Xcode 專案中

你可能會注意到，範例 App 包含了三張圖片，問題是你該如何在 Xcode 專案中綁定三張圖片呢？

在每個 Xcode 專案中，都包含了一個素材目錄（即 Assets），用來管理你的 App 所使用的圖片及圖示，如圖 4.3 所示。至專案導覽器並選取「Assets」資料夾，它預設的 Appicon 與 AccentColor 集是空的。本章並不會介紹 App 圖示與強調色（Accent Color），之後本書的其他章內容會複習這個部分。

圖 4.3　素材目錄

現在下載本章所準備的圖片集（[URL] https://www.appcoda.com/resources/swift4/stackview demo-images.zip），並將其解壓縮到 Mac 中，這個壓縮檔包含了五個圖檔：

- user1.pdf
- user2.png
- user2@2x.png
- user2@3x.png
- user3.pdf

> 注意 圖片是由 usersinsights.com 所提供。

iOS 支援兩種類型的圖檔：「點陣圖」（Raster Image）及「向量圖」（Vector Image）。PNG 與 JPEG 等常見的圖片格式都歸類為點陣圖，點陣圖是使用像素網格來形成一個完整的圖片，它有放大後品質不佳的問題，將點陣圖片放大後，通常會失真，因此 Apple 建議開發者在使用 PNG 時提供三種不同解析度的圖片。在本例中，圖檔共有三個版本，其中後綴為 @3x 的圖片擁有較高的解析度，適用於 iPhone 8 Plus、iPhone 14/15 Pro 與 iPhone 14/15 Pro Max；後綴為 @2x 的圖片，適用於 iPhone SE/8/14/15；而沒有後綴 @ 的圖片，則適用非視網膜螢幕的舊裝置（例如：iPad 2）。如果有興趣了解如何使用圖片的細節，你可以進一步參考下列的連結：[URL] https://developer.apple.com/design/human-interface-guidelines/ios/icons-and-images/image-size-and-resolution/。

向量圖的檔案格式通常是 PDF 或 SVG，你可以使用像是 Sketch 與 Pixelmator 等工具來建立向量圖。和點陣圖不同的是，向量圖是以路徑所組成，而不是由像素所組成，其圖檔可以放大而不會失真。由於這個功能，你只需要為 Xcode 提供 PDF 格式的單一版本圖片即可。

為了示範，我故意在範例中加入這兩種圖檔，而開發一個真正的 App 時，你通常會使用其中一種圖檔。那麼，哪一種類型的圖檔比較好呢？如果可以的話，請你的設計師準備 PDF 格式的圖檔，整體檔案較小，且不會因為縮放而失真。

要將圖檔加到素材目錄的話，你只需要將這些圖片從 Finder 拖曳至套圖清單或套圖檢視器中，如圖 4.4 所示。

圖 4.4　加入圖片至素材目錄

　　當你將圖片加到素材目錄中，套圖視圖會自動歸類這些圖片至不同的位置中，如圖 4.5 所示。之後，如果要使用該圖片，你只需要使用該圖片的套圖名稱（例如：user1）即可。你可省略檔案副檔名，即使你有同一圖片的多個版本（例如：user2），也不必擔心要使用哪個版本的圖片（@2x／@3x），這些都由 iOS 相應處理。

圖 4.5　圖片自動歸類

4.5　使用堆疊視圖佈局標題標籤

　　現在你已經在專案中綁定必要的圖片，我們將繼續建立堆疊視圖。首先開啟 ContentView. swift，我們從這兩個標籤的佈局開始，如圖 4.6 所示。

Instant Developer

Get help from experts in 15 minutes

圖 4.6　範例 App 的標題及副標題標籤

我相信你知道如何建立這兩個標籤，因為我們之前已經使用過 VStack。堆疊視圖可以在水平與垂直方向排列多個視圖。由於標題及副標題標籤是垂直排列，因此垂直堆疊視圖是較合適的選擇。

現在更新 ContentView 結構如下：

```swift
struct ContentView: View {
    var body: some View {
        VStack {
            Text("Instant Developer")
                .fontWeight(.medium)
                .font(.system(size: 40))
                .foregroundStyle(.indigo)

            Text("Get help from experts in 15 minutes")
        }
    }
}
```

我們使用 VStack 來嵌入兩個 Text 視圖，如圖 4.7 所示。對於「Instant Developer」標籤，我們設定固定的字型大小（例如：40點）來使字體變大一點以及變更字型粗細來加粗文字；要變更字型顏色，我們使用 foregroundStyle 修飾器，並設定顏色為「.indigo」。

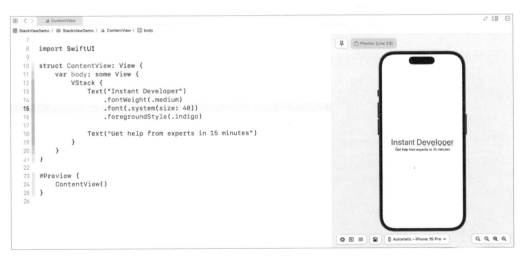

圖 4.7　嵌入兩個標籤到垂直堆疊視圖中

預設上，這個堆疊視圖是顯示在螢幕的中央，不過如果你參見圖 4.2，這兩個標籤應該放置在靠近狀態列的位置，那麼我們該如何移動這兩個標籤呢？

訣竅是使用一個名爲「留白」（Spacer）的特殊 SwiftUI 元件，留白視圖是一個沒有內容的視圖，它在堆疊視圖中占用儘可能多的空間，例如：當你將留白視圖放置在垂直佈局中，它會在堆疊允許的範圍內垂直擴展。

我們來看一下這個留白視圖的實際應用，如此你就會了解它如何幫助你排列 UI 元件。

要將兩個標籤推移到螢幕的上方，我們可以建立另一個 VStack（我們稱之爲「根堆疊視圖」）來嵌入到目前的堆疊視圖中，然後加入一個 Spacer 視圖。

你可以按住 control 鍵不放，然後在 VStack 上點擊，在內容選單中選擇「Embed in VStack」，Xcode 會自動將目前的 VStack 包裹在另一個 VStack 中，如圖 4.8 所示。

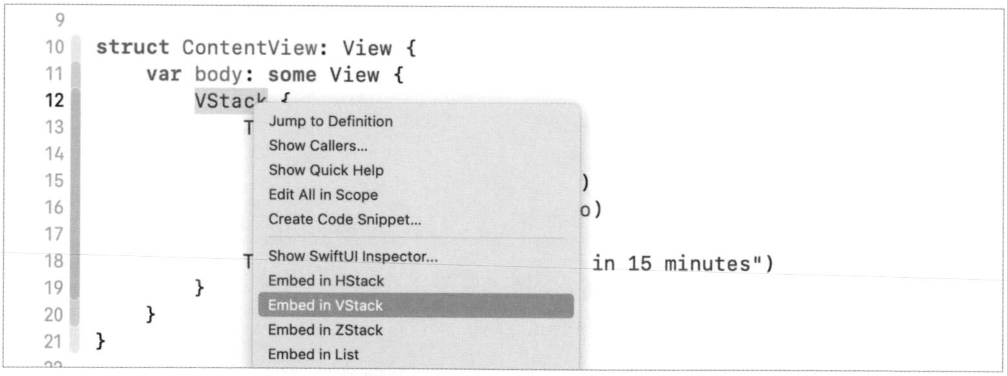

圖 4.8　將目前的 VStack 嵌入到另一個 VStack 視圖中

接下來，在根堆疊視圖的右大括號之前插入 Spacer 視圖，如圖 4.9 所示。

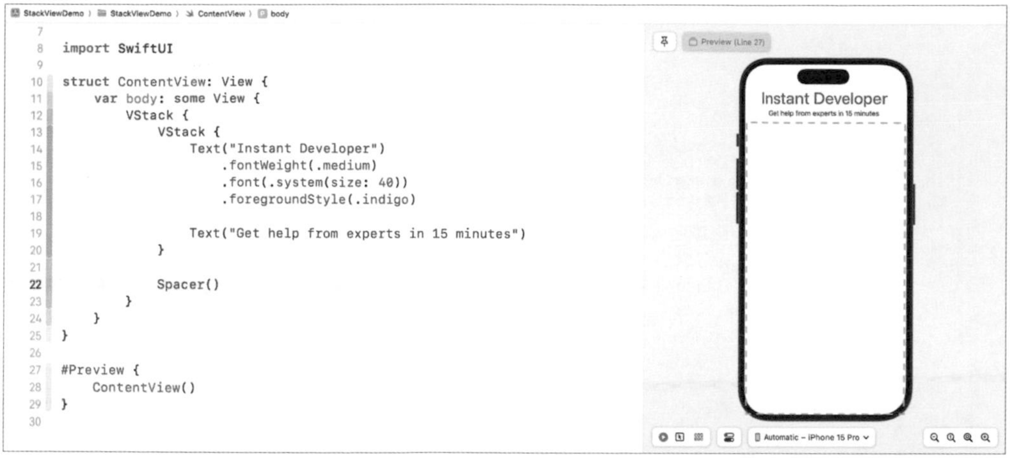

```
 7
 8    import SwiftUI
 9
10    struct ContentView: View {
11        var body: some View {
12            VStack {
13                VStack {
14                    Text("Instant Developer")
15                        .fontWeight(.medium)
16                        .font(.system(size: 40))
17                        .foregroundStyle(.indigo)
18
19                    Text("Get help from experts in 15 minutes")
20                }
21
22                Spacer()
23            }
24        }
25    }
26
27    #Preview {
28        ContentView()
29    }
30
```

図 4.9　加入留白到根堆疊視圖

當加入留白視圖後，它會展開以占據垂直堆疊視圖的所有可用空間，然後將標籤推到螢幕的頂部。

如果你仔細查看圖 4.2，你會發現這兩個標籤仍然沒有放置在預期的位置上，它現在離螢幕的頂部邊緣太近了，我們需要在邊緣與文字視圖之間留出一些間距才行。

在 SwiftUI 中，你可以使用 padding 修飾器在視圖周圍增加間距。在此範例中，你可以加入 padding 修飾器到根 VStack 視圖，如下所示：

```
VStack {

  .

  .

  .

}
.padding(.top, 30)
```

padding 修飾器接受兩個可選型別的參數，你可以指定要填入的邊緣與間距量，這裡我們告知 SwiftUI 於頂部邊緣加入間距，並設定間距量為「30 點」，如圖 4.10 所示。

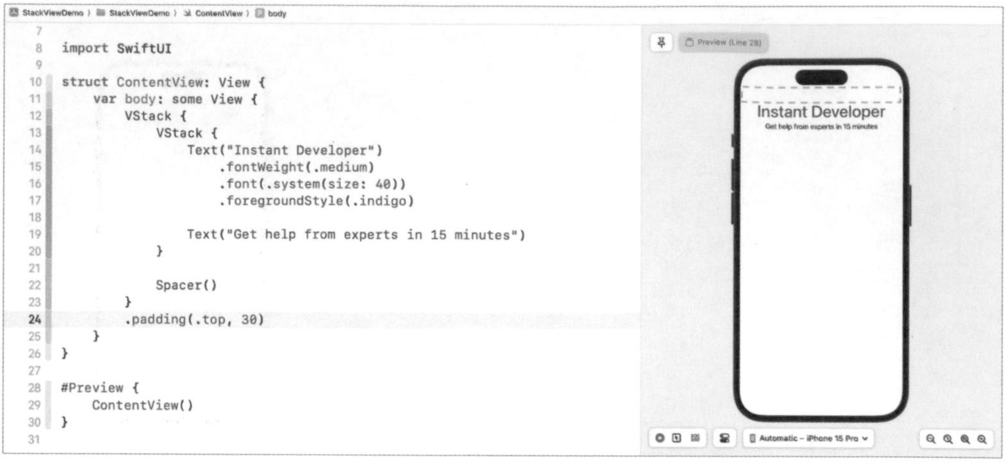

```
7
8    import SwiftUI
9
10   struct ContentView: View {
11       var body: some View {
12           VStack {
13               VStack {
14                   Text("Instant Developer")
15                       .fontWeight(.medium)
16                       .font(.system(size: 40))
17                       .foregroundStyle(.indigo)
18
19                   Text("Get help from experts in 15 minutes")
20               }
21
22               Spacer()
23           }
24           .padding(.top, 30)
25       }
26   }
27
28   #Preview {
29       ContentView()
30   }
31
```

圖 4.10 　**為頂部邊緣加入間距**

在 SwiftUI 中，間距對於排列視圖的佈局非常有用，透過將間距應用在視圖中，你可以在不同視圖之間加入一些間距。

4.7　使用圖片

接下來，我們將佈局三個使用者圖片。在 SwiftUI 中，我們使用一個名為「Image」的視圖來顯示圖片。由於我們已經將圖片匯入素材目錄中，你可以編寫程式碼如下，以在螢幕上顯示圖片：

```
Image("user1")
```

你不需要指定檔案副檔名（例如：png / jpg / pdf），你只需要告知 Image 視圖圖片名稱。要將圖片視圖放置在文字視圖下的話，你可以在 Spacer() 前面插入上列的程式碼，如圖 4.11 所示。

```
8   import SwiftUI
9
10  struct ContentView: View {
11      var body: some View {
12          VStack {
13              VStack {
14                  Text("Instant Developer")
15                      .fontWeight(.medium)
16                      .font(.system(size: 40))
17                      .foregroundStyle(.indigo)
18
19                  Text("Get help from experts in 15 minutes")
20              }
21
22              Image("user1")
23
24              Spacer()
25          }
26          .padding(.top, 30)
27      }
28  }
29
30  #Preview {
31      ContentView()
32  }
```

圖 4.11　加入圖片視圖來顯示圖片

預設上，iOS 會以原始大小來顯示圖片。要在 SwiftUI 中調整圖片大小，則我們可以加入 resizable 修飾器，如下所示：

```
Image("user1")
    .resizable()
```

iOS 會延伸圖片來填滿可用區域，圖 4.12 顯示了此修飾器的效果。

```
8   import SwiftUI
9
10  struct ContentView: View {
11      var body: some View {
12          VStack {
13              VStack {
14                  Text("Instant Developer")
15                      .fontWeight(.medium)
16                      .font(.system(size: 40))
17                      .foregroundStyle(.indigo)
18
19                  Text("Get help from experts in 15 minutes")
20              }
21
22              Image("user1")
23                  .resizable()
24
25              Spacer()
26          }
27          .padding(.top, 30)
28      }
29  }
30
31  #Preview {
32      ContentView()
```

圖 4.12　使用 resizable 修飾器

此延伸模式並沒有考量圖片本身的長寬比，它只是延伸每一邊來填滿整個視圖區域。要保持原來圖片的長寬比，則你可以應用 scaledToFit 修飾器如下：

```
Image("user1")
    .resizable()
    .scaledToFit()
```

或者，你可以使用 aspectRatio 修飾器，並設定內容模式為「.fit」，也可達到相同的結果。

```
Image("user1")
    .resizable()
    .aspectRatio(contentMode: .fit)
```

當你應用這些修飾器後，圖片將自動調整大小，並保持長寬比，如圖 4.13 所示。

圖 4.13　使用 scaledToFit

4.8　使用水平堆疊視圖來排列圖片

現在你應該了解如何顯示圖片，我們來看如何將三張圖片並排在一起。之前我們使用 VStack 來垂直排列視圖，SwiftUI 框架提供另一種名為「HStack」的堆疊視圖來水平排列視圖。

使用 HStack 視圖來包裹 Image 視圖，並加入其他兩個視圖，如下所示：

```
HStack {
    Image("user1")
```

```
        .resizable()
        .scaledToFit()

    Image("user2")
        .resizable()
        .scaledToFit()

    Image("user3")
        .resizable()
        .scaledToFit()
}
```

當你將這些圖片視圖嵌入水平堆疊時，它會從左至右來並排放置圖片，如圖4.14所示。

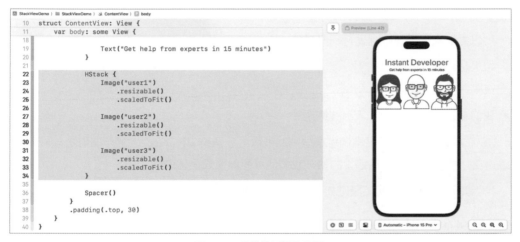

圖 4.14　並排排列圖片視圖

圖片堆疊太靠近畫面的左右邊緣了，若要加入一些間距，則我們可以加入 padding 修飾器到 HStack，如下所示：

```
HStack {
  .
  .
  .
}
.padding(.horizontal, 20)
```

這告知 iOS 要在 HStack 視圖的左右邊緣加入 20 點的間距，如圖 4.15 所示。

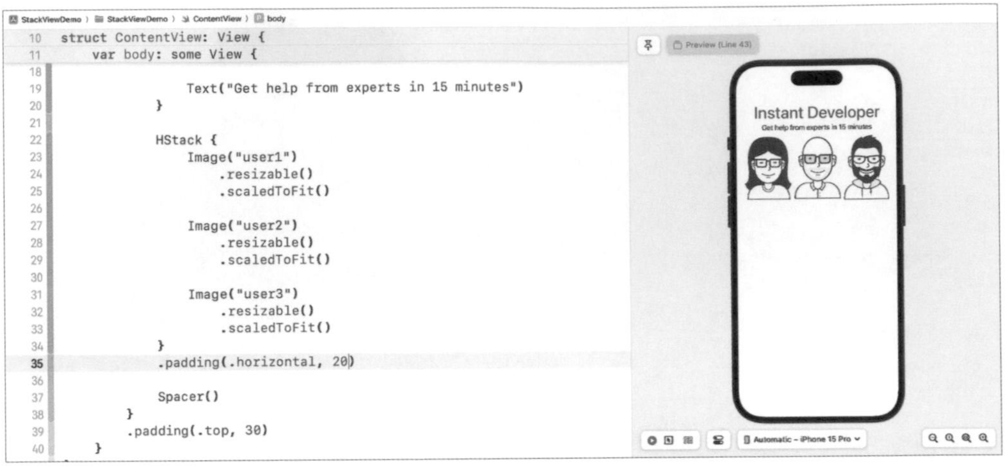

```
10    struct ContentView: View {
11        var body: some View {
18
19                    Text("Get help from experts in 15 minutes")
20                }
21
22                HStack {
23                    Image("user1")
24                        .resizable()
25                        .scaledToFit()
26
27                    Image("user2")
28                        .resizable()
29                        .scaledToFit()
30
31                    Image("user3")
32                        .resizable()
33                        .scaledToFit()
34                }
35                .padding(.horizontal, 20)
36
37                Spacer()
38            }
39            .padding(.top, 30)
40        }
```

圖 4.15　**將 padding 修飾器加到水平堆疊中**

我想要對水平堆疊視圖進行一些調整：

● 如果你仔細觀看這些圖片，它們並不是完全對齊的，我們想要將所有的圖片都與堆疊視圖的底部邊緣對齊。

● 我們在這些圖片之間加入一些間距。

　　HStack 視圖實際上提供兩個可選型別的參數，一個是 alignment，另一個則是 spacing。透過為這些參數傳送一個適當的值，我們便可輕鬆完成上述的需求。

　　我們變更 HStack 的初始設定如下：

```
HStack(alignment: .bottom, spacing: 10) {

  .
  .
  .

}
```

　　這告知水平堆疊視圖將所有的圖片視圖對齊底部邊緣，並在視圖之間加入 10 點的間距。圖片現在已經完美對齊，而且看起來更加好看，對吧？

4.9　在圖片下方加入標籤

　　我們尚未在圖片下方加入標籤，這個實作應該非常簡單。你可以在 Spacer() 視圖之前插入下列的程式碼：

```
Text("Need help with coding problems? Register!")
```

正如圖 4.16 的預覽所示，文字視圖與圖片視圖靠得太近了。與 HStack 類似，VStack 也接受一個名為「spacing」的參數，可讓你為堆疊視圖中的項目加入一些間距。

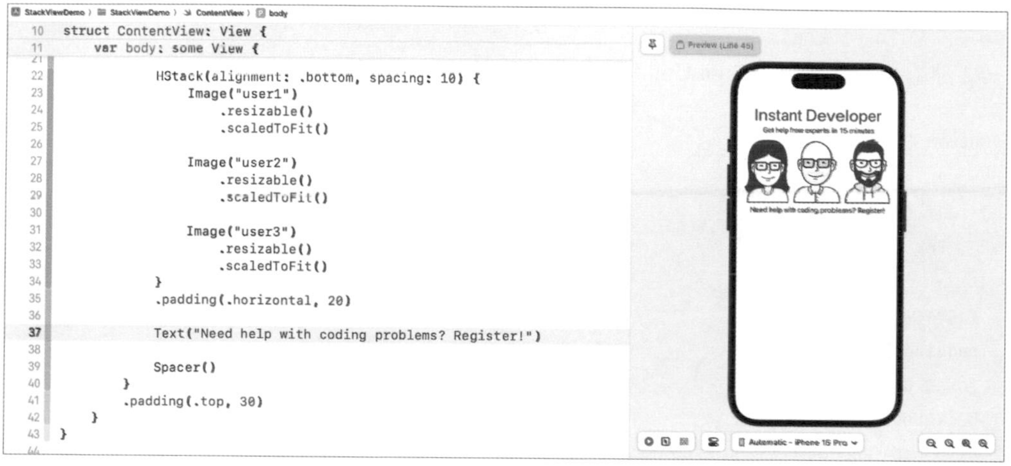

圖 4.16　在圖片下方加上標籤

現在更新根 VStack 視圖如下，以指定間距：

```
VStack(spacing: 20) {
  .
  .
  .
}
```

你應該注意到圖片堆疊視圖與文字視圖現在已經分開了，如圖 4.17 所示。

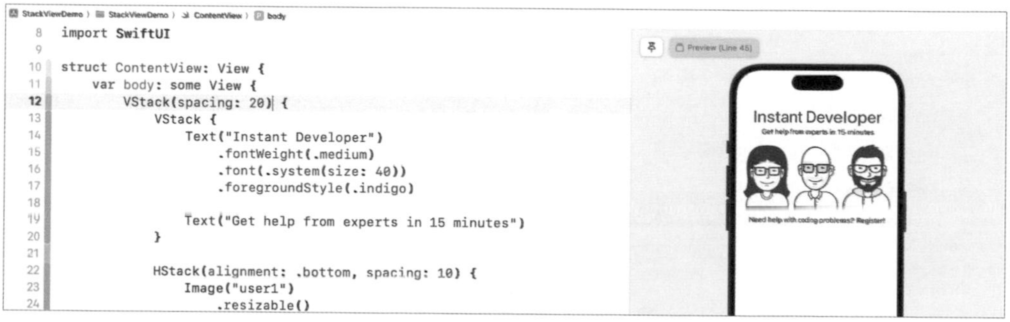

圖 4.17　對垂直堆疊視圖加入間距

4.10 使用堆疊視圖佈局按鈕

我們還沒有完成，接下來繼續在螢幕底部佈局兩個按鈕，這兩個按鈕的固定寬度為「200 點」。

要建立紫色背景的「Sign Up」按鈕時，程式碼可以編寫如下：

```
Button {

} label: {
    Text("Sign Up")
}
.frame(width: 200)
.padding()
.foregroundStyle(.white)
.background(.indigo)
.clipShape(RoundedRectangle(cornerRadius: 10))
```

你應該很熟悉這些程式碼了，因為它和建立「Hello World」按鈕的程式碼非常相似。對你來說，比較陌生的地方是 frame 修飾器，它用來將按鈕的寬度限制為「200 點」。

同樣的，要建立「Sign Up」與「Log In」按鈕的佈局時，我們將按鈕嵌入到 VStack 視圖中，如下所示：

```
VStack {
    Button {

    } label: {
        Text("Sign Up")
    }
    .frame(width: 200)
    .padding()
    .foregroundStyle(.white)
    .background(.indigo)
    .clipShape(RoundedRectangle(cornerRadius: 10))

    Button {

    } label: {
        Text("Log In")
    }
```

```
.frame(width: 200)
.padding()
.foregroundStyle(.white)
.background(.gray)
.clipShape(RoundedRectangle(cornerRadius: 10))
}
```

你可以將程式碼放在 Spacer() 視圖的後面，當完成變更後，你應該會在預覽窗格中看到兩個按鈕，如圖 4.18 所示。

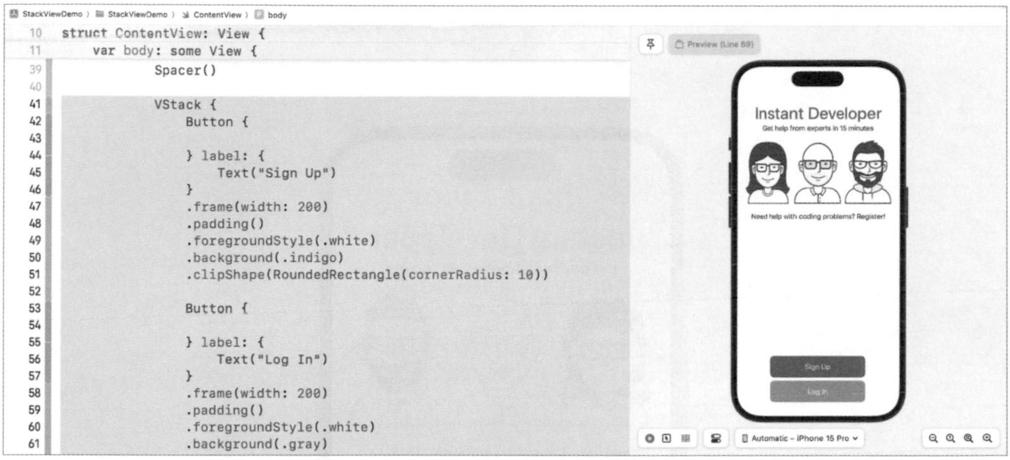

圖 4.18　加入按鈕

4.11 設定預覽名稱並橫向預覽

Xcode 使用我們所選擇的模擬器來顯示 UI 預覽，例如：我選擇「iPhone 15 Pro」作爲模擬器，如果你選擇其他的模擬器，Xcode 會使用你所選擇的模擬器來渲染預覽。

預設上，預覽名稱設定爲「Preview」，如果你想要使用不同的名稱該如何做呢？

我們來看一下預覽的程式碼：

```
#Preview {
    ContentView()
}
```

這段程式碼是為了產生 ContentView 的預覽而編寫的。#Preview 巨集提供了許多可選參數來供開發者自訂預覽。

更新預覽的程式碼如下：

```
#Preview("ContentView") {
    ContentView()
}
```

在上列的程式碼中，我們指定預覽名稱為「ContentView」，如果你查看預覽畫布，可能會注意到相應的名稱已經變更，如圖 4.19 所示。

圖 4.19　更新模擬器的名稱

另一個常見的問題是我們如何在預覽畫布中旋轉裝置？如果你需要橫向檢查 App UI，你可以為 #Preview 插入另一個程式碼區塊。在 ContentView.swift 中插入下列的程式碼：

```
#Preview("ContentView (Landscape)", traits: .landscapeLeft) {
    ContentView()
}
```

程式碼修改後，預覽窗格應該會顯示兩個標籤：「ContentView」與「ContentView (Landscape)」，這是一個非常棒的功能，可讓你預覽 UI，並評估其在兩個方向上的效果，如圖 4.20 所示。

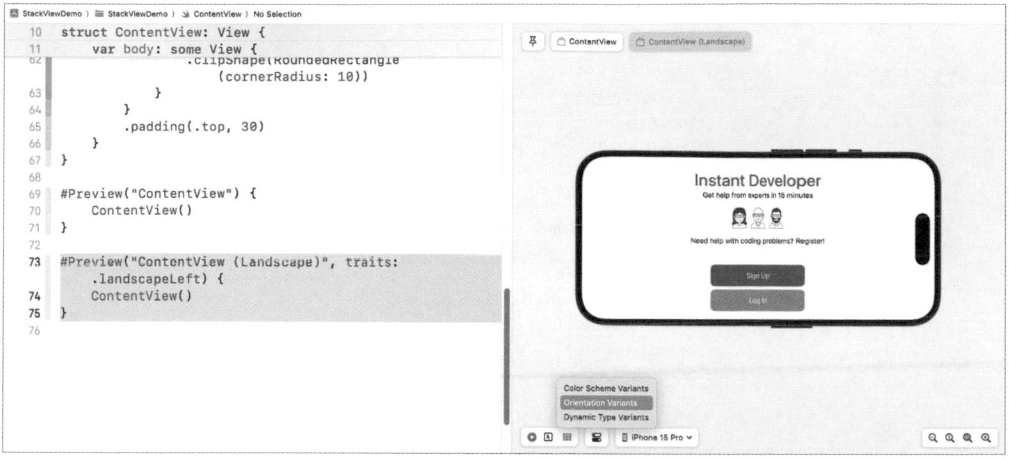

圖 4.20　在橫向模式下預覽 UI

另外，你可以使用 「Variants」按鈕，並選取「Orientation Variants」，以直向模式及橫向模式來預覽 UI。此選項提供了一個額外的方式，來評估 UI 在不同裝置方向下的外觀和功能。

4.12　取出視圖使程式碼有更好的結構

在我們繼續佈局 UI 之前，讓我先教你一個組織程式碼的技巧。當你要建立一個包含多個元件的更複雜 UI 時，ContentView 中的程式碼最後會變成一個難以查看及除錯的巨大程式碼區塊，最佳的作法是將大塊的程式碼拆分成更小的程式碼區塊，如此程式碼會更易於閱讀及與維護。

Xcode 內建了重構 SwiftUI 程式碼的功能，例如：如果我們要將存放「Sign Up」與「Log In」按鈕的 VStack 取出，你可以按住 control 鍵並點擊 VStack，然後選擇「Extract Subview」來取出程式碼，如圖 4.21 所示。

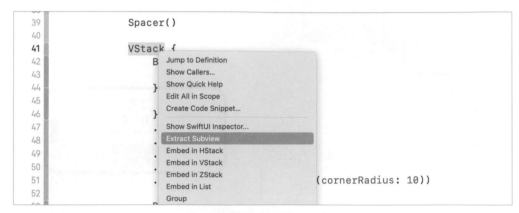

圖 4.21　將 Vstack 提取到子視圖

　　Xcode 取出程式碼區塊，並建立一個名為「ExtractedView」的預設結構。將 ExtractedView 重新命名為「VSignUpButtonGroup」，以賦予其更有意義的名稱，詳見圖 4.22。

圖 4.22　重新命名子視圖

　　這是開發 SwiftUI App 時非常有用的技術，透過將程式碼取出到單獨的子視圖中，你的程式碼結構現在更有條理了。看一下 ContentView 中的程式碼，它現在已經更簡潔且更易於閱讀。

4.13 使用尺寸類別調整堆疊視圖

你對如圖 4.20 所示的 App 橫向佈局有何看法呢？該佈局在 iPhone 裝置上看起來不佳，要解決這個問題，你可以考慮並排放置按鈕，如此可釋出一些空間來放大圖片，並提升整體的設計，如圖 4.23 所示。

圖 4.23　並排按鈕

請記住，這些改變只適用於 iPhone 橫向模式，對於 iPhone 直向模式，兩個按鈕的位置則保持不變，那麼你該如何做呢？

這會導引到一種名為「自適應佈局」（Adaptive Layout）的 UI 設計觀念，透過自適應佈局，你的 App 可以讓 UI 自適應特定裝置或裝置方向。

要實作自適應佈局，Apple 引入一個名為「尺寸類別」（Size Classes）的觀念，這大概是使自適應佈局成為可能的一個最重要觀念了。「尺寸類別」是依據裝置的螢幕尺寸與方向來對裝置做分類。

尺寸類別識別垂直（高度）與水平（寬度）尺寸的顯示空間的相對量，其有兩種尺寸類別類型：「常規」（Regular）與「緊湊」（Compact），常規尺寸類別表示較大的螢幕空間，緊湊尺寸類別則表示較小的螢幕空間。

透過使用尺寸類別來描述每個顯示尺寸，這將產生四個裝置象限：「常規寬度 - 常規高度」（Regular width-Regular Height）、「常規寬度 - 緊湊高度」（Regular width-Compact Height）、「緊湊寬度 - 常規高度」（Compact width- Regular Height）、「緊湊寬度 - 緊湊高度」（Compact width-Compact Height）。

圖 4.24 顯示了 iOS 裝置及其相對應的尺寸類別。

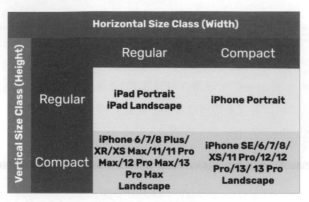

<table>
<tr><th colspan="3">Horizontal Size Class (Width)</th></tr>
<tr><td rowspan="2" style="writing-mode: vertical-rl">Vertical Size Class (Height)</td><td>Regular</td><td>Compact</td></tr>
</table>

	Regular	Compact
Horizontal Size Class (Width)		
	Regular	Compact
Regular	iPad Portrait iPad Landscape	iPhone Portrait
Compact	iPhone 6/7/8 Plus/ XR/XS Max/11/11 Pro Max/12 Pro Max/13 Pro Max Landscape	iPhone SE/6/7/8/ XS/11 Pro/12/12 Pro/13/ 13 Pro Landscape

圖 4.24　尺寸類別

要表達一個顯示環境，你必須同時指定水平尺寸類別（Horizontal Size Class）以及垂直尺寸類別（Vertical Size Class）。例如：iPad 具有常規的水平（寬度）尺寸類別以及常規的垂直（高度）尺寸類別。對於我們的自訂條件，我們希望為 iPhone 提供特定的橫向佈局，換句話說，當垂直尺寸類別設定為「緊湊」（compact）時，我們可以改變按鈕的佈局。

那麼，我們如何才能找出裝置的垂直尺寸類別呢？SwiftUI 框架提供 @Environment 屬性包裹器（Property Wrapper）來取得垂直尺寸類別，你可以插入下列的程式碼來取得目前的尺寸類別：

```
@Environment(\.verticalSizeClass) var verticalSizeClass
```

當裝置方向發生變化，verticalSizeClass 的值就會自動更新。

使用這個變數，我們可以參考 verticalSizeClass 的值來變更按鈕群組的佈局。你可以將 VSignUpButtonGroup() 替換為下列的程式碼：

```
if verticalSizeClass == .compact {
    HSignUpButtonGroup()
} else {
    VSignUpButtonGroup()
}
```

當垂直尺寸類別設定為「.compact」時，我們透過呼叫 HSignUpButtonGroup() 來將按鈕群組水平對齊，這裡的 HSignUpButtonGroup() 是我們將要實作的新視圖。

現在插入下列的程式碼來建立 HSignUpButtonGroup 視圖：

```
struct HSignUpButtonGroup: View {
    var body: some View {
```

```
HStack {
    Button {

    } label: {
        Text("Sign Up")
    }
    .frame(width: 200)
    .padding()
    .foregroundStyle(.white)
    .background(.indigo)
    .clipShape(RoundedRectangle(cornerRadius: 10))

    Button {

    } label: {
        Text("Log In")
    }
    .frame(width: 200)
    .padding()
    .foregroundStyle(.white)
    .background(.gray)
    .clipShape(RoundedRectangle(cornerRadius: 10))
    }
    }
}
```

HSignUpButtonGroup 的程式碼與 VSignUpButtonGroup 的程式碼幾乎相同，我們只需將 VStack 更改為 HStack，即可並排佈局兩個按鈕。當你進行變更後，預覽應該會相應更新 UI，對於 iPhone 橫向模式，按鈕應該能水平對齊了，如圖 4.25 所示。

圖 4.25　在 iPhone 橫向模式時，按鈕會水平對齊

現在UI於iPhone橫向上看起來更好了，這就是我們如何利用尺寸類別來提供特定UI，並對不同的螢幕大小微調UI的方式。

4.14 保存向量資料

在我總結本章之前，我要介紹一個Xcode的功能，即「保存向量資料」（Preserve Vector Data）。如前所述，在iOS開發中，我們比較傾向使用向量圖而不是點陣圖，因為向量圖不管怎麼縮放，圖片也不會失真，不過要注意的是這只有部分正確。

使用向量圖時，Xcode會自動將圖片轉換為靜態圖片（@1x、@2x、@3x），它非常類似於我們準備好的user2圖片，但轉換工作是由Xcode處理，在這種情況下，放大圖片時，圖片品質會稍微受到影響。如果你試著在iPad Pro（12.9英吋）執行這個範例，則應該會發現圖片的品質不佳。

Xcode內建了一個名為「保存向量資料」（Preserve Vector Data）的功能，可以讓你保存圖片的向量資料。預設上，這個選項是停用的，要啟用它的話，你可以至Assets.xcassets，並選取其中一張圖片，在屬性檢閱器中勾選「Preserve Vector Data」核取方塊來啟用這個選項，如圖4.26所示。

圖4.26　啟用「保存向量資料」功能

現在，如果你再次在iPad Pro（12.9英吋）執行這個App，你會發現圖片的品質看起來好多了，圖4.27示範了啟用或停用該選項的圖片差異。

圖 4.27 停用「保存向量資料」功能（左圖）以及啟用「保存向量資料」功能（右圖）

4.15 你的作業：建立新 UI

為了幫助你更加了解堆疊視圖與尺寸類別的工作原理，我們來進行一個練習，請試著去建立一個如圖 4.28 所示的 UI，你可以從下列網址下載所需的圖片：[URL] http://www.appcoda.com/resources/swift4/student-tutor.zip。

圖 4.28 作業的 UI 要求

注意 背景圖片是由 Luka Dadiani（[URL] https://dribbble.com/lukadadiani）所提供。

給你一個提示，要實作背景圖片，你可以加上 background 修飾器如下：

```
VStack {
  .
  .
  .
}
.background {
    Image("background")
        .resizable()
        .ignoresSafeArea()
}
```

在修飾器內，你可以放置圖片作為背景，而 Image 視圖的 ignoresSafeArea 修飾器會將圖片擴展到整個螢幕。當你進行練習時，你就會了解我的意思。

4.16 本章小結

恭喜！你已經完成本章，並掌握了如何使用堆疊視圖與尺寸類別來建立自適應 UI 的技能。

堆疊視圖是 SwiftUI 框架所提供的極其強大的視圖元件，透過組合 VStack、HStack、ZStack，你可以輕鬆建立自適應不同螢幕尺寸的複雜 UI。本章只是對堆疊視圖進行介紹，之後當我們建立一個真實世界的 App 時，你將進一步學會更多使用堆疊視圖的高階佈局技術。

本章所準備的範例檔中，有最後完整的 Xcode 專案（swiftui-stackviewdemo.zip）以及作業的解答（swiftui-stackview-exercise.zip）可供你參考。

如果你仍然有疑惑，可以加入我們的臉書社團（URL https://www.facebook.com/groups/appcodatw）來和其他開發者一起互相討論。

05 原型設計

你應該聽過許多次某人說：「我有個 App 好點子！」

或許你目前就有一個點子，那麼下一步驟呢？

你現在對 iOS 程式開發與 SwiftUI 已經有了基本的觀念了，那麼你應該開啟 Xcode 並開始寫 App 了嗎？

如同我常說的，寫程式只是 App 開發過程的一部分而已。在你開始寫 App 之前，你必須要有其他的準備程序，這不是一本關於軟體工程的書籍，因此我不準備介紹有關軟體開發生命週期的每一個階段，我想要將重點放在「原型」（Prototype），這是行動開發程序中不可或缺的一部分。

每次我和初學者提到原型，他們都會問兩個問題：

● 什麼是原型？

● 為什麼需要原型？

原型就是初期的產品模型，可以作為概念的測試或者想法的視覺呈現，許多產業都會用到原型設計。在建造一棟建築物之前，建築師需要先設計建築圖並且做建築模型；航空公司在打造一架飛機之前，會建立一個飛機原型，以測試是否有設計上的缺陷；軟體公司也會在實際開發應用程式之前，建立軟體原型來檢視設計上的概念。在 App 開發上，一個原型可以是 App 早期的樣本，雖然不具備完整功能，但是包含基本的 UI 或是草圖。

原型設計是開發原型的一個程序，提供許多的好處。首先，它可以協助將你的想法具體化，可以更輕鬆和你的團隊成員及使用者溝通，雖然你現在是正在學習自己開發 App，但是真實世界的開發環境會有所不同。

你可能需要和團隊中的程式設計師與 UI / UX 設計師合作，來為客戶打造 App。即使你是一位獨立開發者，你所開發的 App 的目標可能會是特定的使用族群或是要面對一個利基市場；或者你聘雇一位設計師來為你設計 UI，你必須要找到一些方式來和你的設計師溝通；或者和你的潛在使用者一起測試你的想法。當然，你可以使用文字來做概念的表達，告訴你的使用者關於這個 App 的開發理念，不過這樣的方式缺乏效率，使用具完整功能的樣本 App 展示你的 App 點子是最佳的方式。

透過建立原型，你可以在專案初期讓每一個人（開發者、設計師與使用者）參與，所有參與者將會更了解 App 的運作方式，並在開發階段查明缺失，以及最終建立產品的可行方式。

原型設計也能讓你測試想法，而不需要建立一個真正的 App。你可展示原型給你的潛在使用者，以在 App 建立前取得前期的回饋，這可以幫你省下不少的時間與費用，圖 5.1 列出了原型設計的好處。

沒有原型

有了原型

圖 5.1　原型設計幫你省錢省時

5.1　在紙上繪出你的 App 點子

現在你有個 App 點子，該如何為你的 App 建立原型呢？

有許多種形式可呈現原型，例如：紙上作業或數位顯示。我通常是採取手繪方式來表達概念，我也強烈建議你使用紙張來描繪出你的 App 設計，這是建立 App 原型的最簡單方式。對我而言，紙張依然是快速將腦中想法迅速記錄下來的最佳方式。當然，或許你會認為用 iPad 對你比較適合，只要使用任何對你而言最好用的方式即可。

> **訣竅** 你可以在 URL http://sneakpeekit.com/ 找到一些可列印的表格模板。

舉例而言，我有個建立美食 App 的想法，這個 App 可以儲存我最喜愛的餐廳，雖然 Yelp 這個 App 很好用，但是我想建立屬於自己的個人餐廳指南，這個 App 有幾項特色：

- 在主畫面列出最喜愛的餐廳。
- 建立餐廳紀錄，並且從相簿中匯入相片作為餐廳圖片。
- 儲存餐廳相片在裝置端，並將它分享給世界其他美食愛好者。
- 在地圖上顯示餐廳位置。
- 瀏覽其他美食愛好者所提供的美食餐廳分享。

我認為人們可能會喜歡這個點子，為了測試我的想法，我先在紙上畫出設計概念。可能有些人會認為自己不善於繪畫，但你不需要成為一位藝術家才能畫出 App 設計，我的繪圖技巧也不好，如圖 5.2 所示，重點在於將你的想法視覺化，並理解你的 App 的基本架構。

圖 5.2　在紙上繪出你的 App

5.2　繪出 App 線框圖

　　你應該聽過「線框圖」（Wireframe），我所示範的便是畫出 App 線框圖的一種方式。線框圖的重點不在於細節，而是能看出 App 的架構與組成，不需要加入顏色、圖形與視覺設計，你可以把線框圖想成是一個 App 的基礎，它可讓你更了解所想要建立的功能與 App 的導覽流程。

　　好的，如果你不想要用手繪畫，那麼有其他工具可以畫出你的行動 App 的線框圖嗎？

　　你只要使用框、圓以及線就可以畫出線框圖，因此你可以使用任何你喜愛的工具來建立線框圖。我個人偏好使用 Sketch，在稍後的章節中我將會做進一步的介紹，圖 5.3 展示了由軟體所製作的一個行動 App 的線框圖範例。

圖 5.3　**行動 App 的線框圖範例**

5.3　使你的草圖 / 線框圖可互動

　　你已經在紙上繪出 App 點子的草圖，甚至已經繪出線框圖，有什麼更佳的方式能夠示範它的運作方式，以使你的潛在使用者了解它的操作流程？有許多工具可以讓開發者建立互動式原型，在下一節中我會進一步介紹。此時，我要示範如何使用一個來自 Marvel 公司、名為「POP」的便利工具來建立原型（URL https://marvelapp.com/pop/ ）。

　　POP 一開始是由台灣 Woomoo 新創公司所開發的，這個原型 App 非常聰明，曾經成為 Apple 上的推薦商品。之後 Woomoo 的團隊被 Priceline 所併購，而它的旗艦商品─原型 POP App，最後在一家英國新創公司 Marvel 找到它的新家。

　　POP App 可以將你的手繪作品或是線框圖轉成可以運作的原型，它可以利用相機拍攝你的草圖，或者你也可以從相片庫中匯入。這個 App 提供各種轉場方式來將不同畫面做連結，以使你可以和圖片做互動，待會你便會了解我所表達的意思。

首先，安裝 POP App 到你的 iPhone，並下載我們為本章所準備的線框圖圖片（URL http://www.appcoda.com/resources/swift4/FoodPinWireframe.zip），將檔案解壓縮，然後透過 AirDrop 將圖片匯入至你的 iPhone 中。

POP App 非常容易使用，首次啟動時，你會看到一個專案清單，點選「+」圖示來新增一個專案。為你的專案命名（例如：Food Pin），當專案建立之後，點選「+」圖示並選擇「Phone」選項，來匯入你的線框圖圖片。你也可以使用內建相機功能來拍攝你的草圖，圖 5.4 為 POP 專案範例。

圖 5.4　**POP 專案範例**

從 App 的主畫面開始，定義 App 畫面轉場。POP 可以讓你標示圖片上特定的區域，並指定當點擊這些區域後所要切換的目標頁面，接著定義轉場的形式，如淡出（Fade）、下一步（Next）、返回（Back）、上升（Rise）以及取消（Dismiss）。例如：在主畫面時，當使用者點擊某一筆資料時，要從主畫面導覽到細節畫面。欲設定畫面的轉場，你可以點選「Add Link」按鈕來突出顯示這些資料，然後點選「Link to image」，選取目標圖片（即餐廳細節的圖片），如圖 5.5 所示。另外，你可以設定畫面轉場動畫。

當完成變更之後，回到專案的主畫面，點擊「Play」按鈕來與原型互動，這個 App 在任何一筆資料被點擊時，會轉場至細節畫面。

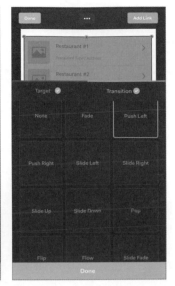

圖 5.5　在 POP 定義畫面間的轉場

你只需要重複這些程序，定義剩下畫面的轉場流程。當原型設計完成後，你可以使用「Share」選項來分享給你的團隊成員以及潛在使用者，你的使用者可透過下列的網路連結來使用它：URL https://marvelapp.com/10c52gg6。

5.4　常用的原型設計工具

這是如何視覺化你的 App 點子的方式，透過一個簡單的原型設計，可讓你儘早取得使用者的回饋。線框圖看起來不是那麼容易明瞭，你可以進一步在線框圖上加入視覺元件，將其轉換成一個很逼真的原型。在本節中，我將介紹一些受歡迎的 App 原型工具，可以協助你建立完整功能的原型，讓原型看起來幾乎和最終產品幾乎一模一樣。

Sketch

我是 Sketch（URL https://www.sketchapp.com）的愛好者，雖然我不是 App 的設計師，但是這套工具可以讓我輕鬆將手繪的草圖／線框圖變成專業的 App 設計。Sketch App 內建了 iOS App 模板，可以讓你佈局 UI。更重要的是，你可以找到大量免費／付費的 Sketch 線上資源（URL http://www.sketchappsources.com），有助於提升你的 App 設計水準。Sketch 也搭配了 iPhone App，讓你可以輕鬆在實體裝置上預覽設計結果，如圖 5.6 所示。

圖 5.6　使用 Sketch 設計 App UI

最新版的 Sketch 有內建原型功能，你可以輕鬆連結多個畫面（或稱為「畫板」），以建立可互動的工作流程，並使用檢視模式來了解 App 的運作方式。如果你有 Sketch App，並且想了解這個原型的功能是如何運作，你可以參考這個網址：URL https://sketchapp.com/docs/prototyping。

> 提示 若你想要學習更多有關 Sketch 的內容，我強烈建議你看一下 Meng To 的《Design+Code》一書（URL https://designcode.io）。

Figma

Sketch 已經主導行動裝置設計領域已經一段時間了，不過目前引人注意的是一個基於雲端應用的原型設計工具替代方案，稱為「Figma」（URL https://www.figma.com）。與 Sketch 不同的是，Sketch 只適用於 Mac 電腦的 App，Figma 則是網頁型應用程式，可在任何瀏覽器使用，特點在於共同協作的功能，所有設計都可以儲存在雲端，讓你可以在任何地方輕鬆存取你的專案，也可以與多位設計師一起協作同一份文件，如圖 5.7 所示。

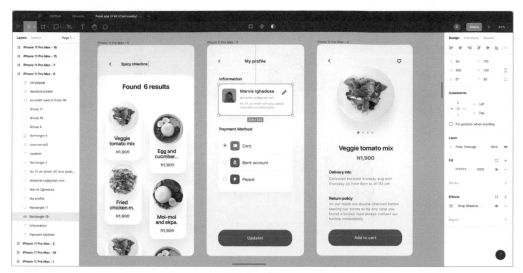

圖 5.7　使用 Figma 設計 App UI

　　雖然 Sketch 沒有任何的免費方案，但是 Figma 提供免費的入門方案，可讓使用者可以建立三個原型設計專案，如果想建立更多的專案，則可以升級為高級使用者方案。

　　如果你之前使用過 Sketch，要切換為使用 Figma 並不困難。Sketch 與 Figma 有各自的強項，但如果你需要和遠端團隊一起設計的話，Figma 絕對是首選。

Adobe Experience Design

　　在 2016 年 3 月，Adobe 推出了一個和 Sketch 競爭的 UI 設計產品，名為「Adobe XD」（Experience Design 的簡稱），Adobe 公司宣稱這是一套將網頁與行動 App 設計專案結合在一起的工具，在撰寫本書之際，這個 App 可以免費下載（ URL https://helpx.adobe.com/tw/support/xd.html）。

　　若是你習慣使用 Photoshop，你會發現 Adobe XD 較容易使用許多，這套工具有兩種模式：「設計」（Design）與「原型」（Prototype）。在「設計」模式，你可以使用佈局工具來設計 App UI，當設計到了某種程度後，你可以將其切換至「原型」模式，以剛才設計的 App 畫面建立出互動式原型。要連結不同的畫面非常容易，只要透過「點選」與「拖曳」的功能，就可以使用簡單動畫來製作出 App 的原型，以展示 App 的整個運作流程，如圖 5.8 所示。

圖 5.8　使用 Adobe XD 設計 FoodPin App 的原型

　　你可以下載專案檔，並參考我使用 Adobe XD 來建立本書所提供的 App 原型範例（ URL http://www.appcoda.com/resources/swift3/FoodPinEn.zip ）。

InVision

　　「Invision」（ URL https://www.invisionapp.com/ ）是市面上原型與協作工具的領導品牌之一，它可以讓你快速建立互動式模型，而不需要撰寫一行程式碼。Invision 支援 Sketch 檔，這表示你可以輕易將 Sketch 畫面匯出至 Invision，並將它轉換成可互動的原型。「協作」也是 Invision 中我最喜愛的功能之一，例如：你和一個 UI 設計師一起建立原型，Invision 可以讓你分享回饋與加入評論至設計畫面中，「協作」功能對於你在一個設計團隊中或者與外面的 UI 設計師一起工作時特別有用，如圖 5.9 所示。

圖 5.9　使用 Invision 設計原型

Flinto

「Flinto」（URL https://www.flinto.com/）是另一個容易使用的原型工具，可以讓你建立很真實的 App，這個 App 讓你直觀且易於使用、學習，你可以輕鬆串連畫面及建立動畫轉場，如圖 5.10 所示。

圖 5.10　使用 Flinto 設計原型

Keynote

　Keynote！你在開玩笑嗎？是的，你沒聽錯，Apple 的 Keynote 也可以用來快速建立原型。事實上，App 的工程師在 WWDC 中曾提到他們使用這個簡報軟體來製作 App 專案的原型。

　若你曾使用它來製作簡報的話，Keynote 對你而言應該並不陌生，內建在 Keynote 的繪圖工具可以讓你設計簡單的 App UI。Keynotpia（ URL http://keynotopia.com/ ）提供原型的樣板，可以節省在 Keynote 中繪圖的工夫，圖 5.11 是使用 Keynote 建立的範例畫面。

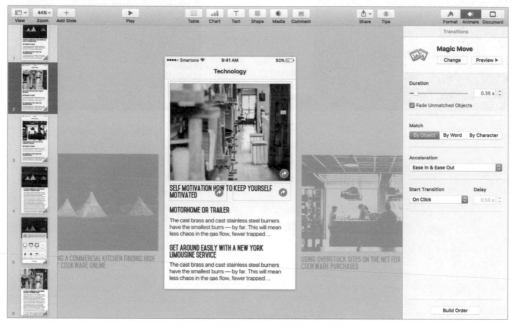

圖 5.11　使用 Keynote 設計 App 原型

　不只是 App UI 的設計，有趣的是，Keynote 還可以輕鬆讓靜態模型具有動畫效果，神奇的移動轉場特效可以讓你的畫面模仿原生 App 動態轉場的感覺。我不再繼續說明如何以 Keynote 製作原型的細節，如果你想要學習更多如何使用 Keynote 設計原型的內容，則可參考這篇文章： URL http://webdesign.tutsplus.com/tutorials/how-to-demo-an-ios-prototype-in-keynote--cms-22279，你也可以參考 Apple 的 60 秒原型設計影片： URL https://developer.apple.com/videos/play/wwdc2017/818/。

5.5 本章小結

　　「原型設計」在 App 開發過程中有著至關重要的作用，它使你能夠快速建立功能來向使用者展示。原型設計的目的是測試想法，並在早期階段收集回饋，如果你正在為客戶開發 App，那麼建立原型可讓客戶在最終產品發布之前，清楚了解 App 的設計及功能。

　　因此，無論你是一個獨立開發者還是開發團隊的成員，我十分鼓勵你從今天就開始進行原型設計。不要立即貿然建立 App，而是先在紙上概述你的想法，然後使用 POP 或其他原型軟體等工具建立簡單的樣本，這種方法將為你節省大量的時間及資源，以確保你不會投入於建立一個缺乏吸引力的產品。

List 與 ForEach

現在你已經對範例 App 的原型有了基本概念，本章將進行一些更有趣的內容，並使用清單視圖（List View）建立一個簡單的 App，一旦你能掌握這個技術與清單視圖，我們便會開始建立 FoodPin App。

首先，iPhone App 的清單視圖是什麼呢？如果你之前使用過 UIKit，SwiftUI 中的清單視圖與 UIKit 的表格視圖（Table View）是同樣的東西。清單視圖是 iOS App 中最常見的 UI，大部分的 App（除了遊戲以外）或多或少會使用清單視圖來顯示內容，最常見的便是內建的電話 App，你的聯絡人是以清單視圖來顯示；另一個例子是郵件 App，它利用一個清單視圖來顯示郵件信箱與郵件。不僅是文字資料清單，清單視圖也可以顯示圖片資料，例如：TED、Google+ 以及 Airbnb 皆是不錯的 App 案例。圖 6.1 展示了一些清單式 App 範例，雖然外表看起來有些出入，但這些全部都是使用清單視圖完成的。

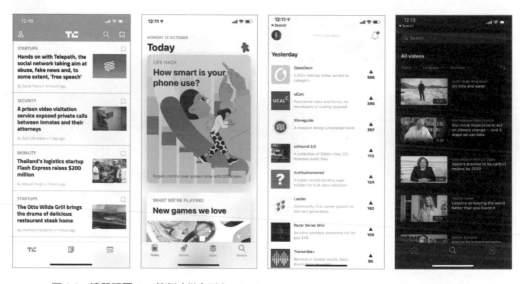

圖 6.1　清單視圖 App 範例（從左到右：Techcrunch、App Store、Product Hunt 與 TED）

我們準備在本章建立一個非常簡單的清單視圖，並學習如何填入資料（圖片與文字）。如果你使用 UIKit 實作過表格視圖，應該知道實作一個簡單的表格視圖需要花一點工夫。SwiftUI 簡化了整個過程，只需要幾行程式碼，就能以表格形式來顯示清單資料，即使你需要自訂列的佈局，也只需要極少的工夫便可辦到。

仍是覺得困惑嗎？待會你就會明白我的意思。

6.1 建立一個 SimpleTable 專案

> 注意 不要只是閱讀本書。當你想認真學習 iOS 程式語言，則要停止只是閱讀，請開啟你的 Xcode，然後撰寫程式碼，這是學習程式的最佳捷徑。

我們來開始建立一個簡單的 App 吧！這個 App 非常簡單，我們將在簡單的清單視圖中顯示一串餐廳名稱，下一章中我們將會繼續改造它。若你尚未開啟 Xcode，則開啟它，使用 iOS 下的「App」模板來新建一個專案，如圖 6.2 所示。

圖 6.2　**Xcode 專案模板**

點選「Next」按鈕，在 Xcode 專案選項中填入下列資訊：

● **Product Name（專案名稱）**：SimpleTable；這是你的 App 名稱。

● **Team（團隊）**：這裡先不做設定。

● **Organization Identifier（組織識別碼）**：com.appcoda；這其實是反向域名，如果你擁有網域，你可以使用自己的網域名稱；否則的話，你可以使用「com.<你的名稱>」。

● **Bundle Identifier（套件識別碼）**：com.appcoda.SimpleTable；這個欄位是由 Xcode 自動產生的。

- **Interface（介面）**：SwiftUI；Xcode 支援兩種建立 UI 的方式，這個專案請選擇 SwiftUI，因爲本書會採用 SwiftUI 來開發 UI。

- **Language（語言）**：Swift；Xcode 支援使用 Objective-C 與 Swift 開發 App，本書的主題是 Swift 語言，因此我們選擇使用 Swift 來開發專案。

- **Include Tests（包含測試）**：不用勾選；這個選項不要勾選，此專案不會進行任何測試。

點選「Next」按鈕，接著 Xcode 會詢問你要將 SimpleTable 專案儲存在哪裡，在你的 Mac 電腦中挑選一個資料夾，並點選「Create」按鈕來繼續。

6.2 建立一個簡單的清單

建立專案後，Xcode 應該會顯示 ContentView.swift 的內容。從模擬器清單中選取「iPhone 15 Pro」，我建議使用此裝置來預覽 UI。

我們從一個簡單的清單來開始了解 List 視圖的用法。將 ContentView 結構內的程式碼替換爲下列的程式碼：

```
struct ContentView: View {
    var body: some View {
        List {
            Text("Item 1")
            Text("Item 2")
            Text("Item 3")
            Text("Item 4")
        }
    }
}
```

以上是建立一個簡單的清單或表格所需要的程式碼。當你將文字視圖嵌入 List 時，清單視圖會以列的形式顯示資料，這裡每一列顯示不同敘述的文字視圖，如圖 6.3 所示。

圖 6.3　建立一個簡單的清單

相同的程式碼片段可以使用 ForEach 來編寫，如下所示：

```swift
struct ContentView: View {
    var body: some View {
        List {
            ForEach(1...4, id: \.self) { index in
                Text("Item \(index)")
            }
        }
    }
}
```

由於這些文字視圖非常相似，因此你可在 SwiftUI 中使用 ForEach 迴圈來建立視圖。

> 說明　從已識別的底層集合中，依照需求計算視圖的一種結構。
>
> ── Apple 官方文件（ URL https://developer.apple.com/documentation/swiftui/foreach ）

你可以提供 ForEach 一組資料集合或一個範圍，不過你必須要注意的是，你需要告訴 ForEach 如何識別集合中的每個項目，參數 id 的目的即在此。而為什麼 ForEach 需要唯一識別項目呢？SwiftUI 功能強大，當集合中的部分或全部項目變更時，它可以自動更新 UI，為了實現這一點，它需要一個識別碼來在更新或刪除項目時唯一識別該項目。

在上列的程式碼中，我們向 ForEach 傳送一個要迴圈遍歷的值範圍。該識別碼設定為其值（即 1、2、3、4），index 參數儲存迴圈的目前值，例如：它從「1」開始，index 參數的值則為「1」。

在閉包（ForEach 內的程式碼區塊）中，即是渲染視圖所需的程式碼。這裡我們建立文字視圖，其敘述將會依照迴圈中的 index 值而變化，這就是你如何在清單中建立四個不同標題的項目的方法。

我再教你一種技巧，相同的程式碼片段也可以進一步重寫如下：

```
struct ContentView: View {
    var body: some View {
        List {
            ForEach(1...4, id: \.self) {
                Text("Item \($0)")
            }
        }
    }
}
```

你可以省略 index 參數，並使用參數名稱縮寫「$0」，它引用閉包的第一個參數。

我們將進一步將程式碼重寫得更簡單些，你可以將資料集合直接傳送到 List 視圖，程式碼如下：

```
struct ContentView: View {
    var body: some View {
        List(1...4, id: \.self) {
            Text("Item \($0)")
        }
    }
}
```

如你所見，只需要幾行程式碼，即可建立一個簡單的清單或表格。

6.3 使用項目陣列來顯示清單

現在你已經知道如何建立一個簡單的清單，接著我們來看如何使用更多樣化的佈局，參見圖 6.4。在大多數的情況下，清單視圖的項目皆會包含文字與圖片，而你該如何實作呢？如果你知道 Image、Text、VStack 與 HStack 工作原理的話，你應該對如何建立一個複雜的清單有概念了。

圖 6.4　顯示餐廳列的簡單清單視圖

現在開啟 ContentView.swift 來編寫 UI 的程式碼。我們宣告 restaurantNames 變數，並在結構中插入下列的程式碼：

```
var restaurantNames = ["Cafe Deadend", "Homei", "Teakha", "Cafe Loisl", "Petite Oyster", "For
Kee Restaurant", "Po's Atelier", "Bourke Street Bakery", "Haigh's Chocolate", "Palomino Espresso",
"Upstate", "Traif", "Graham Avenue Meats And Deli", "Waffle & Wolf", "Five Leaves", "Cafe Lore",
"Confessional", "Barrafina", "Donostia", "Royal Oak", "CASK Pub and Kitchen"]
```

在這個範例中，我們使用陣列來儲存清單資料，如果你忘記陣列的語法，則請參考第 2 章的內容說明。陣列中不同的值是以逗號分隔，然後用一對方括號包裹起來。

當我說：「在結構中插入程式碼」時，表示你必須將變數宣告在結構的大括號內，如下所示：

```
struct ContentView: View {

    var restaurantNames = ["Cafe Deadend", "Homei", "Teakha", "Cafe Loisl", "Petite Oyster",
"For Kee Restaurant", "Po's Atelier", "Bourke Street Bakery", "Haigh's Chocolate", "Palomino
Espresso", "Upstate", "Traif", "Graham Avenue Meats And Deli", "Waffle & Wolf", "Five Leaves",
"Cafe Lore", "Confessional", "Barrafina", "Donostia", "Royal Oak", "CASK Pub and Kitchen"]

    .
    .
    .
```

```
    }
```

陣列是電腦程式設計中的基本資料結構，你可以將陣列想成是資料元素的集合。以上列程式碼的 restaurantNames 陣列來說，它表示了 String 元素的集合，你可將陣列視覺化為圖 6.5。

圖 6.5　restaurantNames 陣列

每個陣列元素都由索引值（index）來標示或存取，一個陣列中如果有 10 個元素，則有 0 至 9 的索引值。restaurantNames[0] 表示回傳陣列中的第一個項目。

我們繼續編寫程式碼，並更新 body 變數，如下所示：

```
var body: some View {
    List {
        ForEach(0...restaurantNames.count-1, id: \.self) { index in
            Text(restaurantNames[index])
        }
    }
}
```

我們使用 ForEach 迴圈遍歷陣列的每一個項目。如前所述，陣列的第一個索引值是「0」，因此我們將範圍設定為 0 至 restaurantNames.count-1，count 屬性回傳陣列中項目的總數，restaurantNames.count-1 的值是陣列的最後一個索引值。

為了顯示餐廳名稱，我們於 ForEach 的程式碼區塊中建立一個 Text 視圖，並將相應的餐廳名稱傳送給文字視圖。

當你更新程式碼後，預覽應該會顯示餐廳名稱的清單，如圖 6.6 所示。要捲動清單，你可以使用滑鼠游標來上下拖曳它。

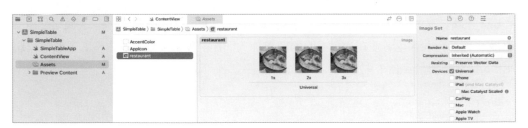

```
  8  import SwiftUI
  9
 10  struct ContentView: View {
 11
 12      var restaurantNames = ["Cafe Deadend", "Homei", "Teakha", "Cafe
             Loisl", "Petite Oyster", "For Kee Restaurant", "Po's Atelier",
             "Bourke Street Bakery", "Haigh's Chocolate", "Palomino
             Espresso", "Upstate", "Traif", "Graham Avenue Meats And Deli",
             "Waffle & Wolf", "Five Leaves", "Cafe Lore", "Confessional",
             "Barrafina", "Donostia", "Royal Oak", "CASK Pub and Kitchen"]
 13
 14      var body: some View {
 15          List {
 16              ForEach(0...restaurantNames.count-1, id: \.self) { index in
 17                  Text(restaurantNames[index])
 18              }
 19          }
 20      }
 21  }
 22
 23  #Preview {
 24      ContentView()
 25  }
 26
```

圖 6.6　App 顯示餐廳名稱清單

6.4　將縮圖加到清單視圖

我們還沒有將圖片加到每一列。首先下載取得範例圖片：[URL] http://www.appcoda.com/resources/swift53/simpletableimages1.zip，這個 zip 壓縮檔內有三個圖檔，解壓縮檔案，並將圖片從 Finder 拖曳至素材目錄（Assets.xcassets），如圖 6.7 所示。

圖 6.7　加入圖片至素材目錄

現在編輯 ContentView，並將 Text 視圖替換為以下的 HStack 視圖：

```
HStack {
    Image("restaurant")
        .resizable()
        .frame(width: 40, height: 40)

    Text(restaurantNames[index])
}
```

我們使用 Image 視圖來載入餐廳圖片。為了調整圖片大小，我們使用 resizable 修飾器及 frame 修飾器來將圖片縮小至 40×40 點。

程式碼變更後，預覽應該會在每一列中顯示圖片，如圖 6.8 所示。

圖 6.8　**App 顯示餐廳圖片**

6.5　變更清單視圖的樣式

List 視圖在 iOS 15 中預設為使用「插入分組樣式」（Inset Grouped Style）。插入分組清單樣式顯示背景顏色，並在清單視圖的四周加入間距。如果要變更清單樣式，你可以將 listStyle 修飾器加到 List，如下所示：

```
List {
    .
    .
    .
}
.listStyle(.plain)
```

要使用簡單的樣式，則可以設定為「.plain」或「PlainListStyle()」，圖 6.9 為最後顯示的結果。

112

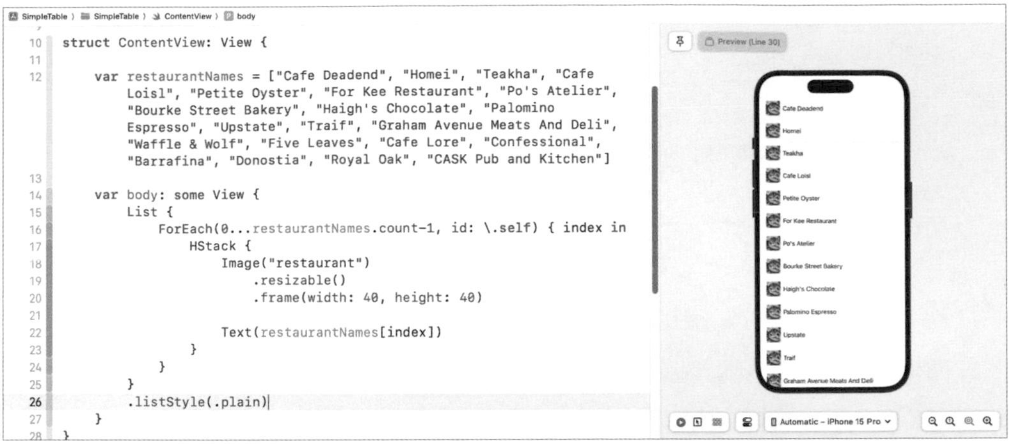

```
[A] SimpleTable >  [≡] SimpleTable >  [≡] ContentView >  [■] body
10   struct ContentView: View {
11
12       var restaurantNames = ["Cafe Deadend", "Homei", "Teakha", "Cafe
             Loisl", "Petite Oyster", "For Kee Restaurant", "Po's Atelier",
             "Bourke Street Bakery", "Haigh's Chocolate", "Palomino
             Espresso", "Upstate", "Traif", "Graham Avenue Meats And Deli",
             "Waffle & Wolf", "Five Leaves", "Cafe Lore", "Confessional",
             "Barrafina", "Donostia", "Royal Oak", "CASK Pub and Kitchen"]
13
14       var body: some View {
15           List {
16               ForEach(0...restaurantNames.count-1, id: \.self) { index in
17                   HStack {
18                       Image("restaurant")
19                           .resizable()
20                           .frame(width: 40, height: 40)
21
22                       Text(restaurantNames[index])
23                   }
24               }
25           }
26           .listStyle(.plain)
27       }
28   }
```

圖 6.9　清單樣式設定為簡單樣式

6.6　顯示清單的另一種方式

在本章結束之前，我希望你了解實作清單（及其他功能）有好幾種方式，現在我們在 ForEach 中指定 restaurantNames 的索引範圍，如下所示：

```
ForEach(0...restaurantNames.count-1, id: \.self) { index in
    .
    .
    .
}
```

實際上，你可以使用 .indices 屬性重寫程式碼，來取得可用項目的範圍：

```
ForEach(restaurantNames.indices, id: \.self) { index in
    .
    .
    .
}
```

如果你更新程式中的程式碼，將會得到相同的結果。還有另一種方式可以迴圈遍歷 restaurantNames 陣列中的項目，我們不使用索引，而是將整個陣列傳送給 ForEach，如下所示：

```
ForEach(restaurantNames, id: \.self) { restaurantName in
    HStack {
        Image("restaurant")
            .resizable()
            .frame(width: 40, height: 40)

        Text(restaurantName)
    }
}
```

在閉包中，有一個名為「restaurantName」的參數，此 restaurantName 參數儲存了迴圈的目前名稱，因此我們可以簡單地在 Text 視圖中使用它。

你可以試著變更你的程式碼，預覽應該是相同的。

6.7 你的作業：各個儲存格顯示不同的圖片

現在範例 App 的所有儲存格都是顯示相同的圖片，試著調整 App 來讓各個儲存格顯示不同的圖片（提示：為圖片建立另一個陣列）。你可下載使用本章所準備的範例圖片（ URL http://www.appcoda.com/resources/swift4/simpletable-images-2.zip ），圖 6.10 展示最後的結果畫面。

圖 6.10　在 App 中顯示不同的餐廳圖片

假使你不知道該如何完成這個作業，也不用擔心，我會在下一章中完整說明。

> 注意 範例中所使用的圖片是由 unsplash.com 提供。

6.8 本章小結

「清單視圖」是 SwiftUI 中最常用的元件之一，如果你已徹底了解這些內容並成功建立 App，那麼你應該對如何建立自己的清單視圖有充分的了解。

我試著讓這個範例 App 保持一切簡單，但是在真實世界的 App 中，清單視圖的資料通常不會「寫死」（hard-coded），它一般是從檔案、資料庫或某處載入，之後的章節內容將會談到這部分。此時，請確認你已經完全理解清單視圖的工作原理，若是仍然感到困惑的話，請回到本章開頭並重新閱讀本章的內容。

本章所準備的範例檔中，有最後完整的 Xcode 專案（swiftui-list-view.zip）供你參考。

自訂清單視圖

在上一章中，我們使用 List 建立了一個簡單的 App 來顯示餐廳清單，而在本章中，我們將會自訂清單視圖來讓它看起來更加時尚，如圖 7.1 所示。而且，從本章開始，你將會開發一個名為「FoodPin」的真實世界 App，這會很有趣！

圖 7.1　重新設計儲存格佈局

7.1 建立 Xcode 專案

首先啟動你的 Xcode，並使用「App」模板來建立一個新專案，將專案命名為「FoodPin」，並填寫 Xcode 專案所需的所有選項，這和你在上一章中所做的一樣，如圖 7.2 所示。

> 注意 我們正要在建立一個真正的 App，因此我們來取一個更好的名稱。如果你有需要，你可以自由使用其他的名稱。另外，請確保使用自己的組織識別碼，否則你無法在你的 iPhone 實機上測試你的 App。

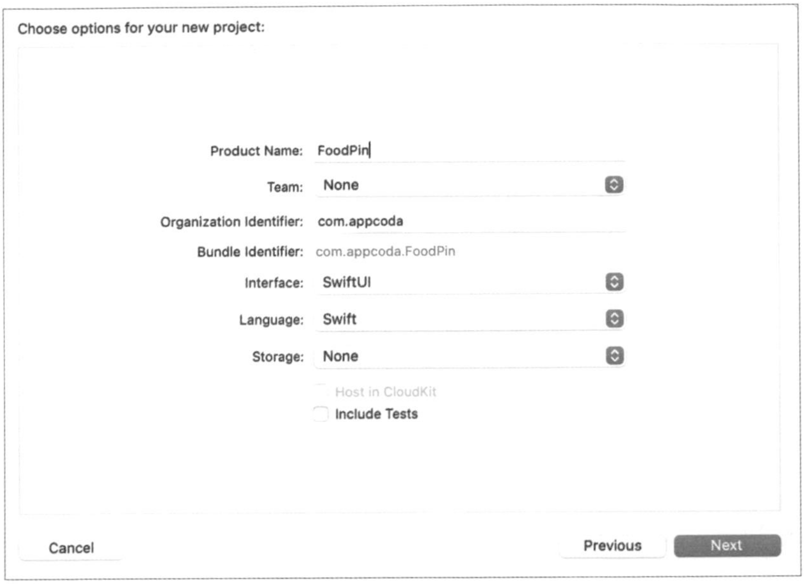

Choose options for your new project:
Product Name: FoodPin
Team: None
Organization Identifier: com.appcoda
Bundle Identifier: com.appcoda.FoodPin
Interface: SwiftUI
Language: Swift
Storage: None
Host in CloudKit
Include Tests
Cancel
Previous
Next

圖 7.2　**建立一個 FoodPin 專案**

建立 Xcode 專案後，你應該會看到由 Xcode 產生的 ContentView.swift 檔，其檔名不太適合我們的 FoodPin App，因此在 ContentView.swift 中的「ContentView」上按右鍵，並選擇「Refactor → Rename...」，如圖 7.3 所示。

FoodPin
FoodPinApp
ContentView
Assets
Preview Content
import SwiftUI
struct ContentView
Jump to Definition
Show Callers...
Show Quick Help
Edit All in Scope
Create Code Snippet...
Refactor
Find
Navigate
Fold
Add Documentation
Cut
Copy
Paste
Services
Rename...
Extract to Function
Extract to Method
Extract to Variable
Extract All Occurrences

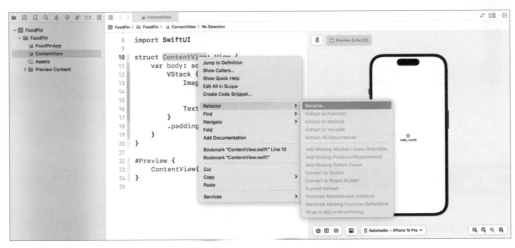

圖 7.3　**重新命名 ContentView.swift 檔**

將新名稱設定為「RestaurantListView」，此重構功能會重新命名檔案以及所有相關的程式碼，如圖 7.4 所示。

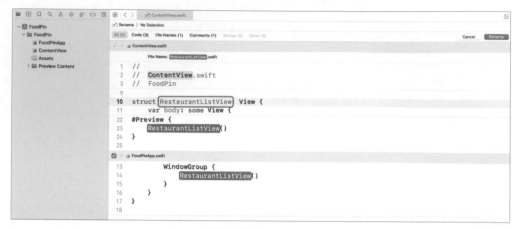

圖 7.4　更新名稱為 RestaurantListView

注意 在專案導覽器中選擇「FoodPin」專案，然後點選 Targets 下的「FoodPin」，你應該會看到最低部署目標設定為「iOS 16.0」，這是預設的設定。之後，如果你的 App 需要支援舊版的 iOS 裝置，你可以在這裡進行更改，而本書這裡將原封不動保留設定。

圖 7.5　顯示部署目標

7.2　準備餐廳圖片

由於我們將提供包含餐廳名稱與圖片的餐廳清單，因此先到下列網址下載圖片包：URL http://www.appcoda.com/resources/swift53/simpletable-images2.zip，並將所有的圖片匯入素材目錄中，如圖 7.6 所示。

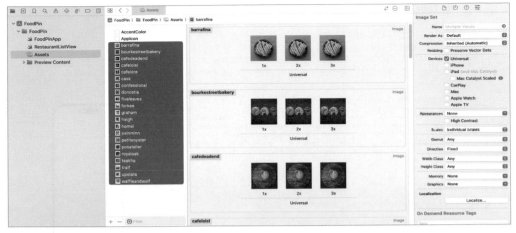

圖 7.6　將圖片加入到素材目錄

7.3　建立基本的清單視圖

現在我們準備建立資料陣列，並在餐廳清單視圖中顯示項目。和之前一樣，在 RestaurantListView 結構中宣告 restaurantNames 陣列：

```
var restaurantNames = ["Cafe Deadend", "Homei", "Teakha", "Cafe Loisl", "Petite Oyster", "For
Kee Restaurant", "Po's Atelier", "Bourke Street Bakery", "Haigh's Chocolate", "Palomino Espresso",
"Upstate", "Traif", "Graham Avenue Meats", "Waffle & Wolf", "Five Leaves", "Cafe Lore", "Confessional",
"Barrafina", "Donostia", "Royal Oak", "CASK Pub and Kitchen"]
```

restaurantNames 陣列存放餐廳名稱的集合。為了要顯示清單，我們可以更新 body 變數如下：

```
var body: some View {
    List {
        ForEach(restaurantNames.indices, id: \.self) { index in
            Text(restaurantNames[index])
        }
    }
    .listStyle(.plain)
}
```

我們迴圈遍歷 restaurantNames 陣列中的項目，並在清單中顯示餐廳名稱，而清單樣式設定為「Plain」，如圖 7.7 所示。

圖 7.7　在清單中顯示餐廳名稱

7.4　顯示不同的餐廳圖片

你已經完成上一章的作業嗎？我希望你已經努力完成了。在本節中，我們將修改目前的 App 來顯示不同的餐廳圖片。

首先，我們宣告一個名為「restaurantImages」的新陣列，以存放餐廳圖片的檔名。在 RestaurantListView 結構中插入下列的程式碼：

```
var restaurantImages = ["cafedeadend", "homei", "teakha", "cafeloisl", "petiteoyster", "forkee",
"posatelier", "bourkestreetbakery", "haigh", "palomino", "upstate", "traif", "graham",
"waffleandwolf", "fiveleaves", "cafelore", "confessional", "barrafina", "donostia", "royaloak",
"cask"]
```

請注意，圖片的順序是與 restaurantNames 的順序一致。要在餐廳名稱旁邊顯示圖片，則更新 List 視圖內的程式碼，如下所示：

```
List {
    ForEach(restaurantNames.indices, id: \.self) { index in
        HStack {
            Image(restaurantImages[index])
                .resizable()
```

```
                .frame(width: 40, height: 40)

            Text(restaurantNames[index])
        }
    }
}
.listStyle(.plain)
```

我們在上一章中討論過程式碼，但我們沒有為 Image 指定一個固定的圖片名稱，而是將圖片名稱設定為「restaurantImages[index]」，這就是我們如何顯示餐廳相應圖片的方式。

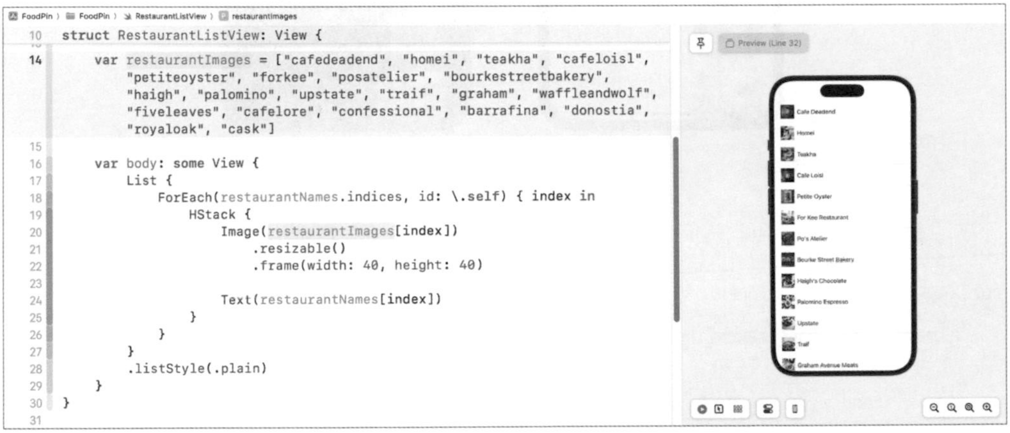

圖 7.8　顯示不同的餐廳圖片

7.5 重新設計列佈局

列佈局非常簡單，我們將透過重新設計佈局，使其變得更好。以下是我們預計要做的修改：讓餐廳圖片大一點，以及顯示關於餐廳的更多資訊（例如：位置與類型），最重要的是我們會將圖片改為圓角。為了讓你對於如何重新設計列佈局更加了解，請看一下圖 7.9，它看起來棒極了，對吧？而且，我忘了提到新佈局在深色模式下看起來也很棒。

圖 7.9　顯示不同的餐廳圖片

為了建立列佈局，我們將同時使用 HStack 與 VStack。現在更新 ForEach 中的程式碼如下：

```
HStack {
    Image(restaurantImages[index])
        .resizable()
        .frame(width: 120, height: 118)

    VStack(alignment: .leading) {
        Text(restaurantNames[index])
            .font(.system(.title2, design: .rounded))

        Text("Type")
            .font(.system(.body, design: .rounded))

        Text("Location")
            .font(.system(.subheadline, design: .rounded))
            .foregroundStyle(.gray)
    }
}
```

VStack 視圖是用於排列餐廳名稱、類型與位置。Image 視圖與 VStack 視圖都要嵌入在水平堆疊視圖中，以建立所需的佈局，如圖 7.10 所示。

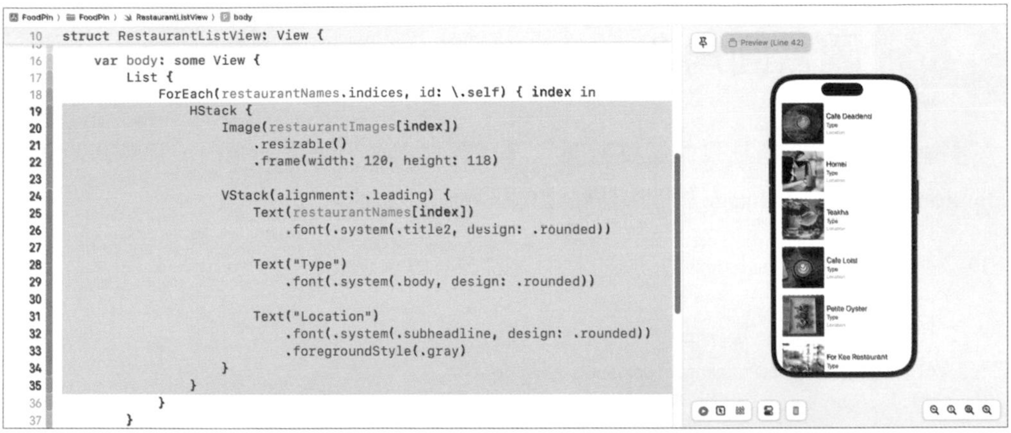
FoodPin › FoodPin › RestaurantListView › body
struct RestaurantListView: View {
var body: some View {
List {
ForEach(restaurantNames.indices, id: \.self) { index in
HStack {
Image(restaurantImages[index])
.resizable()
.frame(width: 120, height: 118)
VStack(alignment: .leading) {
Text(restaurantNames[index])
.font(.system(.title2, design: .rounded))
Text("Type")
.font(.system(.body, design: .rounded))
Text("Location")
.font(.system(.subheadline, design: .rounded))
.foregroundStyle(.gray)
}
}
}
}
Preview (Line 42)
Cafe Deadend
Homei
Teakha
Cafe Loisl
Petite Oyster
For Kee Restaurant

圖 7.10　**使用 HStack 與 VStack 實作列佈局**

稍等！列佈局與圖 7.9 所示的並不完全相同。爲了解決這些差異，我們需要將 VStack 與 HStack 的頂部對齊，並加入一些間距。你可以透過更新 HStack 並調整一些參數來輕鬆修正這些問題，如下所示：

```
HStack(alignment: .top, spacing: 20) {
    .
    .
    .
}
```

當你變更完成後，應該可修正對齊問題，如圖 7.11 所示。

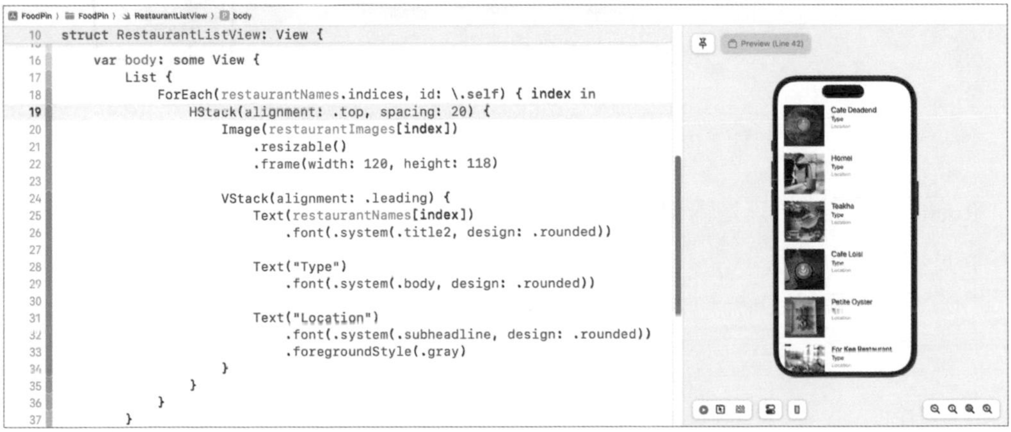
FoodPin › FoodPin › RestaurantListView › body
struct RestaurantListView: View {
var body: some View {
List {
ForEach(restaurantNames.indices, id: \.self) { index in
HStack(alignment: .top, spacing: 20) {
Image(restaurantImages[index])
.resizable()
.frame(width: 120, height: 118)
VStack(alignment: .leading) {
Text(restaurantNames[index])
.font(.system(.title2, design: .rounded))
Text("Type")
.font(.system(.body, design: .rounded))
Text("Location")
.font(.system(.subheadline, design: .rounded))
.foregroundStyle(.gray)
}
}
}
}
Preview (Line 42)
Cafe Deadend
Homei
Teakha
Cafe Loisl
Petite Oyster
For Kee Restaurant

圖 7.11　**更新 HStack 的對齊與間距參數**

圖片圓角化

這裡還有一個問題是我們需要對圖片進行圓角處理。使用 SwiftUI，你可以透過將 clipShape 修飾器加到 Image 視圖來輕鬆建立圓角。

```
Image(restaurantImages[index])
    .resizable()
    .frame(width: 120, height: 118)
    .clipShape(RoundedRectangle(cornerRadius: 20))
```

我們將剪裁形狀（Clipping Shape）設定為圓角半徑 20 點的 RoundedRectangle，此修飾器可讓你將視圖剪裁為特定的形狀。在上列的程式碼中，我們告訴修飾器將圖片遮罩為圓角矩形，從而產生圓角圖片。如果你想要更尖銳的角，則可將該值修改為你偏好的較低值，如圖 7.12 所示。

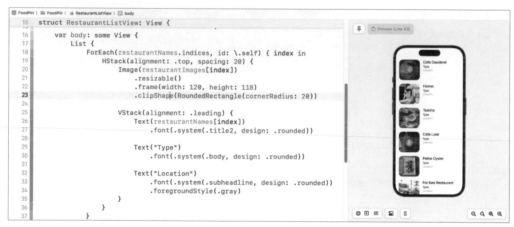

圖 7.12　加上 cornerRadius 修飾器來使圖片圓角化

RoundedRectangle 只是內建形狀之一，你可以應用其他的形狀，例如：Circle() 與 Capsule()。

7.7 隱藏清單分隔符號

預設上，List 視圖使用行分隔符號來分隔每一列，如果你想要隱藏分隔符號，SwiftUI 提供一個名為「listRowSeparator」的修飾器，來控制行分隔符號的可見性。

在 List 視圖中，你可以加入 listRowSeparator 修飾器，並將其值設定為「.hidden」，以隱藏分隔符號，如圖 7.13 所示。

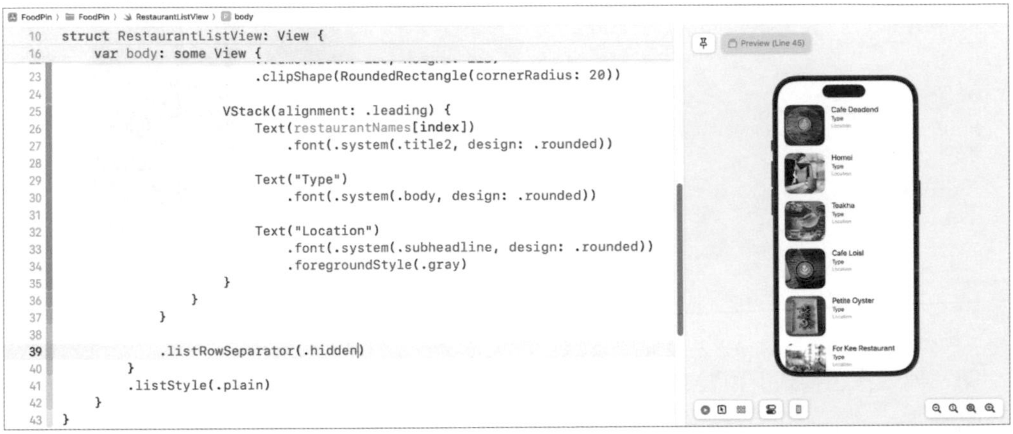

圖 7.13　隱藏清單視圖的行分隔符號

7.8 使用深色模式測試 App

自 iOS 13 發布以來，Apple 讓使用者在淺色和深色的全系統外觀之間進行選擇。當使用者選擇採用深色模式時，系統與 App 會對所有的畫面及視圖使用深色的調色板。作為一個 App 開發者，你應該確保你的 App 能夠遵從深色模式，有多種方式可在深色模式下測試你的 App。

首先，在 RestaurantListView.swift 中插入另一個 #Preview 程式碼區塊如下：

```
#Preview("Dark mode") {
    RestaurantListView()
        .preferredColorScheme(.dark)
}
```

preferredColorScheme 修飾器讓你透過傳送 .dark 值來切換到深色模式。透過此更新，現在你可以在預覽窗格中以淺色與深色模式預覽 App UI，參考一下圖 7.14，即使不做任何修改，App UI 在深色模式下看起來也很棒。另外，你可以使用預覽畫布中內的「Variants」選項，透過選擇「Color Scheme Variants」，Xcode 將為你提供淺色與深色模式的預覽。

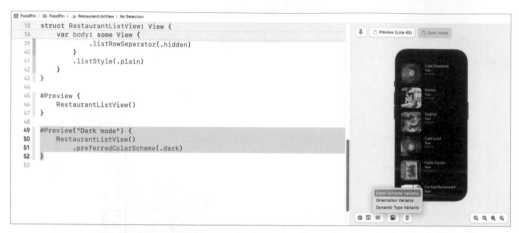

圖 7.14　在深色模式下預覽 App UI

第三種在深色模式下預覽 App 的方式是「使用模擬器」。在模擬器上執行 App 時，你可以點選「Environment Overrides」按鈕來將外觀從淺色切換到深色。當你啟用這個開關後，模擬器將設定為採用深色模式，如圖 7.15 所示。

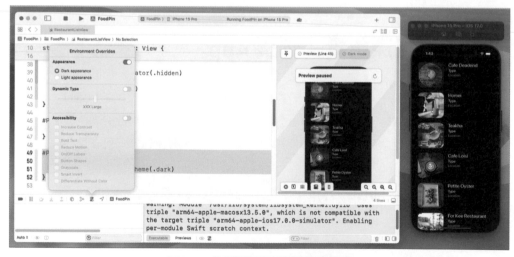

圖 7.15　使用模擬器時切換到深色模式

最後一種測試深色模式的方式是「調整模擬器的設定」。在模擬器上，點選「Settings → Developer」，將「Dark Appearance」選項的開關切換為「ON」，以啟用深色模式。

7.9 你的作業：修正問題並重新設計列佈局

作業①：更新位置與類型標籤

目前，App顯示所有列的位置（Location）與類型（Type）。作為練習，我將讓你自行解決這個問題，你可以編輯原始碼來更新位置與類型標籤。以下是你進行這個作業所需要的兩個陣列：

```
var restaurantLocations = ["Hong Kong", "Hong Kong", "Hong Kong", "Hong Kong", "Hong Kong",
"Hong Kong", "Hong Kong", "Sydney", "Sydney", "Sydney", "New York", "New York", "New York",
"New York", "New York", "New York", "New York", "London", "London", "London", "London"]

var restaurantTypes = ["Coffee & Tea Shop", "Cafe", "Tea House", "Austrian / Causual Drink",
"French", "Bakery", "Bakery", "Chocolate", "Cafe", "American / Seafood", "American", "American",
"Breakfast & Brunch", "Coffee & Tea", "Coffee & Tea", "Latin American", "Spanish", "Spanish",
"Spanish", "British", "Thai"]
```

作業②：重新設計列佈局

上一個作業對你來說也許太簡單了，這裡有另一個挑戰，試著重新設計列佈局，看看是否可以建立出如圖7.16所示的App。

圖7.16　重新設計列佈局

7.10 本章小結

恭喜！你已經取得了顯著的進步。當你完全理解清單視圖，你就具備了建立出色 UI 的能力。「清單視圖」是大多數 iOS App 的基礎，除非你正在開發遊戲，否則你在建立自己的 App 時，很可能需要以某種方式實作清單視圖，因此我鼓勵你花一些時間進行練習，並編寫程式碼。請記住，「從做中學」是學習編寫程式碼的最有效率的方式。

在本章所準備的範例檔中，有最後完整的 Xcode 專案（swiftui-foodpin-custom-list.zip）與作業的解答（swiftui-foodpin-custom-list-exercise.zip）可供你參考。

08 顯示確認對話方塊及
處理清單視圖選取

你能夠完成前面的作業並建立這個重新設計的列佈局嗎？如果你無法完成的話，不用擔心，我將在本章中引導你解決問題，並介紹一些新的佈局技術。至目前爲止，我們只專注在清單視圖中顯示資料，但你可能想知道我們如何與清單視圖互動，並偵測列的選取，這正是我們將在本章中討論的內容。

首先，下載我們在上一章中建立的完整專案（swiftui-foodpin-custom-list.zip），我們將繼續改進這個 App，使其變得更好。簡而言之，我們準備要實作的內容如下：

- 加入列佈局的替代設計。
- 當使用者點擊清單視圖中的一個項目時，會彈出一個選單，選單提供兩種選項：「訂位」（Reserve a table）與「標記爲最愛」（Mark as favorite）。
- 當使用者選擇「標記爲最愛」時，會顯示一個心形圖示。

透過實作這些新功能，你將學會如何改進 SwiftUI 程式碼，並使用動作表（Actions Sheet）在 iOS 中顯示提示，如圖 8.1 所示。

圖 8.1　捷徑與 Medium App 中的提示範例

8.1 建立更優美的列佈局

之前我曾給你做過一個作業，我要求你重新設計列佈局，使其看起來如圖 8.2 所示。我希望你已經試著找到解決方案，但即使你找不到設計該列的方式，一樣值得嘉獎，對於初學者來說，這個作業可能有些挑戰性。

圖 8.2　重新設計列佈局

現在我們來看看如何重新設計列佈局。假設你已經下載了專案，並在 Xcode 中開啟它，選擇「RestaurantListView」來編輯程式碼，這裡不刪除 ForEach 中現有的 HStack，並為新佈局編寫程式碼，而是我們將 HStack 取出為子視圖，如此我們可輕鬆於新舊佈局之間做切換。

如前所述，Xcode 為開發者提供一個名為「Extract subviews」的便捷功能，可以輕鬆將某個區塊取出到子視圖中，如圖 8.3 所示。HStack 視圖是設計用來管理列佈局，我們將它取出到子視圖中來改進我們的程式碼。按住 control 鍵並點選「HStack」，Xcode 取出該程式碼，並預設命名子視圖為「ExtractedView」，而我們將它重新命名為「BasicTextImageRow」，如圖 8.4 所示。

```
10    struct RestaurantListView: View {
15
16        var body: some View {
17            List {
18                ForEach(restaurantNames.indices, id: \.self) { index in
19                    HStack(alignment:  top  spacing: 20) {
20
                          Jump to Definition
21
                          Show Callers...
22                        Show Quick Help                    118)
23                        Edit All in Scope                  e(cornerRadius: 20))
24                        Create Column Breakpoint
25                        Create Code Snippet...
26                        Show SwiftUI Inspector...          ])
27                        Extract Subview                    design: .rounded))
28                        Embed in HStack
29                        Embed in VStack
                          Embed in ZStack
```

圖 8.3　取出 HStack 到子視圖

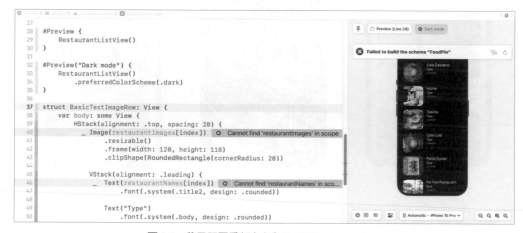

圖 8.4　將子視圖重新命名為 BasicTextImageRow

　　當你取出程式碼，Xcode 應該會提示一個錯誤，原因是新的 BasicTextImageRow 結構沒有 restaurantImages、restaurantNames、restaurantTypes 與 restaurantLocations 變數。

　　為了修正錯誤，我們在 BasicTextImageRow 結構中建立一些變數，並相應更新程式碼如下：

```
struct BasicTextImageRow: View {

    var imageName: String
    var name: String
    var type: String
    var location: String
```

```
    var body: some View {
        HStack(alignment: .top, spacing: 20) {
            Image(imageName)
                .resizable()
                .frame(width: 120, height: 118)
                .clipShape(RoundedRectangle(cornerRadius: 20))

            VStack(alignment: .leading) {
                Text(name)
                    .font(.system(.title2, design: .rounded))

                Text(type)
                    .font(.system(.body, design: .rounded))

                Text(location)
                    .font(.system(.subheadline, design: .rounded))
                    .foregroundStyle(.gray)
            }
        }
    }
}
```

BasicTextImageRow 結構現在接受四個變數，包含 imageName、name、type 與 location。隨著這個改動，你將需要更新 List 視圖，並為 BasicTextImageRow 傳送所需的值：

```
List {
    ForEach(restaurantNames.indices, id: \.self) { index in
        BasicTextImageRow(imageName: restaurantImages[index], name: restaurantNames[index],
type: restaurantTypes[index], location: restaurantLocations[index])
    }

    .listRowSeparator(.hidden)
}
.listStyle(.plain)
```

如你所見，RestaurantListView 程式碼現在已經簡化了，雖然 UI 仍然相同，但是程式碼更易於閱讀及管理。

現在我們來為新的列佈局建立一個新結構，如圖 8.2 所示。在檔案中插入下列的程式碼：

```
struct FullImageRow: View {

    var imageName: String
    var name: String
    var type: String
    var location: String

    var body: some View {
        VStack(alignment: .leading, spacing: 10) {
            Image(imageName)
                .resizable()
                .frame(height: 200)
                .clipShape(RoundedRectangle(cornerRadius: 20))

            VStack(alignment: .leading) {
                Text(name)
                    .font(.system(.title2, design: .rounded))

                Text(type)
                    .font(.system(.body, design: .rounded))

                Text(location)
                    .font(.system(.subheadline, design: .rounded))
                    .foregroundStyle(.gray)
            }
            .padding(.horizontal)
            .padding(.bottom)
        }
    }
}
```

　　為了建立新的列佈局，我們使用兩個垂直堆疊，第一個 VStack 用於排列餐廳名稱、類型與位置，第二個 VStack 則包含了 Image 視圖與子 VStack。對於 Image 視圖，我們設定框（frame）的高度為「200 點」，由於我們省略了 width 參數，SwiftUI 會自動擴展圖片的寬度，以符合可用空間。

　　要使用新的 FullImageRow，則將 BasicTextImageRow 替換為 FullImageRow，如下所示：

```
FullImageRow(imageName: restaurantImages[index], name: restaurantNames[index], type:
restaurantTypes[index], location: restaurantLocations[index])
```

當你更新程式碼後，List 視圖會使用新的列佈局，且預覽應該會顯示新的列佈局，如圖 8.5 所示。

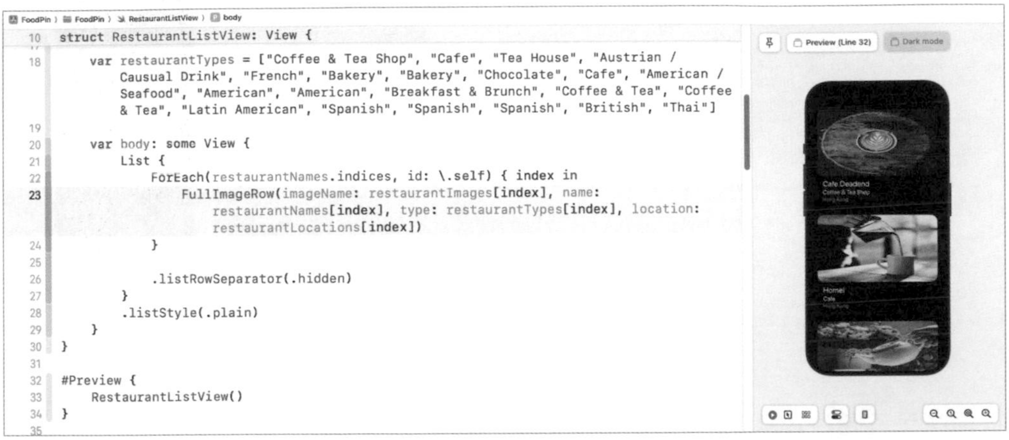

圖 8.5　使用新的 FullImageRow

如果你仔細看一下新佈局中的圖片，會發現它的縮放比例並不正確，幸運的是你已經學過 scaledToFit 修飾器，它可保持圖片的長寬比。那我們可使用這個修飾器來解決這個問題嗎？讓我們來試試看是否能解決問題。

更新 FullImageRow 中的 Image 視圖，並加上 scaledToFit 修飾器，如下所示：

```
Image(imageName)
    .resizable()
    .scaledToFit()
    .frame(height: 200)
    .clipShape(RoundedRectangle(cornerRadius: 20))
```

看一下預覽，是否已經解決了圖片視圖的縮放問題呢？顯然的，這個解決方案行不通，雖然我們可以保持圖片的長寬比，但是圖片會變小，如圖 8.6 所示。

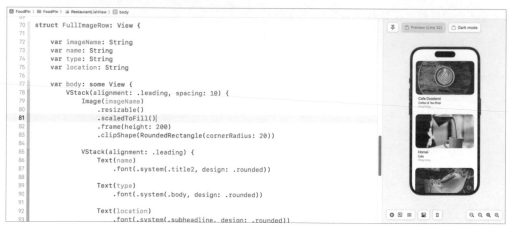

```
70  struct FullImageRow: View {
71
72      var imageName: String
73      var name: String
74      var type: String
75      var location: String
76
77      var body: some View {
78          VStack(alignment: .leading, spacing: 10) {
79              Image(imageName)
80                  .resizable()
81                  .scaledToFit()|
82                  .frame(height: 200)
83                  .clipShape(RoundedRectangle(cornerRadius: 20))
84
85              VStack(alignment: .leading) {
86                  Text(name)
87                      .font(.system(.title2, design: .rounded))
88
89                  Text(type)
90                      .font(.system(.body, design: .rounded))
91
92                  Text(location)
93                      .font(.system(.subheadline, design: .rounded))
```

圖 8.6　使用 scaledToFit 修飾器

　　要在保持圖片視圖寬度的同時，也保持圖片的長寬比，則你可以使用另一個名為
「scaledToFill」的修飾器。透過將 scaledToFill 修飾器加到 Image 視圖，它將縮放圖片來
填滿圖片視圖的可用空間，同時保持長寬比，這是你可以考慮的另一個選項，以實現所需
的佈局，如圖 8.7 所示。

```
70  struct FullImageRow: View {
71
72      var imageName: String
73      var name: String
74      var type: String
75      var location: String
76
77      var body: some View {
78          VStack(alignment: .leading, spacing: 10) {
79              Image(imageName)
80                  .resizable()
81                  .scaledToFill()|
82                  .frame(height: 200)
83                  .clipShape(RoundedRectangle(cornerRadius: 20))
84
85              VStack(alignment: .leading) {
86                  Text(name)
87                      .font(.system(.title2, design: .rounded))
88
89                  Text(type)
90                      .font(.system(.body, design: .rounded))
91
92                  Text(location)
93                      .font(.system(.subheadline, design: .rounded))
```

圖 8.7　使用 scaledToFill 修飾器

8.2 查閱文件

你可能好奇:「為什麼我熟悉這些修飾器及其用法呢?」

答案是「查閱文件」,你可以免費瀏覽 Apple 官方的《iOS 開發者參考文件》(URL https://developer.apple.com/documentation/)。作為一個 iOS 開發者,習慣閱讀 API 文件至關重要,沒有一本書可以對 iOS SDK 做全盤介紹。當我們想要深入研究某個類別或協定時,我們經常查閱 API 文件來取得完整的資訊。

Apple 提供一個直接在 Xcode 中取得文件的便捷方法,你可以按住 option 鍵並點選修飾器名稱(或類別名稱)來開啓相關的文件,或者你可以使用鍵盤快速鍵 Control + command + ? ,然後將游標懸停在修飾器上(例如:scaledToFill),這會顯示一個包含修飾器介紹的彈出式視窗,讓你可以迅速取得相關文件,如圖 8.8 所示。

圖 8.8　取得修飾器的文件

如果你想進一步了解詳細資訊,則可以點選「Open in Developer Documentation」的連結,此連結會開啓文件瀏覽器,為你提供相關文件的全面觀點。

在繼續之前,我們將列佈局從 FullImageRow 更改為 BasicTextImageRow,我較喜歡基本佈局。

```
BasicTextImageRow(imageName: restaurantImages[index], name: restaurantNames[index], type:
restaurantTypes[index], location: restaurantLocations[index])
```

使用狀態來管理列的選取

我們接下來要實作的是，在使用者點擊清單視圖的一個項目時開啟選單，如圖 8.9 所示。但在我們深入實作之前，我來簡要介紹一個名為「@State」的屬性包裹器。

圖 8.9　帶出可選選單

「狀態管理」（State Management）是每個開發者都會遇到的一個應用程式開發的重要方面。當使用者點擊一間餐廳或者一列時，建立適當的機制來追蹤其狀態（例如：是否已點擊）至關重要。

SwiftUI 提供幾個用於狀態管理的內建功能，其中包括 @State 的屬性包裹器，當你使用 @State 來標註屬性時，SwiftUI 會自動將其儲存在你的 App 中的某處。另外，使用該屬性的視圖會自動監聽該屬性值的任何變化，每當狀態發生變化時，SwiftUI 都會重新計算受影響的視圖，並相應更新 App 的外觀。

聽起來不錯，不是嗎？或者你對狀態管理還有些困惑呢？

請放心，當我們深入研究程式碼範例時，你將對「狀態」與「綁定」有更清楚的了解。首先，我們將下列程式碼插入到 BasicTextImageRow 結構中：

```
@State private var showOptions = false
```

在程式碼片段中，我們透過使用 @State 標註來宣告狀態變數，它是一個初始值為「false」的布林變數，當點擊任何列項目時，我們會將其值從「false」更改為「true」。

8.4 偵測觸控並顯示確認對話方塊

那麼，我們如何偵測使用者何時點擊視圖呢？在 SwiftUI 中，你可以使用 onTapGesture 修飾器，它可讓你偵測使用者的觸碰。在 BasicTextImageRow 中，你可將此修飾器加到 HStack 中，如下所示：

```
HStack(alignment: .top, spacing: 20) {

    .
    .
    .

}
.onTapGesture {
    showOptions.toggle()
}
```

在 onTapGesture 的閉包中，我們切換 showOptions 的值，換句話說，當偵測到使用者的點擊時，我們將 showOptions 的值從「false」更新為「true」，這示範了如何使用 @State 變數來變更列的狀態。

而下一步是什麼呢？我們現在可以偵測使用者的觸碰，讓我們探索如何顯示可選選單（Option Menu）呢？SwiftUI 提供一個名為「confirmationDialog」的修飾器來顯示選單（Selection Menu），如圖 8.9 所示。這個修飾器在 iOS 15 中導入，作為 actionSheet 的替代，未來建議使用 confirmationDialog 而非 actionSheet 來顯示選單。

現在將 confirmationDialog 修飾器加到 HStack，如下所示：

```
HStack(alignment: .top, spacing: 20) {

    .
    .
    .

}
.onTapGesture {
```

```
        showOptions.toggle()
    }
    .confirmationDialog("What do you want to do?", isPresented: $showOptions, titleVisibility:
    .visible) {

        Button("Reserve a table") {

        }

        Button("Mark as favorite") {

        }
    }
```

confirmationDialog 修飾器追蹤 showOptions 狀態變數,以確定對話方塊是否顯示給使用者看。換句話說,如果 showOptions 的值設定為「false」,則確認對話方塊將保持隱藏狀態,只有當 showOptions 更新為「true」時,它才變得可見。

因此,當使用者點擊儲存格時,showOptions 狀態變數設定為「true」,從而觸發確認對話方塊的出現,我們也將確認對話方塊的標題設定為「What do you want to do?」,titleVisibility 參數則設為「.visible」,以確保標題可以始終顯示。

為了建立帶有三個按鈕的確認對話方塊,我們在閉包中定義了兩個動作,而「取消」按鈕是由確認對話方塊自動產生。

在模擬器中執行 App 或在預覽窗格中測試 App,你應該能透過點擊任何列來帶出動作表,如圖 8.10 所示。

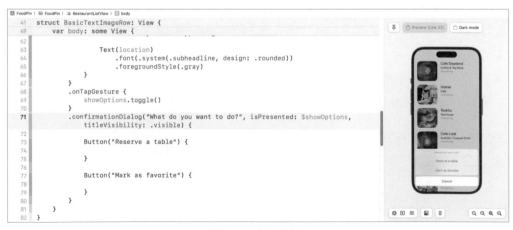

圖 8.10　實作動作表

8.5 了解綁定

你對於跟 confirmationDialog 有關的程式碼有任何問題嗎？我猜你可能有一個疑問：你是否注意到我們傳送給 confirmationDialog 的 showOptions 變數帶有 $ 符號前綴？而 $ 符號是什麼呢？

我們開啓 confirmationDialog 的文件來深入了解詳細資訊。在「Declaration」區塊中，它指定 isPresented 參數接受與布林値的綁定，如圖 8.11 所示。

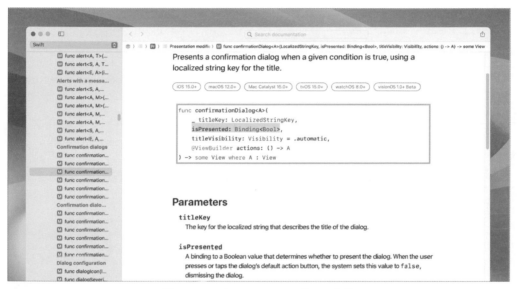

圖 8.11　confirmationDialog 的 API 文件

簡而言之，當你需要在 SwiftUI 中傳送綁定時，你必須在變數前面加上 $ 符號。

現在我們來討論一下什麼是綁定。在 SwiftUI 中，「綁定」是儲存資料的屬性以及顯示和更改資料的視圖之間的雙向連接。要理解這個概念可能具有挑戰性，尤其你是 SwiftUI 的新手。

我們重新檢視一下剛才編寫的範例程式碼。showOptions 是控制動作表可見性的屬性，當它設定爲「true」時，動作表將變得可見並顯示選單選項。

當使用者點擊「Cancel」按鈕或任何其他選單選項時，會發生什麼事呢？動作表會自動隱藏自己，換句話說，它將 showOptions 的值從「true」更新爲「false」。

在 SwiftUI 中，你不能只傳送 showOptions 的值，並期望 confirmationDialog 更新其值，反而我們需要使用綁定。透過將 showOptions 的綁定傳送給 confirmationDialog，對話方塊可以更新 showOptions 的值。

8.6 顯示提示訊息

目前，無論你選擇哪個選項，該 App 都會關閉動作表，而不執行任何動作，這是因為我們還沒有實作預設按鈕的後續動作。

對於「Reserve a table」按鈕，我們將顯示一個提示訊息來告知使用者該功能還無法使用。SwiftUI 有另一個名為「.alert」的修飾器，專門用來顯示提示訊息。

與動作表相似，我們需要一個變數來控制提示的可見性，因此在 BasicTextImageRow 結構中宣告另一個名為「showError」的狀態變數：

```
@State private var showError = false
```

接下來，將 .alert 修飾器加到 HStack：

```
.alert("Not yet available", isPresented: $showError) {
    Button("OK") {}
} message: {
    Text("Sorry, this feature is not available yet. Please retry later.")
}
```

當 showError 設定為「true」時會觸發提示，因此更新「Reserve a table」按鈕的閉包如下：

```
Button("Reserve a table") {
    self.showError.toggle()
}
```

這就是我們在 SwiftUI 中顯示提示對話視窗的方式。執行 App 來快速測試一下，當你選擇「Reserve a table」選項時，你應該會看到提示訊息，如圖 8.12 所示。

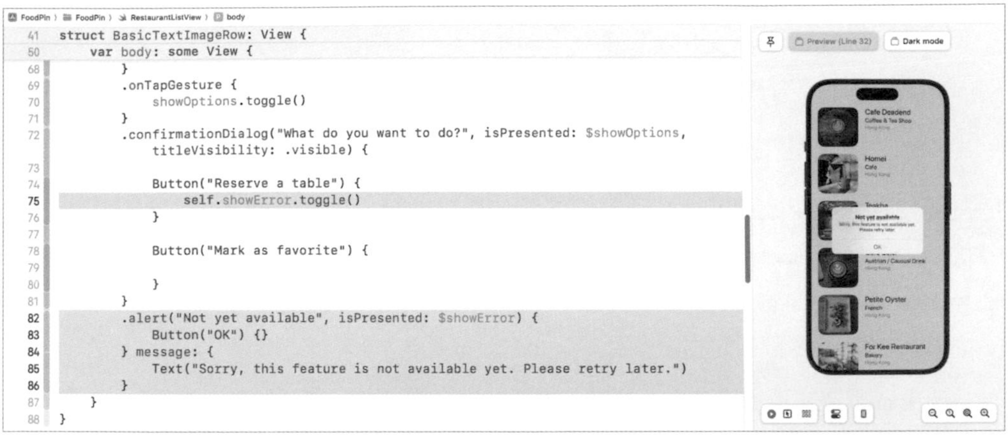

```
⬚ FoodPin ⟩ ⬚ FoodPin ⟩ ⬚ RestaurantListView ⟩ ⬚ body                            ⚑   ⬚ Preview (Line 32)   ⬚ Dark mode
 41    struct BasicTextImageRow: View {
 50        var body: some View {
 68            }
 69            .onTapGesture {
 70                showOptions.toggle()
 71            }
 72            .confirmationDialog("What do you want to do?", isPresented: $showOptions,
                   titleVisibility: .visible) {
 73
 74                Button("Reserve a table") {
 75                    self.showError.toggle()
 76                }
 77
 78                Button("Mark as favorite") {
 79
 80                }
 81            }
 82            .alert("Not yet available", isPresented: $showError) {
 83                Button("OK") {}
 84            } message: {
 85                Text("Sorry, this feature is not available yet. Please retry later.")
 86            }
 87        }
 88    }
```

圖 8.12　顯示提示訊息

8.7　實作「標記為最愛」功能

接下來是「標記為最愛」（Mark as favorite）功能的實作，當允許使用者將餐廳標記為最愛時，則需要將該狀態儲存在某處。我們需要找到替代方式來追蹤所選的項目，而建立另一個陣列來儲存選定的餐廳如何呢？在 RestaurantListView 結構中，我們宣告一個布林陣列：

```
@State var restaurantIsFavorites = Array(repeating: false, count: 21)
```

「布林」（Bool）是 Swift 中的一種資料型別，用來表示布林值。Swift 提供兩個布林值：「true」與「false」。我們宣告 restaurantIsFavorites 陣列來存放布林值的集合，陣列中的每個值指示相應的餐廳是否被標記為最愛，例如：我們可以檢查 restaurantIsFavorites[0] 的值來查看 Cafe Deadend 是否被標記為最愛。

陣列中的值被初始化為「false」，換句話說，預設上未選取這些項目。上列的程式碼展示了一種在 Swift 中使用重複值來初始化陣列的方式。這個初始化的方式如下：

```
@State var restaurantIsFavorites = [false, false, false, false, false, false, false, false,
false, false, false, false, false, false, false, false, false, false, false, false, false]
```

我們必須使用 @State 標註變數的原因是「我們需要更新其值」。當使用者選擇「Mark as Favorite」選項時，我們將更新 restaurantIsFavorites 的值，並在餐廳名稱旁邊顯示一個心形圖示。

要實作這個功能，則在 BasicTextImageRow 中宣告另一個屬性：

```
@Binding var isFavorite: Bool
```

@Binding 關鍵字表示呼叫者必須負責提供狀態變數的綁定。如前所述，「綁定」是在屬性及需要更改該屬性值的視圖之間的雙向連接，這裡我們將 RestaurantListView 中的 restaurantIsFavorites 屬性與 BasicTextImageRow 中的 isFavorite 變數連接起來。更新 BasicTextImageRow 視圖中的 isFavorite，會將其值回傳 RestaurantListView 中的 restaurantIsFavorites 陣列的相應項目。

當使用者選擇該選項時，我們還沒有更新 isFavorite 的值。我們加入一行程式碼來切換該值：

```
Button("Mark as favorite") {
    self.isFavorite.toggle()
}
```

接下來，更新 HStack 的程式碼來加入心形圖片：

```
HStack(alignment: .top, spacing: 20) {
    Image(imageName)
        .resizable()
        .frame(width: 120, height: 118)
        .clipShape(RoundedRectangle(cornerRadius: 20))

    .
    .
    .

    if isFavorite {
        Spacer()

        Image(systemName: "heart.fill")
            .foregroundStyle(.yellow)
    }
}
```

我們檢查 isFavorite 的值是否設定為「true」。這裡我們將 Image 視圖加到 HStack 中，我們使用來自 SF Symbols 的內建系統圖片，並將圖片的顏色設定為「黃色」，而 Spacer 是用來將心形圖片推到右邊緣。

BasicTextImageRow 現在已準備好為標記為最愛的餐廳加入心形圖示。最後一步是更新 RestaurantListView 中的下列程式碼：

```
BasicTextImageRow(imageName: restaurantImages[index], name: restaurantNames[index], type: restaurantTypes[index], location: restaurantLocations[index])
```

改為：

```
BasicTextImageRow(imageName: restaurantImages[index], name: restaurantNames[index], type: restaurantTypes[index], location: restaurantLocations[index], isFavorite: $restaurantIsFavorites[index])
```

我們加入了新參數 isFavorite，並傳送了對應陣列項目的綁定，如此我們透過在模擬器或預覽窗格中執行 App 來測試它，如圖 8.13 所示。

圖 8.13　選擇標記為最愛時顯示心形圖示

8.8　預覽列佈局

在結束本章之前，我要分享一個預覽列佈局的訣竅。現在我們已經實作了兩種列佈局，如 BasicTextImageRow 與 FullImageRow，我們可以在 RestaurantListView 結構中輕鬆於兩者之間切換。

然而，如果我們想同時預覽這兩個列佈局時怎麼辦？我們該如何做呢？

SwiftUI 中的所有視圖都可以預覽，你可以另外增加 #Preview 程式碼區塊如下：

```
#Preview("BasicTextImageRow", traits: .sizeThatFitsLayout) {
    BasicTextImageRow(imageName: "cafedeadend", name: "Cafe Deadend", type: "Cafe", location:
"Hong Kong", isFavorite: .constant(true))
}

#Preview("FullImageRow", traits: .sizeThatFitsLayout) {
    FullImageRow(imageName: "cafedeadend", name: "Cafe Deadend", type: "Cafe", location: "Hong
Kong")
}
```

我們為 BasicTextImageRow 與 FullImageRow 視圖建立另外兩個預覽程式碼區塊。而 traits 參數對你來說是陌生的，它可以讓我們自訂預覽環境。我們不想在全螢幕模擬器上預覽列佈局，而是想要在容器中渲染預覽，透過將 sizeThatFitsLayout 值傳送給 traits 參數，我們可以實作如圖 8.14 所示的列佈局預覽。請注意，你需要切換為 Selectable 模式，才能預覽佈局。

圖 8.14　預覽列佈局

.constant(true) 就是所謂的「常數綁定」。為了預覽目的，我們只向 BasicTextImageRow 傳送一個不會更改的寫死值。

8.9　你的作業：支援新功能與移除圖示

作業①：使不同列佈局支援「標記為最愛」的功能

在專案中，我們還建立了另一種名為「FullImageRow」的列佈局，你的任務是修改 FullImageRow 的程式碼，使其也支援「標記為最愛」的功能。

圖 8.15　將心形圖示加到 FullImageRow

作業②：移除心形圖示

目前，該 App 還沒有提供移除心形圖示的功能。請思考如何更改程式碼，來讓 App 可以切換心形圖示。如果所選的餐廳被標記了，你還需要為「Remove from favorites」按鈕顯示不同的標題。進行更改並不會太困難，請花一些時間來進行這個練習，我相信你會獲益良多。

圖 8.16　從最愛中移除心形圖示

8.10 本章小結

至此，你應該已經對「建立清單視圖」、「實作不同類型的列佈局」以及「處理列的選取」有了深入的了解。你現在準備好自己建立一個簡單的清單視圖 App，我總是鼓勵你建立自己的專案，不需要一開始就建立大專案。如果你喜愛旅遊，可建立一個簡單的 App 來顯示你最喜愛的旅遊地點清單；如果你喜愛音樂，也可以開發自己的 App 來顯示你最喜愛的專輯清單。只需使用 Xcode 試驗，在錯誤中逐步學習。

在本章所準備的範例檔中，有最後完整的 Xcode 專案（swiftui-foodpin-list-selection. zip）與作業的解答（swiftui-foodpin-list-selection-exercise.zip）可供你參考。

在下一章中，我們將繼續探索清單視圖，並了解如何從清單中刪除列。

結構、專案組織與
程式文件

如果你是從頭開始閱讀本書，與我們一起進行所有專案的學習，那麼你已經向前邁進了一大步。到目前為止，你應該能夠使用 SwiftUI 來建立清單式的 iOS App 了，我們將繼續增強 FoodPin App，並加入更多的功能，但是在深入介紹 iOS App 開發和探索其他的 API 之前，我想向你介紹物件導向程式設計（Object Oriented Programming）的基礎知識，並教導你如何編寫更佳的程式碼。

不要被「物件導向程式設計」或簡稱「OOP」的專有名詞所嚇到，它並不是一種新的程式語言，而是一種程式設計觀念。雖然坊間一些程式設計書籍一開始就介紹 OOP 的觀念，但我在規劃本書內容時，便打算在比較後面的章節才來介紹它，我想讓事情變得有趣，並向你介紹如何建立 App，我可不想讓一些技術術語或觀念嚇跑了你，不過我想是時候介紹 OOP 觀念了。如果讀完八章之後，你還在閱讀本書，我相信你已經下定決心要學好 iOS 程式設計，並希望提升自己的程式設計技能到更進階的水準，來成為一位專業的開發者。

好的，讓我們開始吧！

9.1 物件導向程式設計的基礎理論

自從建立第一個 App 以來，你一直在使用 struct，但是我還沒有解釋它是什麼。在我們深入研究 struct 之前，我先簡短介紹一下物件導向程式設計（OOP）。

和 Objective-C 及許多的其他程式語言類似，Swift 被認為是一種物件導向程式設計（OOP）語言，OOP 是一種使用物件建立應用軟體的方式。換句話說，在 App 中編寫的程式碼是以各種方式處理物件，你使用過的 View、Button 與 List 物件都是 SwiftUI 框架提供的範例物件。此外，在你的專案中，你已建立了自己的物件，如 RestaurantListView。

那麼，為何 OOP 很重要呢？一個重要的理由是，它可讓我們將複雜的軟體分解成更小、更易於管理的部分或是建立模塊，這些較小的部分稱為「物件」，每個物件都有它的職責，物件間相互合作來讓軟體發揮作用，這就是 OOP 背後的基本觀念。

在物件導向程式設計中，物件具有二個主要特徵：「屬性」（Property）與「功能」（Functionality）。為了說明，我們以一個真實世界的汽車物件來說明，汽車具有顏色、型號、最高時速、製造商等屬性，這些屬性定義了汽車的特徵；在功能方面，汽車應該能夠執行加速、剎車及駕駛等基本操作，這些功能代表了與汽車相關的動作或行為。

軟體物件在概念上與真實世界物件很相似，我們回到 iOS 世界中，來看一下 Button 物件的屬性及功能：

- **屬性（Properties）**：背景、尺寸、顏色及字型就是 Button 的屬性。
- **功能（Functionalities）**：當按鈕被點擊時，它會識別點擊事件。偵測觸控的能力是 Button 的眾多功能之一。

在前面的章節中，你總是會碰到一個術語—「方法」（Method）。在 Swift 中，我們會建立方法來提供物件的功能，通常一個方法對應一個物件的特定功能。

9.2 類別、物件及結構

除了方法與物件之外，你也遇過「類別」（Class）與結構（Structure）等術語，這些都是物件導向程式設計（OOP）的常見術語，我將對每個術語進行簡要介紹。

「類別」是建立物件的藍圖或原型。基本上，類別是由屬性與方法所組成，我們以 Course 類別爲例，Course 類別包含「課程名稱」、「課程代號」、「學生總數」等屬性。

這個類別代表課程的藍圖，我們可以用它來建立不同的課程，例如：iOS 程式設計課程（代號是 IPC101）、烹飪課程（代號是 CC101）等，這裡的 iOS 程式設計課程和烹飪課程就是 Course 類別的物件。我們通常將單一課程作爲 Course 類別的實例（Instance）。爲了簡單起見，「實例」與「物件」這兩個術詞有時可以交換使用。

> 提示 設計房子的藍圖就像是一個類別敘述，根據該藍圖所建造的所有房屋都是該類別的物件，指定的房子就是一個實例。
>
> ※ 出處：URL http://stackoverflow.com/questions/3323330/difference-between-object-and-instance

9.3 結構

> 說明 結構與類別是通用、靈活的結構，它們成為你的程式碼的構件。你可以使用和定義常數、變數、函數相同的語法來定義屬性與方法，以在你的結構與類別中加入功能。
>
> ── Apple 文件（URL https://docs.swift.org/swift-book/LanguageGuide/ClassesAndStructures.html）

除了類別以外，你可以在 Swift 中使用結構（structures 或 structs）來建立具有屬性與方法的型別。Swift 中的結構與類別有許多相似之處，並具有幾個共同的特徵，兩者皆可以定義用來儲存值的屬性以及用來提供功能的方法，兩者也可以建立自己的初始化器來設定物件的初始狀態。

然而，在繼承（Inheritance）方面，Swift 中的類別和結構之間存在著重要差異，結構不支援繼承，這意味著你不能從一個結構繼承另一個結構，這是 Swift 中類別與結構之間的關鍵區別。

Swift 中的型別分為兩種類型：「實值型別」（Value Types）與「參考型別」（Reference Types）。Swift 中的所有結構都被視為實值型別，而類別則被視為參考型別，這是類別與結構之間的另一個根本區別。對於結構，每個實例都有其資料的唯一副本；相反的，參考型別（類別）共享資料的單一副本。當你將類別的實例指定給另一個變數時，則不是複製該實例的資料，而是使用該實例的參考。

為了說明實值型別（結構）與參考型別（類別）之間的差異，我利用一個範例來示範。在下列的程式碼片段中，我們定義一個名為「Car」的類別，其屬性名為「brand」。我們建立 Car 的實例，並將其指定給名為「car1」的變數，然後我們將 car1 的值指定給另一個名為「car2」的變數，最後我們修改 car1 的 brand 值。

```
class Car {
    var brand = "Tesla"
}

var car1 = Car()
var car2 = car1

car1.brand = "Audi"
print(car2.brand)
```

你猜出 car2 的 brand 值嗎？是 Tesla 或 Audi 呢？答案是「Audi」，這就是參考型別的本質。car1 與 car2 都參考相同的實例，共享同一個資料副本。

相反的，如果你使用結構（即實值型別）來重寫同一段程式碼，你將觀察到不同的結果。

```
struct Car {
    var brand = "Tesla"
}

var car1 = Car()
var car2 = car1
```

```
car1.brand = "Audi"
print(car2.brand)
```

在本例中,只有 car1 的 brand 值更新為 Audi,對 car2 來說,它的品牌還是 Tesla,因為每個實值型別的變數皆有自己的資料副本,圖 9.1 視覺化說明了類別與結構的區別。

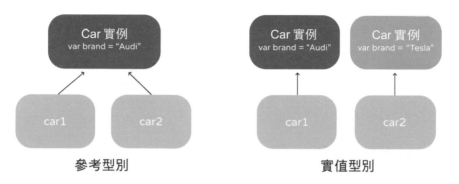

圖 9.1　**實值型別與參考型別之間的區別說明**

由於類別與結構皆提供相似的功能,問題來了,你應該使用哪一種呢?作為一般準則,建議在建立自己的型別時預設使用結構,這是 Apple 在其關於選擇結構和類別的文件中所推薦的方式(URL https://developer.apple.com/documentation/swift/choosing_between_structures_and_classes),但是如果你需要其他像是繼承的功能,則建議選擇類別而不是結構。

9.4　複習 FoodPin 專案

那麼,為什麼我們要在本章中介紹 OOP 呢?沒有比用案例來解釋觀念的更棒方式了,讓我們再次以 FoodPin 專案(URL http://www.appcoda.com/resources/swift59/swiftui-foodpin-list-selection-exercise.zip)來做說明。

在 RestaurantListView 結構中,我們建立多個陣列來儲存餐廳的名稱、型別、位置與圖片。

```
var restaurantNames = ["Cafe Deadend", "Homei", "Teakha", "Cafe Loisl", "Petite Oyster", "For
Kee Restaurant", "Po's Atelier", "Bourke Street Bakery", "Haigh's Chocolate", "Palomino Espresso",
"Upstate", "Traif", "Graham Avenue Meats And Deli", "Waffle & Wolf", "Five Leaves", "Cafe Lore",
"Confessional", "Barrafina", "Donostia", "Royal Oak", "CASK Pub and Kitchen"]
```

```
var restaurantImages = ["cafedeadend", "homei", "teakha", "cafeloisl", "petiteoyster", "forkee",
"posatelier", "bourkestreetbakery", "haigh", "palomino", "upstate", "traif", "graham",
"waffleandwolf", "fiveleaves", "cafelore", "confessional", "barrafina", "donostia", "royaloak",
"cask"]

var restaurantLocations = ["Hong Kong", "Hong Kong", "Hong Kong", "Hong Kong", "Hong Kong",
"Hong Kong", "Hong Kong", "Sydney", "Sydney", "Sydney", "New York", "New York", "New York",
"New York", "New York", "New York", "New York", "London", "London", "London", "London"]

var restaurantTypes = ["Coffee & Tea Shop", "Cafe", "Tea House", "Austrian / Causual Drink",
"French", "Bakery", "Bakery", "Chocolate", "Cafe", "American / Seafood", "American", "American",
"Breakfast & Brunch", "Coffee & Tea", "Coffee & Tea", "Latin American", "Spanish", "Spanish",
"Spanish", "British", "Thai"]

@State var restaurantIsFavorites = Array(repeating: false, count: 21)
```

所有這些資料實際上都與餐廳清單有關，但為什麼我們需要將它們分成多個陣列呢？
你是否想過我們可以將這些資料群組在一起嗎？

在物件導向程式設計中，這些資料可以被視為餐廳的屬性，與其將這些資料儲存在個
別的陣列中，我們可以建立一個 Restaurant 結構來表示餐廳，並在一個 Restaurant 物件的
陣列中儲存多間餐廳，如圖 9.2 所示。

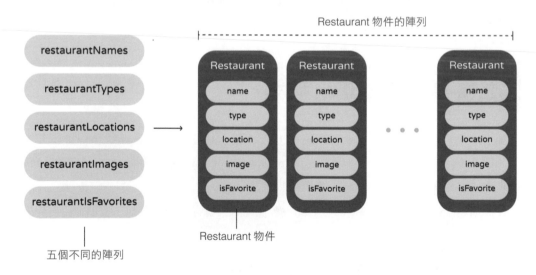

圖 9.2　將多個陣列結合成一個 Restaurant 物件的陣列

現在，我們對 FoodPin 專案進行一些修改。我們將建立 Restaurant 結構，並將程式碼轉
換為使用 Restaurant 物件清單。

9.5 建立 Restaurant 結構

　　首先，我們從建立 Restaurant 結構開始。為此，在專案導覽器中的「FoodPin」資料夾上按右鍵，並於選單中選擇「New File...」，這裡我們不延續使用 iOS SDK 所提供的 UI 物件，而是建立一個全新的結構，因此選取「Source」下的「Swift File」模板，並點選「Next」按鈕，然後將檔案命名為「Restaurant.swift」，並儲存至專案資料夾中，如圖 9.3 所示。

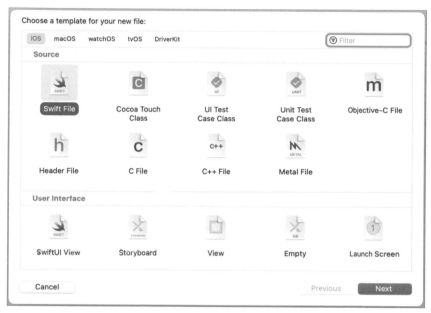

圖 9.3　使用 Swift File 模板來建立一個新類別

　　完成之後，在 Restaurant.swift 檔中使用下列的程式碼宣告 Restaurant 結構：

```swift
struct Restaurant {
    var name: String
    var type: String
    var location: String
    var image: String
    var isFavorite: Bool

    init(name: String, type: String, location: String, image: String, isFavorite: Bool) {
        self.name = name
        self.type = type
```

```
        self.location = location
        self.image = image
        self.isFavorite = isFavorite
    }

    init() {
        self.init(name: "", type: "", location: "", image: "", isFavorite: false)
    }
}
```

要定義結構，你可以使用 struct 關鍵字。上列的程式碼以 name、type、location、image、isFavorite 等五個屬性定義 Restaurant 結構，除了 isFavorite 屬性是布林型別（Bool）之外，其餘屬性都是字串型別（String）。對於每個屬性，你可以選擇設定預設值或明確指定型別，在本例中我們選擇後面的作法。

9.6 初始化器的說明

「初始化」是一個結構（或類別）實例的準備程序。當你建立一個物件時，將呼叫初始化器，以在該實例準備好使用之前，為該實例上的每個儲存屬性設定初始值，並執行任何其他的設定。你可以使用 init 關鍵字來定義初始化器，其最簡單的形式如下所示：

```
init() {

}
```

你也可以自訂一個初始化器來接受輸入的參數，就如同我們在 Restaurant 結構中定義的那樣。我們的初始化器有五個參數，每一個參數都有其名稱，並明確指定一個型別。在初始化器中，它使用給定的值來初始化屬性的值。

要建立一個 Restaurant 結構的實例，語法如下：

```
Restaurant(name: "Thai Cafe", type: "Thai", location: "London", image: "thaicafe", isFavorite: false)
```

你可以定義多個能夠接收不同參數的初始化器。為了方便起見，在程式碼中我們建立另一個初始化器：

```
init() {
    self.init(name: "", type: "", location: "", image: "", isFavorite: false)
}
```

沒有這個初始化器，你可以像這樣初始化一個空的 Restaurant 物件：

```
Restaurant(name: "", type: "", location: "", image: "", isFavorite: false)
```

現在使用便利的初始化器，你可以像這樣初始化相同的物件：

```
Restaurant()
```

這可以讓你省下每次初始化一個空的 Restaurant 物件時，需要輸入所有初始化參數的時間。

9.7 self 關鍵字

在 Swift 中，使用初始化器內的 self 關鍵字來區分屬性名稱與參數。由於初始化器中的參數與屬性具有相同的名稱，因此 self 是用來參照結構或類別的屬性，這有助於在初始化器範圍內闡明及區分兩者，如圖 9.4 所示。

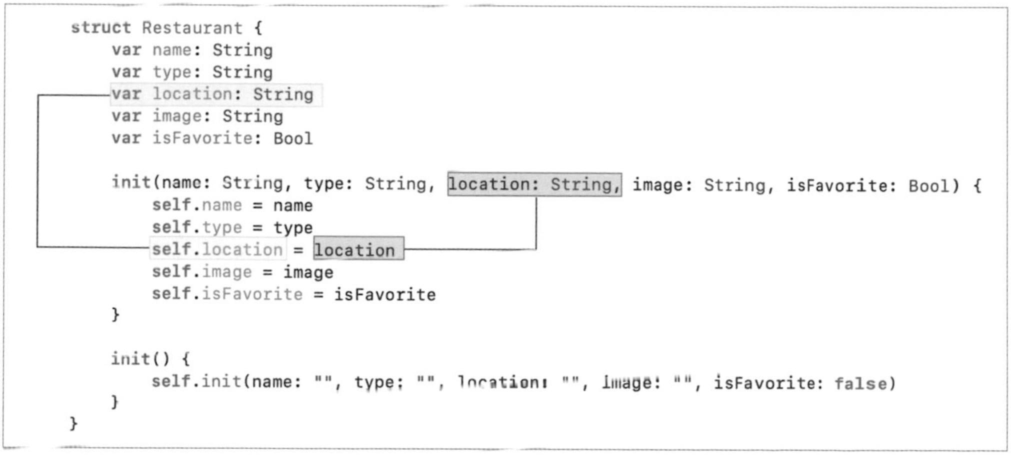

```
struct Restaurant {
    var name: String
    var type: String
    var location: String
    var image: String
    var isFavorite: Bool

    init(name: String, type: String, location: String, image: String, isFavorite: Bool) {
        self.name = name
        self.type = type
        self.location = location
        self.image = image
        self.isFavorite = isFavorite
    }

    init() {
        self.init(name: "", type: "", location: "", image: "", isFavorite: false)
    }
}
```

圖 9.4　使用 self 關鍵字

9.8 預設初始化器

你可以爲每個屬性指定預設值，並省略初始化器。這裡，Swift 將在背後自動產生預設的初始化器，因此 Restaurant 結構的簡化版本可以編寫如下：

```swift
struct Restaurant {
    var name: String = ""
    var type: String = ""
    var location: String = ""
    var image: String = ""
    var isFavorite: Bool = false
}
```

9.9 使用 Restaurant 物件的陣列

對類別、結構與物件的初始化有了基本概念後，我們回到 FoodPin 專案，並將目前的陣列結合爲一個 Restaurant 物件的陣列。首先，將 RestaurantListView 結構中有關餐廳的陣列刪除：

```swift
var restaurantNames = ["Cafe Deadend", "Homei", "Teakha", "Cafe Loisl", "Petite Oyster", "For
Kee Restaurant", "Po's Atelier", "Bourke Street Bakery", "Haigh's Chocolate", "Palomino Espresso",
"Upstate", "Traif", "Graham Avenue Meats And Deli", "Waffle & Wolf", "Five Leaves", "Cafe Lore",
"Confessional", "Barrafina", "Donostia", "Royal Oak", "CASK Pub and Kitchen"]

var restaurantImages = ["cafedeadend", "homei", "teakha", "cafeloisl", "petiteoyster", "forkee",
"posatelier", "bourkestreetbakery", "haigh", "palomino", "upstate", "traif", "graham",
"waffleandwolf", "fiveleaves", "cafelore", "confessional", "barrafina", "donostia", "royaloak",
"cask"]

var restaurantLocations = ["Hong Kong", "Hong Kong", "Hong Kong", "Hong Kong", "Hong Kong",
"Hong Kong", "Hong Kong", "Sydney", "Sydney", "Sydney", "New York", "New York", "New York",
"New York", "New York", "New York", "New York", "London", "London", "London", "London"]

var restaurantTypes = ["Coffee & Tea Shop", "Cafe", "Tea House", "Austrian / Causual Drink",
"French", "Bakery", "Bakery", "Chocolate", "Cafe", "American / Seafood", "American", "American",
"Breakfast & Brunch", "Coffee & Tea", "Coffee & Tea", "Latin American", "Spanish", "Spanish",
"Spanish", "British", "Thai"]
```

```
@State var restaurantIsFavorites = Array(repeating: false, count: 21)
```

將上列的陣列以新的 Restaurant 物件的陣列取代：

```
@State var restaurants = [
    Restaurant(name: "Cafe Deadend", type: "Coffee & Tea Shop", location: "Hong Kong", image:
"cafedeadend", isFavorite: false),
    Restaurant(name: "Homei", type: "Cafe", location: "Hong Kong", image: "homei", isFavorite:
false),
    Restaurant(name: "Teakha", type: "Tea House", location: "Hong Kong", image: "teakha",
isFavorite: false),
    Restaurant(name: "Cafe loisl", type: "Austrian / Causual Drink", location: "Hong Kong",
image: "cafeloisl", isFavorite: false),
    Restaurant(name: "Petite Oyster", type: "French", location: "Hong Kong", image: "petiteoyster",
isFavorite: false),
    Restaurant(name: "For Kee Restaurant", type: "Bakery", location: "Hong Kong", image: "forkee",
isFavorite: false),
    Restaurant(name: "Po's Atelier", type: "Bakery", location: "Hong Kong", image:
"posatelier", isFavorite: false),
    Restaurant(name: "Bourke Street Backery", type: "Chocolate", location: "Sydney", image:
"bourkestreetbakery", isFavorite: false),
    Restaurant(name: "Haigh's Chocolate", type: "Cafe", location: "Sydney", image: "haigh",
isFavorite: false),
    Restaurant(name: "Palomino Espresso", type: "American / Seafood", location: "Sydney",
image: "palomino", isFavorite: false),
    Restaurant(name: "Upstate", type: "American", location: "New York", image: "upstate",
isFavorite: false),
    Restaurant(name: "Traif", type: "American", location: "New York", image: "traif", isFavorite:
false),
    Restaurant(name: "Graham Avenue Meats", type: "Breakfast & Brunch", location: "New York",
image: "graham", isFavorite: false),
    Restaurant(name: "Waffle & Wolf", type: "Coffee & Tea", location: "New York", image:
"waffleandwolf", isFavorite: false),
    Restaurant(name: "Five Leaves", type: "Coffee & Tea", location: "New York", image:
"fiveleaves", isFavorite: false),
    Restaurant(name: "Cafe Lore", type: "Latin American", location: "New York", image: "cafelore",
isFavorite: false),
    Restaurant(name: "Confessional", type: "Spanish", location: "New York", image: "confessional",
isFavorite: false),
    Restaurant(name: "Barrafina", type: "Spanish", location: "London", image: "barrafina",
isFavorite: false),
```

```
    Restaurant(name: "Donostia", type: "Spanish", location: "London", image: "donostia",
isFavorite: false),
    Restaurant(name: "Royal Oak", type: "British", location: "London", image: "royaloak",
isFavorite: false),
    Restaurant(name: "CASK Pub and Kitchen", type: "Thai", location: "London", image: "cask",
isFavorite: false)
]
```

這個新陣列也使用 @State 屬性包裹器來標註，因為我們需要更新 isFavorite 的值。

當你用 restaurants 陣列取代原先的陣列之後，Xcode 中會出現一些錯誤，這是因為有些程式碼仍然參照舊陣列，如圖 9.5 所示。

圖 9.5　你可以點選 ✕ 符號來揭示錯誤

為了修復這些錯誤，我們必須修改程式碼來使用新的 restaurants 陣列，如下所示：

```
ForEach(restaurants.indices, id: \.self) { index in
    BasicTextImageRow(imageName: restaurants[index].image, name: restaurants[index].name, type:
restaurants[index].type, location: restaurants[index].location, isFavorite: $restaurants[index].
isFavorite)
}
```

現在我們使用 Restaurant 物件的陣列而不是餐廳名稱的陣列來表示餐廳，我們可以透過存取 Restaurant 物件的屬性來存取餐廳資料。

做完這些修改後，所有的錯誤都應該修正了，現在可以執行你的 App，該 App 的外觀和功能保持不變，但是我們已經重構程式碼來使用新的 Restaurant 結構。透過將多個陣列合併為一個，程式碼現在更為簡潔且可讀性更高。

我們可以再進一步重構程式碼。在 BasicTextImageRow 結構中，我們有五個參數：

```
var imageName: String
var name: String
var type: String
var location: String
@Binding var isFavorite: Bool
```

每一個參數實際上都是 Restaurant 結構的屬性，因此與其個別宣告這些參數，不如將它們合而為一，如下所示：

```
@Binding var restaurant: Restaurant
```

我們要求呼叫者向我們提供 Restaurant 物件的綁定。進行這些更改後，你可能會遇到一些錯誤，要修正它們，你必須更新程式碼，以使用 restaurant 物件，例如：你現在應該使用 restaurant.image 而不是 imageName。

如果你已經正確修正這些錯誤，則你的程式碼應該如下所示：

```
struct BasicTextImageRow: View {

    @Binding var restaurant: Restaurant

    @State private var showOptions = false
    @State private var showError = false

    var body: some View {
        HStack(alignment: .top, spacing: 20) {
            Image(restaurant.image)
                .resizable()
                .frame(width: 120, height: 118)
                .clipShape(RoundedRectangle(cornerRadius: 20))

            VStack(alignment: .leading) {
                Text(restaurant.name)
                    .font(.system(.title2, design: .rounded))

                Text(restaurant.type)
                    .font(.system(.body, design: .rounded))

                Text(restaurant.location)
                    .font(.system(.subheadline, design: .rounded))
```

```
                    .foregroundStyle(.gray)
            }

            if restaurant.isFavorite {
                Spacer()

                Image(systemName: "heart.fill")
                    .foregroundStyle(.yellow)
            }
        }
        .onTapGesture {
            showOptions.toggle()
        }
        .confirmationDialog("What do you want to do?", isPresented: $showOptions,
titleVisibility: .visible) {

            Button("Reserve a table") {
                self.showError.toggle()
            }

            Button(restaurant.isFavorite ? "Remove from favorites" : "Mark as favorite") {
                restaurant.isFavorite.toggle()
            }
        }
        .alert("Not yet available", isPresented: $showError) {
            Button("OK") {}
        } message: {
            Text("Sorry, this feature is not available yet. Please retry later.")
        }
    }
}
```

　　我們還沒有完成，還有幾個錯誤等待我們修正。首先，將 RestaurantListView 中的下列
程式碼：

```
BasicTextImageRow(imageName: restaurants[index].image, name: restaurants[index].name, type:
restaurants[index].type, location: restaurants[index].location, isFavorite: $restaurants[index].
isFavorite)
```

　　改為：

```
BasicTextImageRow(restaurant: $restaurants[index])
```

我們不單獨傳送參數，而是將 BasicTextImageRow 綁定傳送給 Restaurant 物件。

對於 BasicTextImageRow 的預覽程式碼，我們還需要進行一些修改，如下所示：

```
#Preview("BasicTextImageRow", traits: .sizeThatFitsLayout) {
    BasicTextImageRow(restaurant: .constant(Restaurant(name: "Cafe Deadend", type: "Cafe",
location: "Hong Kong", image: "cafedeadend", isFavorite: true)))
}
```

如此，儘管 App 的外觀及感覺依然相同，但是程式碼現在看起來更簡潔了。

9.10 組織你的 Xcode 專案檔

當我們繼續建立 App 時，我們將在專案資料夾中建立更多的檔案，因此我想要藉此機會向你展示一種更佳組織專案的技術。

我們先來檢視專案導覽器，目前你建立的所有檔案都放置在 FoodPin 資料夾的最上層，隨著你加入更多的檔案，要找到特定的檔案可能會變得越來越困難。為了加強專案檔的組織，Xcode 提供「群組」（Group）功能，可以讓你將檔案組織到群組或資料夾中。

有幾個群組檔案的方式，你可以將它們依照特點或功能來群組，較推薦的作法是依照職責來將它們群組，例如：視圖可以群組在 View 下，而像 Restaurant 這樣的模型類別則可以群組在 Model 下。

要在專案導覽器中建立群組，則在「FoodPin」資料夾按右鍵，並選擇「New Group」，然後命名為「View」，如圖 9.6 所示。

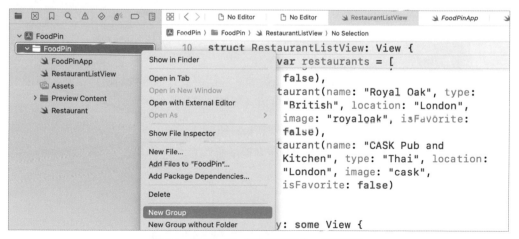

圖 9.6　在 FoodPin 按右鍵來建立一個新群組

接下來，選取 RestaurantListView，並拖曳它到 View 群組中。重複相同的步驟來分組到 Model 群組，並將 Restaurant 檔案拖曳到該群組中，如圖 9.7 所示。

圖 9.7　將專案檔組織到群組

如果你在 Finder 中開啟專案資料夾，你會發現所有檔案都整齊地組織到資料夾中（例如：Model 與 View），每個資料夾對應到 Xcode 專案中的特定群組。

即使你已經將檔案移到不同資料夾，你仍然可以執行該專案，而不會有任何的變更，請一定要點擊「Run」按鈕來試試看。

9.11 使用註解來記錄與組織 Swift 程式碼

提示　事實上，花在讀程式的時間對比寫程式的時間已經超過 10 比 1。我們不斷地將讀舊程式當作在寫新程式工夫的一部分…。因此，讓程式更易於閱讀，才能更有利於寫程式。

——Robert C. Martin《無瑕的程式碼：敏捷軟體開發技巧守則》

除了專案檔之外，還有一些更好組織原始碼的最佳作法，這裡我將向你示範一種強大的技術，可以將你的 Swift 程式碼組織成有用且易於閱讀的區塊。

如你所知，那些以「//」為開始的程式碼都是註解。「註解」是註記給自己或其他開發者（如果你是團隊開發的成員之一）的筆記來提供額外的資訊，例如：有關程式碼的意圖或解釋，其主要目的是讓程式碼更易於理解。

```
// 加入訂位動作
```

Swift 中還有另一種類型的註解，它以「// MARK:」開頭，如以下的例子：

```
// MARK: - Binding
```

MARK 是 Swift 中一種特殊註解的標記，讓你將程式碼組織成易於導覽的區塊。以 BasicTextImageRow 結構為例，有些變數是綁定，其他是狀態變數，我們可以利用 MARK 註解來將它們分成不同的區塊。

```
// MARK: - Binding

@Binding var restaurant: Restaurant

// MARK: - State variables

@State private var showOptions = false
@State private var showError = false
```

現在，當你點選編輯器視窗頂部的跳躍列（Jump Bar），你會注意到這些方法已經被組織成不同且有意義的區塊內，這可以更易於導覽與理解程式碼結構，如圖 9.8 所示。

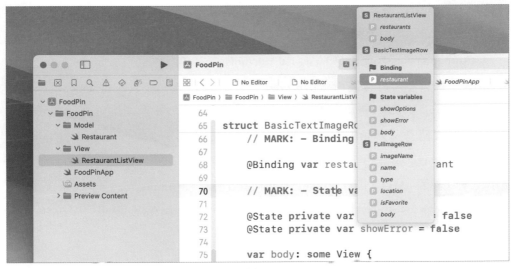

圖 9.8　使用 MARK 組織你的 Swift 程式碼

9.12 本章小結

恭喜你又向前邁進一步了，我希望你對於本章內容不會覺得無趣。到目前為止，我們已經介紹了結構與物件導向程式設計（OOP）的基礎知識，此外我還向你示範了一些組織程式碼與專案檔的技術。

關於 OOP 的概念，還有許多需要學習，例如：多型（Polymorphism），然而我們沒有足夠的時間在本書中深入研究它們，如果你想要成為專業的 iOS 開發者，我建議你看看這裡提供的參考資料來進一步擴展你的知識。精通 OOP，需要大量的練習及實務經驗，儘管如此，若是你已經完成了本章，就有一個很好的開始。

在本章所準備的範例檔中，有最後完整的 Xcode 專案（swiftui-foodpin-oop.zip）可供你參考。在下一章中，根據我們所學到的知識，你將繼續調整 FoodPin App 的細節視圖畫面，這將會很有趣！

9.13 進階參考資料

- **Swift 程式語言－類別與結構**：URL https://docs.swift.org/swift-book/documentation/the-swift-programming-language/classesandstructures/

- **Swift 程式語言－初始化**：URL https://docs.swift.org/swift-book/documentation/the-swift-programming-language/initialization/

- **Swift 程式語言－繼承**：URL https://docs.swift.org/swift-book/documentation/the-swift-programming-language/inheritance/

- **麻省理工學院（MIT）開放課程的物件導向程式設計**：URL https://ocw.mit.edu/courses/6-0001-introduction-to-computer-science-and-programming-in-python-fall-2016/resources/lecture-8-object-oriented-programming/

清單刪除、滑動動作、 內容選單與動態控制器

在上一章中，你學習如何處理列的選取，但列的刪除呢？我們如何從清單視圖中刪除一列呢？這是建立清單式 App 時的常見問題。「選取」、「刪除」、「插入」與「更新」是進行資料處理時的基本操作，我們已經介紹列的選取，因此在本章中將會關注於刪除。另外，我們將探索 FoodPin App 中加入的一些新功能：

- 新增使用者在表格列中水平滑動時的自訂動作按鈕，這通常在 SwiftUI 中稱爲「滑動」（Swipe）動作。
- 爲 App 新增社群分享功能，以方便使用者分享餐廳。

本章要學習的內容很多，但是它會很有趣且很值得。

10.1 執行列的刪除

讓我們進入編寫程式的部分，以了解我們如何從表格視圖中刪除一列。我們會繼續開發 FoodPin App，如果你還沒有完成前一章的作業，你可以下載本章所準備的專案（swiftui-foodpin-oop.zip），並新增「刪除」功能。

SwiftUI 讓開發者非常容易實作出「滑動刪除」的功能，它有一個名爲「.onDelete」的內建修飾器，可將其加到 ForEach。在 RestaurantListView 結構中，修改 List 視圖的程式碼如下：

```
List {
    ForEach(restaurants.indices, id: \.self) { index in
        BasicTextImageRow(restaurant: $restaurants[index])
    }
    .onDelete(perform: { indexSet in
        restaurants.remove(atOffsets: indexSet)
    })

    .listRowSeparator(.hidden)
}
.listStyle(.plain)
```

這就是在清單視圖中啓用「滑動刪除」功能的方法。請注意，.onDelete 修飾器是加到 ForEach。

在 onDelete 的閉包中，它傳送給你一組用於刪除的索引，我們可以使用它來刪除資料集合中的紀錄。

看起來很簡單，對吧？我們來執行 App，並對其進行測試，如圖 10.1 所示。

```
FoodPin > FoodPin > View > RestaurantListView > body
10   struct RestaurantListView: View {
12       @State var restaurants = [
31          Restaurant(name: "Donostia", type: "Spanish", location: "London", image:
                "donostia", isFavorite: false),
32          Restaurant(name: "Royal Oak", type: "British", location: "London", image:
                "royaloak", isFavorite: false),
33          Restaurant(name: "CASK Pub and Kitchen", type: "Thai", location: "London",
                image: "cask", isFavorite: false)
34       ]
35
36       var body: some View {
37          List {
38             ForEach(restaurants.indices, id: \.self) { index in
39                BasicTextImageRow(restaurant: $restaurants[index])
40             }
41             .onDelete(perform: { indexSet in
42                restaurants.remove(atOffsets: indexSet)
43             })
44
45             .listRowSeparator(.hidden)
46          }
47          .listStyle(.plain)
48       }
49   }
```

圖 10.1　滑動刪除

你可以向左滑動來顯示「Delete」按鈕，這個按鈕是使用 .onDelete 修飾器時，由 iOS 自動產生的。你可以點擊「Delete」按鈕，或者持續滑動到左側邊緣，以刪除這個項目，如圖 10.2 所示。

圖 10.2　滑動刪除

當你在系統的郵件 App 中向左滑動列時,你會看到「Trash」(垃圾)、「Flag」(旗標)、「More」(其他)等按鈕。「More」按鈕會帶出一個動作表,提供諸如「Reply」(回覆)、「Flag」(旗標)等選項。如果你向右滑動,則會找到「Archive」(封存)按鈕,如圖 10.3 所示。

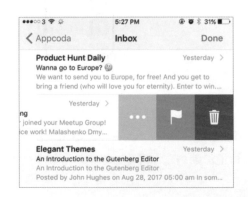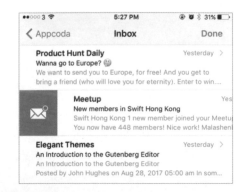

圖 10.3　在郵件 App 中的滑動動作

SwiftUI 導入了一個名為「swipeActions」的修飾器,來讓開發者建立這類滑動動作。例如:當使用者向右滑動列時,如果我們想要加入「訂位」(Reserve a table)與「標記為最愛」(Mark as favorite)等兩個動作,我們可以將 swipeActions 修飾器應用到 BasicTextImageRow:

```
BasicTextImageRow(restaurant: $restaurants[index])
    .swipeActions(edge: .leading, allowsFullSwipe: false) {
        Button {

        } label: {
            Image(systemName: "heart")
        }
        .tint(.green)

        Button {

        } label: {
            Image(systemName: "square.and.arrow.up")
        }
```

```
.tint(.orange)

    }
```

swipeAction 修飾器可以讓你指定滑動動作是否應顯示在前緣（leading）或後緣（trailing），而在這個範例中，我們將其設定為在前緣顯示。在 content 參數中，我們加入兩個按鈕，以用來示範，當你在預覽中執行 App 時，向右滑動清單中的任何一列，則應該會顯示這兩個動作按鈕，如圖 10.4 所示。

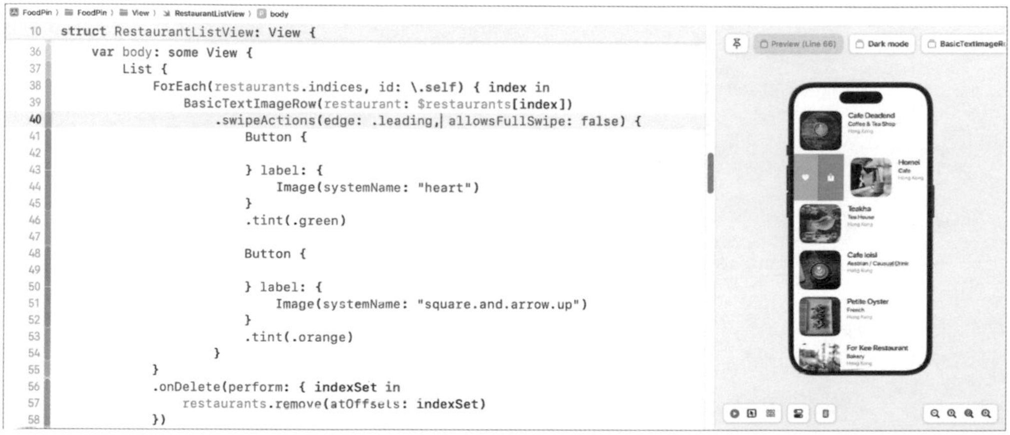

```
10  struct RestaurantListView: View {
36      var body: some View {
37          List {
38              ForEach(restaurants.indices, id: \.self) { index in
39                  BasicTextImageRow(restaurant: $restaurants[index])
40                      .swipeActions(edge: .leading, allowsFullSwipe: false) {
41                          Button {

43                          } label: {
44                              Image(systemName: "heart")
45                          }
46                          .tint(.green)

48                          Button {

50                          } label: {
51                              Image(systemName: "square.and.arrow.up")
52                          }
53                          .tint(.orange)
54                      }
55                  }
56                  .onDelete(perform: { indexSet in
57                      restaurants.remove(atOffsets: indexSet)
58                  })
```

圖 10.4　加入滑動動作

除了滑動動作之外，還有另一種顯示選單的方式，我們來檢視並刪除 swipeActions 修飾器。

10.3 建立內容選單

我們可在內容選單（Context Menu）中顯示動作，而不是使用滑動動作。在 iOS 中，使用者通常可以長按清單中的一列來帶出內容選單，如圖 10.5 所示。與滑動動作相似，SwiftUI 讓建立內容選單變得非常簡單，你只需將 contextMenu 容器應用到視圖，並設定它的選單項目即可。

在 BasicTextImageView 中，刪除 .onTapGesture 與 .confirmationDialog 修飾器，然後將 .contextMenu 修飾器加到 HStack 視圖：

```
HStack {
    .
    .
    .
}
.contextMenu {

    Button(action: {
        self.showError.toggle()
    }) {
        HStack {
            Text("Reserve a table")
            Image(systemName: "phone")
        }
    }

    Button(action: {
        self.restaurant.isFavorite.toggle()
    }) {
        HStack {
            Text(restaurant.isFavorite ? "Remove from favorites" : "Mark as favorite")
            Image(systemName: "heart")
        }
    }
}
.alert("Not yet available", isPresented: $showError) {
    .
    .
    .
}
```

在 contextMenu 中，我們建立了兩個按鈕，一個是「Reserve a table」（訂位）按鈕，另一個是「Mark as favorite」（標記為最愛）按鈕。contextMenu 修飾器的閉包內的按鈕順序則決定了它在內容選單中的顯示順序。

這就是顯示內容選單所需的所有程式碼。在模擬器或預覽窗格中執行 App，然後長按任何一間餐廳，將會顯示內容選單。

圖 10.5　長按一列來顯示內容選單

10.4 SF Symbols 介紹

> 說明　SF Symbols 擁有 5,000 多個標誌，是一個圖示庫，旨在無縫整合 Apple 平台的系統字型 San Francisco。每個標誌有 9 種粗細與 3 種比例，可以自動與文字標籤對齊，它們可以使用向量圖形編輯工具匯出及編輯，以建立具有共享設計特點與輔助功能的自訂標誌。SF Symbols 5 引入一系列富有表現力的動畫、700 多個新標誌，以及自訂標誌的強化工具。

　　在討論如何使用動態控制器之前，我們先來討論之前在內容選單中使用的系統圖片的來源。這些圖示是從哪裡來的呢？你可能知道，你可以在 App 中提供自己的圖片，但是從 iOS 13 開始，Apple 導入一個名為「SF Symbols」的系統圖片綜合集，這些標誌可讓開發者在任何 iOS App 中使用。隨著 Xcode 15 的發布，Apple 推出包含更多可配置的標誌並支援動畫的 SF Symbols 5。

　　這些圖片被稱為「標誌」，由於它整合了內建的 San Francisco 字型，因此要使用這些標誌，不需要額外的安裝，只要你的 App 是部署在執行 iOS 13（或更高版本）的裝置，你就可以直接取得這些標誌。

　　要使用這些標誌，你所需要做的是確定你要使用的標誌名稱。Apple 開發了一個名為「SF Symbols 5」（ URL https://devimages-cdn.apple.com/design/resources/download/SF-Symbols-5.dmg ）的 App，提供超過 5,000 個標誌供你使用，可讓你方便探索標誌，並找到適合你要求的標誌，我強烈建議你在進行下一節之前，先安裝這個 App。

圖 10.6　SF Symbols App

當你找到標誌的名稱後，你可以使用下列程式碼來顯示圖片：

```
Image(systemName: "phone")
```

10.5　運用動態控制器

本章的目標之一是向你展示如何加入一個「分享」（Share）功能，來讓使用者分享他們最愛的餐廳。圖 10.7 顯示了 iOS 上的動態視圖範例，透過使用動態視圖，使用者可以輕鬆複製餐廳資訊，並將其貼到其他的 App 中（例如：Messages）。

圖 10.7　複製所選的餐廳並貼到 Messages App 中

UIKit 中，有一個名爲「UIActivityViewController」的標準視圖控制器，它提供各種標準服務，例如：複製項目到剪貼簿、在社群媒體網站上分享內容、透過 Messages 傳送項目等，不過可惜的是目前版本的 SwiftUI 仍然沒有加入這個原生元件。

每當 SwiftUI 中缺少任何元件時，我們總是可以從 UIKit 框架中借用它。你可以透過建立遵循 UIViewRepresentable 與 UIViewControllerRepresentable 協定的型別，將 UIKit 視圖與視圖控制器整合至 SwiftUI 視圖中。

在專案導覽器中的「View」群組上按右鍵，並選擇「New File...」，然後選取「Swift File」模板，將檔案命名爲「ActivityView.swift」。建立後，將其內容替換爲：

```swift
import SwiftUI

struct ActivityView: UIViewControllerRepresentable {

    var activityItems: [Any]
    var applicationActivities: [UIActivity]? = nil

    func makeUIViewController(context: Context) -> some UIViewController {
        let activityController = UIActivityViewController(activityItems: activityItems, applicationActivities: applicationActivities)
        return activityController
    }
```

```
func updateUIViewController(_ uiViewController: UIViewControllerType, context: Context) {

    }

}
```

　為了在 UIKit 中使用 UIActivityViewController，我們建立了一個名爲「ActivityView」的新型別，它遵循 UIViewControllerRepresentable 協定，此協定要求 makeUIViewController 與 update UIViewController 方法的實作。在 makeUIViewController 方法中，我們使用所需的動態項目（Activity Items）及應用程式動態（Application Activities）來實例化 UIActivityViewController 的實例。

　現在，你已經可以準備好在 SwiftUI App 中使用 ActivityView 了，我們將在 Restaurant ListView.swift 的內容選單中加入另一個項目來顯示動態視圖。切換到 RestaurantListView. swift，並在 BasicTextImageRow 的內容選單中插入新按鈕：

```
Button(action: {
    self.showOptions.toggle()
}) {
    HStack {
        Text("Share")
        Image(systemName: "square.and.arrow.up")
    }
}
```

　要顯示動態視圖，則將 .sheet 修飾器加到 HStack 視圖：

```
.sheet(isPresented: $showOptions) {

    let defaultText = "Just checking in at \(restaurant.name)"

    if let imageToShare = UIImage(named: restaurant.image) {
        ActivityView(activityItems: [defaultText, imageToShare])
    } else {
        ActivityView(activityItems: [defaultText])
    }
}
```

　.sheet 修飾器監看 showOptions 的變化，當它設定爲「true」時，App 會帶出動態視圖控制器。我們使用訊息及所選的餐廳圖片來實例化動態視圖。

如果你執行 App 並在內容選單中選擇「Share」選項，你將看到動態視圖，如圖 10.8 所示。在動態視圖中，你可以選擇「Copy」來複製預設文字，然後你可以將其貼到 iMessage 等 App 中。

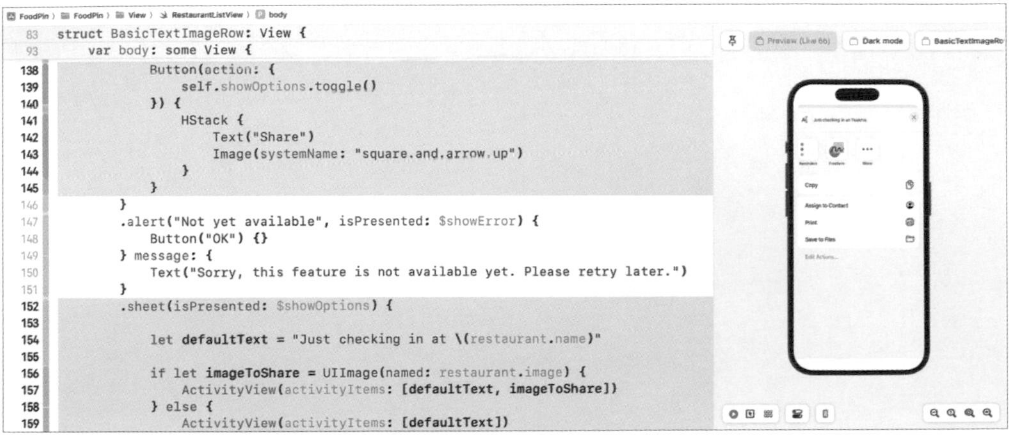

圖 10.8　顯示動態視圖

你無法使用模擬器來測試社群分享功能，但是如果你將 App 部署到安裝了 Twitter（已經更名為 X）或 Facebook 的實機上，你會在動態視圖中找到這些選項。

10.6　本章小結

在本章中，我示範了如何在表格視圖中處理刪除，並教你如何在清單中建立滑動動作。此外，你還學習了如何建立內容選單，並使用 UIActivityViewController 來實作「分享」功能。FoodPin App 正在持續改進中，你應該對目前取得的成果感到自豪才是。

在本章所準備的範例檔中，有最後完整的專案（swiftui-foodpin-list-deletion.zip）可供你參考。在下一章中，我們將了解一些新內容，並建立一個導覽控制器。

11 運用導覽視圖

首先，什麼是「導覽視圖」（Navigation View）？類似於清單視圖，導覽視圖是 iOS App 中常用的 UI 元件之一，它們提供一個逐層深入的介面來顯示階層式內容。查看預先安裝的相片 App、YouTube 以及聯絡人，它們都利用導覽視圖以階層方式來顯示內容。通常，你會將導覽視圖與一堆清單視圖結合起來，為你的 App 建立複雜的介面，但請務必注意，這並不表示你必須同時使用兩者，導覽視圖可以和任何類型的視圖一起運用。

11.1 建立導覽視圖

我們回到 FoodPin 專案（swiftui-foodpin-list-deletion.zip），並開啟 RestaurantListView. swift 檔。

按住 Control 鍵並點選 RestaurantListView 中的 List，在內容選單中選擇「Embed...」，然後變更預設容器（Container）為「NavigationStack」，如圖 11.1 所示。在 iOS 中，你使用 NavigationStack 來建立導覽視圖。

圖 11.1　將清單視圖嵌入導覽視圖

要設定導覽列的標題，則在導覽堆疊（Navigation Stack）中加入 .navigationTitle 修飾器。更改後的程式碼如下所示：

```
NavigationStack {
    List {
        .
        .
        .
    }
```

```
    .listStyle(.plain)

    .navigationTitle("FoodPin")
    .navigationBarTitleDisplayMode(.automatic)
}
```

或者，你可以使用 .navigationBarTitleDisplayMode 修飾器來設定導覽列（Navigation Bar）的顯示模式。透過將其設定爲「.automatic」，你可以讓 iOS 確定導覽列的適當大小；如果你想要固定導覽列的大小，則可以將其設定爲「.large」或「.inline」。

完成變更後，預覽應該會渲染導覽視圖，App 使用者介面的整體外觀基本上保持不變，除了你現在應該會看到一個帶有大標題的導覽列，如圖 11.2 所示。如果你執行 App 並滾動清單，導覽列會自動最小化，這行爲說明了 .automatic 模式的工作原理。

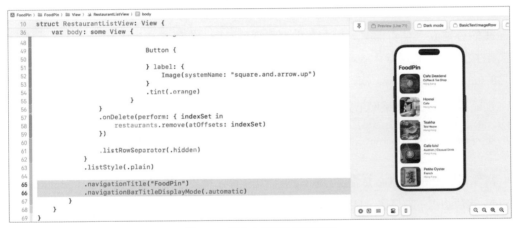

圖 11.2　帶有大標題的導覽視圖

11.2　新增餐廳細節視圖

接下來，我們結合餐廳的細節視圖（Detail View），當使用者點擊任何項目時，App 會導覽到另一個顯示餐廳細節的視圖，圖 11.3 顯示了預期的 UI。

圖 11.3　細節視圖的 UI

　　我們會建立一個新檔案，並在其中實作細節視圖。在專案導覽器中的「View」資料夾上按右鍵，並選擇「New File...」，然後選取「SwiftUI View」模板，將檔案命名為「RestaurantDetailView.swift」。

　　細節視圖是設計用來顯示餐廳資訊，因此我們先宣告一個變數來存放餐廳物件：

```
var restaurant: Restaurant
```

　　當你新增變數後，Xcode 會在 #Previews 巨集中顯示錯誤。我們需要更新 RestaurantDetail View 的初始化，並傳送一個餐廳範例給它，如下所示：

```
RestaurantDetailView(restaurant: Restaurant(name: "Cafe Deadend", type: "Cafe", location:
"Hong Kong", image: "cafedeadend", isFavorite: true))
```

　　現在我們來實作細節視圖的佈局。我們從背景圖片開始如何呢？你應該已經知道如何使用 Image 視圖來載入圖片，因此替換 body 變數如下：

```
var body: some View {
    Image(restaurant.image)
        .resizable()
}
```

　　透過套用 resizable 修飾器，圖片會被拉伸來填滿視圖，但是它不會保持長寬比。除此之外，還有一個問題，即圖片沒有完全填滿整個螢幕，如圖 11.4 所示。

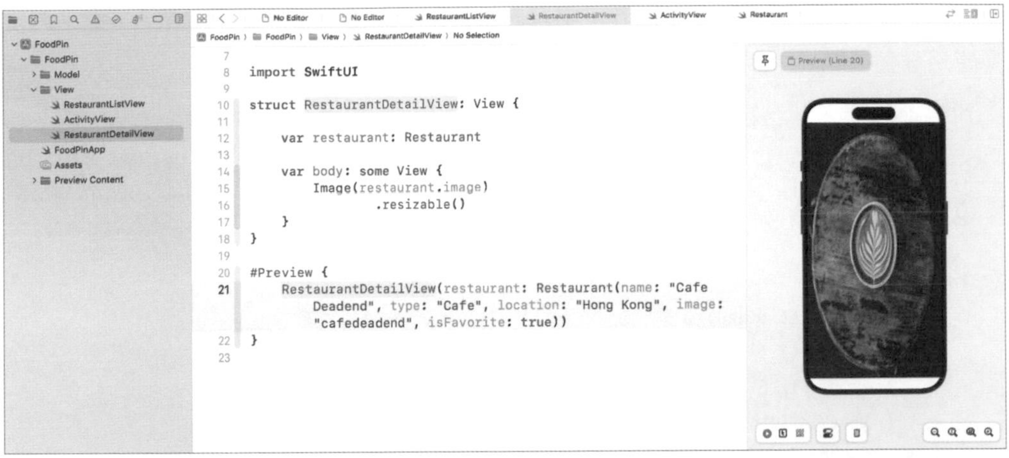

圖 11.4　細節視圖的 UI

　　要修正縮放問題，我們可以將 scaleToFill 修飾器加到 Image 視圖。對於第二個問題，我們可以加上 ignoresSafeArea 修飾器來解決它。

```
Image(restaurant.image)
    .resizable()
    .scaledToFill()
    .frame(minWidth: 0, maxWidth: .infinity)
    .ignoresSafeArea()
```

　　frame 修飾器用來確定圖片框的大小；將值設定為「.infinity」，表示圖片應占滿螢幕的整個寬度，如圖 11.5 所示。

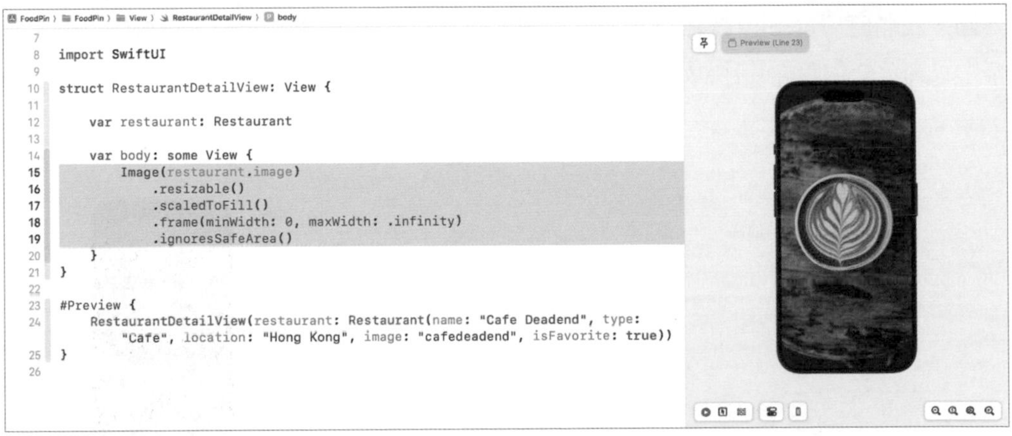

圖 11.5　使用 scaleToFill 縮放圖片

好的，我們已經實作了背景圖片，那我們如何將餐廳資訊框覆蓋在圖片之上呢？答案是使用堆疊視圖。

到目前為止，我已經向你介紹了 HStack 與 VStack，不過 SwiftUI 中還有另一種名為「ZStack」的堆疊視圖，透過使用 ZStack，你可以輕鬆將視圖覆蓋在另一個視圖之上。

現在更新 body 中的程式碼如下：

```
ZStack {
    Image(restaurant.image)
        .resizable()
        .scaledToFill()
        .frame(minWidth: 0, maxWidth: .infinity)
        .ignoresSafeArea()

    Color.black
        .frame(height: 100)
        .opacity(0.8)
        .clipShape(RoundedRectangle(cornerRadius: 20))
        .padding()
}
```

要實現這種覆蓋效果，我們將 Image 視圖封裝在 ZStack 中，並引入一個新的 Color 視圖。在 ZStack 中的視圖順序決定了它們的層次，在這種情況下，Color 視圖會放置在 Image 視圖之上，以建立所需的覆蓋效果。

對於 Color 視圖，我們指定黑色並將其框的高度設定為「100 點」。為了實現半透明的外觀，我們應用 opacity 修飾器，並將其值設定為「0.8」，變更完成後，預覽應該會在螢幕中央顯示一個圓角矩形，如圖 11.6 所示。

圖 11.6　在背景圖片上疊加一個圓角矩形

接下來，我們如何將矩形框移到螢幕頂部呢？與 HStack（或 VStack）類似，ZStack 帶有 alignment 參數，你可以更改 ZStack 的初始化如下：

```
ZStack(alignment: .top) {
    .
    .
    .
}
```

透過設定 alignment 的值為「.top」，矩形框會移動到螢幕頂部，如圖 11.7 所示。

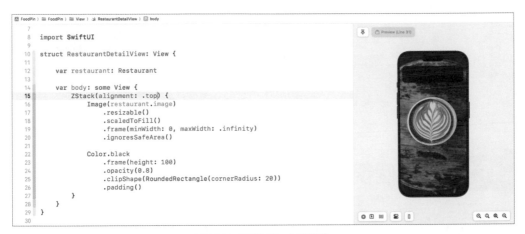

圖 11.7　更改 ZStack 的對齊

要顯示餐廳資訊（包括名稱、類型與位置），我們可以將 overlay 修飾器加到 Color 視圖：

```
Color.black
    .frame(height: 100)
    .opacity(0.8)
    .clipShape(RoundedRectangle(cornerRadius: 20))
    .padding()
    .overlay {
        VStack(spacing: 5) {
            Text(restaurant.name)
            Text(restaurant.type)
            Text(restaurant.location)
        }
        .font(.system(.headline, design: .rounded))
        .foregroundStyle(.white)
    }
```

我們使用 overlay 修飾器來覆蓋 Color 視圖中的內容。為了顯示餐廳資訊，我們使用 VStack 來顯示餐廳名稱、類型與位置，如圖 11.8 所示。

圖 11.8　使用 overlay 修飾器來覆蓋內容

從一個視圖導覽到另一個視圖

現在我們已經建立了細節視圖，下一步是啓用從清單視圖到細節視圖的導覽。要實現此目的，則開啓 RestaurantListView.swift 檔，並修改 RestaurantListView 結構。使用 NavigationLink 包裹 BasicTextImageRow 視圖，如下所示：

```
NavigationLink(destination: RestaurantDetailView(restaurant: restaurants[index])) {
    BasicTextImageRow(restaurant: $restaurants[index])
}
```

為了啓用清單視圖中所有項目的導覽，我們利用 NavigationLink 元件。NavigationLink 的 destination 參數指定導覽的目標視圖，而在本例中，我們將其設定爲最近建立的 RestaurantDetailView，如圖 11.9 所示。

執行 App 來進行測試，點擊任何一間餐廳，將會導覽到細節視圖。

圖 11.9 使用 NavigationLink 來啟用導覽

11.4 使用色調

預設上，「返回」按鈕顯示為藍色，如果你想要將其變更為其他顏色，可以將 .tint 修飾器加到 NavigationStack，並指定你喜愛的顏色。以下是一個例子：

```
NavigationStack {

  .

  .

  .

}
.tint(.white)
```

11.5 自訂返回按鈕

系統會自動產生「返回」按鈕，該按鈕是由朝左的 V 形圖示和原始視圖的標題（本例中是 FoodPin）所組成。在 SwiftUI 中，自訂「返回」按鈕的一種方式是建立我們自己的按鈕，例如：如果我們想在「返回」按鈕中顯示餐廳名稱，該怎麼做呢？

圖 11.10　自訂「返回」按鈕

你可以將下列的修飾器加到 RestaurantDetailView 的 ZStack 視圖中：

```
ZStack(alignment: .top) {

    .

    .

    .

}
.navigationBarBackButtonHidden(true)
.toolbar {
    ToolbarItem(placement: .navigationBarLeading) {
        Button(action: {
            dismiss()
        }) {
            Text("\(Image(systemName: "chevron.left")) \(restaurant.name)")
        }
    }
}
```

　　為了隱藏原始的「返回」按鈕，我們使用 navigationBarBackButtonHidden 修飾器，然後我們使用 toolbar 修飾器來建立「返回」按鈕的自訂版本。在 toolbar 修飾器中，我們定義一個 ToolbarItem 作為按鈕並顯示餐廳名稱，且我們將 ToolbarItem 的位置設定為導覽列的前緣。

　　由於「返回」按鈕是手動建立的，因此我們需要自行實作按鈕的動作，這就是為什麼我們在 action 閉包中編寫以下這行程式碼：

```
dismiss()
```

不過，這個dismiss()函數是什麼呢？我們還沒有實作它，因此 Xcode 應該會顯示一些錯誤。為了讓程式正常運作，在 RestaurantDetailView 中宣告 dismiss 變數：

```
@Environment(\.dismiss) var dismiss
```

SwiftUI 框架提供一個名爲「@Environment」的屬性包裹器，以供開發者從視圖的環境中讀取值，例如：你可以讀取視圖中使用的配色方案（深色 / 淺色模式）的值。\.dismiss 是用來關閉目前視圖的環境值，如圖 11.11 所示。

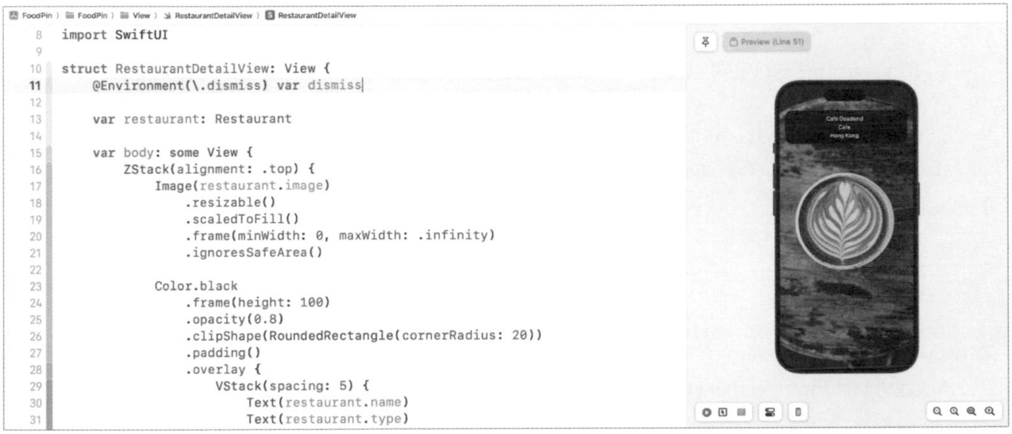

圖 11.11　加入一行程式碼來取得環境值

在 iOS 15 中首次導入了 dismiss 環境值，如果你的 App 支援較低版本的 iOS，你可以將其替換爲 presentationMode：

```
@Environment(\.presentationMode) var presentationMode
```

並且，你可以像這樣呼叫 dismiss()：

```
presentationMode.wrappedValue.dismiss()
```

11.6 移除揭示指示器

加入導覽連結後，系統會自動爲清單視圖中的每個項目包含一個揭示指示器（Disclosure Indicator），如果你希望移除揭示指示器，SwiftUI 並沒有提供特定的修飾器來控制其可見性，但是你可以使用 ZStack 與 EmptyView 來停用揭示指示器。

11

運用導覽視圖

191

圖 11.12　iOS 為所有列加入了揭示指示器

回到 RestaurantListView.swift，在 RestaurantListView 結構中，將下列程式碼：

```
NavigationLink(destination: RestaurantDetailView(restaurant: restaurants[index])) {
    BasicTextImageRow(restaurant: restaurant)
}
```

改為：

```
ZStack(alignment: .leading) {
    NavigationLink(destination: RestaurantDetailView(restaurant: restaurants[index])) {
        EmptyView()
    }
    .opacity(0)

    BasicTextImageRow(restaurant: $restaurants[index])
}
```

更改後，再次執行 App 來進行測試，揭示指示器應該消失了。

11.7　本章小結

在本章中，我引導你了解導覽視圖與導覽連結的基礎知識。使用 SwiftUI，則你只需幾行程式碼就能輕鬆建立基於導覽的使用者介面，我還解釋了一些自訂導覽列的技術。此外，透過實作細節視圖，你現在應該熟悉如何使用 ZStack 來將一個視圖覆蓋在另一個視圖之上。

在本章所準備的範例檔中，有最後完整的 Xcode 專案（swiftui-foodpin-navigation.zip）可供你參考。

改進細節視圖、自訂
字型及導覽列

目前的細節視圖可能看起來很基本，但是將其提升為如章名頁所示的視圖，不是很好嗎？在本章中，我們將進一步改進細節視圖，以顯示更多的餐廳資訊，另外你還將學到在SwiftUI 中使用自訂字型的知識。

本章將會介紹很多的內容，你可能需要幾個小時來進行這個專案，我建議你擱置其他的事情，使自己全神貫注於此。如果你準備好了，我們繼續調整細節視圖來做出令人印象深刻的外觀。

12.1 快速瀏覽起始專案

首先下載本章所準備的 FoodPin 專案（swiftui-foodpin-detailview-starter.zip），這個專案是以上一章所完成的內容為基礎，不過我修改了 Restaurant 結構來加入另外兩個屬性：phone 與 description。

```
struct Restaurant {
    var name: String
    var type: String
    var location: String
    var phone: String
    var description: String
    var image: String
    var isFavorite: Bool

    init(name: String, type: String, location: String, phone: String, description: String,
image: String, isFavorite: Bool = false) {
        self.name = name
        self.type = type
        self.location = location
        self.phone = phone
        self.description = description
        self.image = image
        self.isFavorite = isFavorite
    }

    init() {
        self.init(name: "", type: "", location: "", phone: "", description: "", image: "",
isFavorite: false)
    }
}
```

最重要的是，我已經更新了餐廳資料的完整地址以及電話號碼，詳細資訊可參考
RestaurantListView.swift 檔：

```
@State var restaurants = [ Restaurant(name: "Cafe Deadend", type: "Coffee & Tea Shop", location:
"G/F, 72 Po Hing Fong, Sheung Wan, Hong Kong", phone: "232-923423", description: "Searching for
great breakfast eateries and coffee? This place is for you. We open at 6:30 every morning, and
close at 9 PM. We offer espresso and espresso based drink, such as capuccino, cafe latte,
piccolo and many more. Come over and enjoy a great meal.", image: "cafedeadend", isFavorite:
false),
    Restaurant(name: "Homei", type: "Cafe", location: "Shop B, G/F, 22-24A Tai Ping San Street
SOHO, Sheung Wan, Hong Kong", phone: "348-233423", description: "A little gem hidden at the corner
of the street is nothing but fantastic! This place is warm and cozy. We open at 7 every
morning except Sunday, and close at 9 PM. We offer a variety of coffee drinks and specialties
including lattes, cappuccinos, teas, and more. We serve breakfast, lunch, and dinner in an
airy open setting. Come over, have a coffee and enjoy a chit-chat with our baristas.", image:
"homei", isFavorite: false),


    ...


]
```

由於我們為 Restaurant 結構加入了兩個新屬性，因此 #Preview 程式碼區塊也會更新。

```
#Preview {
    RestaurantDetailView(restaurant: Restaurant(name: "Cafe Deadend", type: "Coffee & Tea
Shop", location: "G/F, 72 Po Hing Fong, Sheung Wan, Hong Kong", phone: "232-923423",
description: "Searching for great breakfast eateries and coffee? This place is for you. We
open at 6:30 every morning, and close at 9 PM. We offer espresso and espresso based drink,
such as capuccino, cafe latte, piccolo and many more. Come over and enjoy a great meal.", image:
"cafedeadend", isFavorite: true))
}
```

這就是起始專案的所有更改。在繼續閱讀下一節的內容之前，請花一些時間熟悉這些
變更。

San Francisco 字型是在 2014 年 11 月推出，並成為 iOS App 中的預設字型。如果你在 Google Font（URL https://fonts.google.com）中找到開源字型，並想要運用在你的 App 中，則該怎麼做呢？

Xcode 讓開發者可非常輕鬆使用自訂字型，你只需要將自訂字型檔加到你的 Xcode 專案中即可。例如：你喜歡在 App 中使用 Nunito 字型，則你可以訪問下列網址：URL https://fonts.google.com/specimen/Nunito，點選「Download Family」來下載字型檔，如圖 12.1 所示。

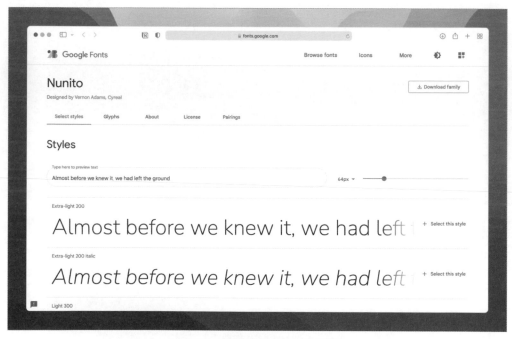

圖 12.1　下載喜愛的 Google 字型

現在回到 Xcode，並開啟起始專案（如果還沒有開啟的話），在專案導覽器中的「FoodPin」資料夾上按右鍵，並選擇「New Group」，將群組命名為「Resources」。接下來，在「Resources」資料夾上按右鍵，並選擇「New Group」來新增一個子群組，然後為子群組命名為「Fonts」。選取「Nunito-Regular.ttf」與「Nunito-Bold.ttf」，並將它們加入 Fonts 群組；如果你想要使用所有的字型樣式，則將所有的字型檔加入群組中，如圖 12.2 所示。

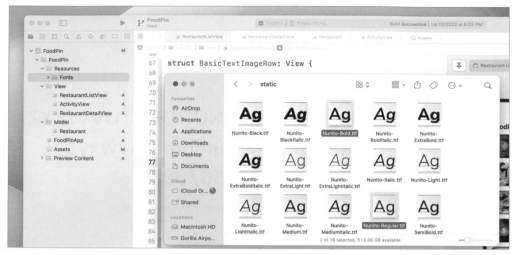

圖 12.2　將字型檔加到 Xcode 專案

> 注意　是否強制建立一個子群組呢？沒有強制，這只是我組織資源檔的作法。

　　當你拖曳檔案到 Fonts 群組後，你會看到如圖 12.3 所示的對話方塊，確認勾選「Copy items if needed」選項以及「FoodPin」目標。

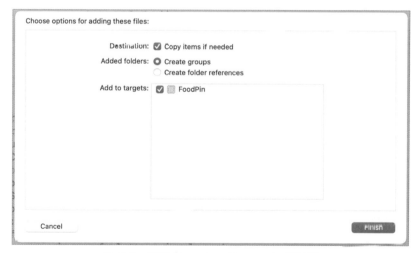

圖 12.3　勾選「Copy item if needed」與目標

　　當你按下「Finish」按鈕後，這些字型檔將出現在專案導覽器中，為了確保你的 App 可以使用這些字型檔，按住 command 鍵並選取所有的字型檔，然後在檔案檢閱器（File Inspector）中確認已啟用 Target Membership 下的「FoodPin」選項，如果沒有的話，則請勾選這個選項，如圖 12.4 所示。

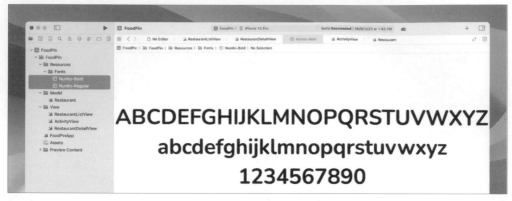

圖 12.4　在 Target Membership 下勾選「FoodPin」選項

　　最後，我們需要在 Info.plist 檔中新增一個名為「Fonts provided by application」的新鍵。Info.plist 是 Xcode 專案的設定檔，為了使用自訂字型檔，你必須在設定中註冊它們。

　　預設上，Xcode 15 不會在專案導覽器中顯示 Info.plist 檔，你必須點選「FoodPin」專案，並選擇「FoodPin」目標，然後選取「Info」頁籤來顯示自訂的 iOS 目標屬性，如圖 12.5 所示。

圖 12.5　自訂 iOS 目標屬性

　　接下來，將游標放在「Bundle name」上，然後你會看到一個「+」按鈕，點選它來加入一個新鍵，將鍵名設定為「Fonts provided by application」，並將 item 0 的值填寫為「Nunito-Bold.ttf」，然後點擊「+」按鈕來加入另一個項目，而 item 1 的值設定為「Nunito-Regular.ttf」，如圖 12.6 所示。

Custom iOS Target Properties			
Key		Type	Value
Bundle name	⌄	String	$(PRODUCT_NAME)
⌄ Fonts provided by application	⌄	Array	(2 items)
Item 0		String	Nunito-Bold.ttf
Item 1	◯ ⊖	String	Nunito-Regular.ttf
Bundle identifier	⌄	String	$(PRODUCT_BUNDLE_IDENTIFIER)
InfoDictionary version	⌄	String	6.0
> Supported interface orientations (iPhone)	⌄	Array	(3 items)
Bundle version	⌄	String	$(CURRENT_PROJECT_VERSION)

圖 12.6　**註冊自訂字型檔**

以上是安裝自訂字型檔的過程。稍後,要使用自訂字型時,可以編寫程式碼如下:

```
.font(.custom("Nunito-Regular", size: 25))
```

若是想以動態型別使用自訂字型的話,可以編寫程式碼如下:

```
.font(.custom("Nunito-Regular", size: 35, relativeTo: .largeTitle))
```

.largeTitle 字型型別是從 35 點開始,並自動縮放字型。

12.3　改進細節視圖

你在上一章中所開發的細節視圖只顯示了餐廳的基本資訊,我們將顯示更多的資訊,例如:地址與電話號碼,並使 UI 看起來更專業。請參考圖 12.7,UI 是否看起來好多了?

圖 12.7　**改進 UI 的細節視圖**

現在切換到 RestaurantDetailView.swift，並更改程式碼。我們不再需要使用 ZStack 視圖，因此將其替換如下：

```
ScrollView {

}
.navigationBarBackButtonHidden(true)
.toolbar {
    ToolbarItem(placement: .navigationBarLeading) {
        Button(action: {
            dismiss()
        }) {
            Text("\(Image(systemName: "chevron.left")) \(restaurant.name)")
        }
    }
}
```

我們使用滾動視圖來保存餐廳資訊，因為內容可能會超出螢幕高度。在 ScrollView 中，我們將使用一個 VStack 來佈局元件，我將它分為三個部分：

● 特色圖片。

● 餐廳描述。

● 餐廳地址與電話。

特色圖片

在 ScrollView 中，我們使用 VStack 來排列 UI 元件。在 VStack 中，第一個元件是特色圖片，插入下列的程式碼來建立圖片視圖：

```
VStack(alignment: .leading) {
    Image(restaurant.image)
        .resizable()
        .scaledToFill()
        .frame(minWidth: 0, maxWidth: .infinity)
        .frame(height: 445)
}
```

這段程式碼非常簡單，我們建立一個 Image 視圖來載入餐廳圖片。為了縮放圖片，我們使用 scaledToFill 模式。frame 修飾器是用來控制圖片的大小，我們將高度限制為「445點」，如圖 12.8 所示。

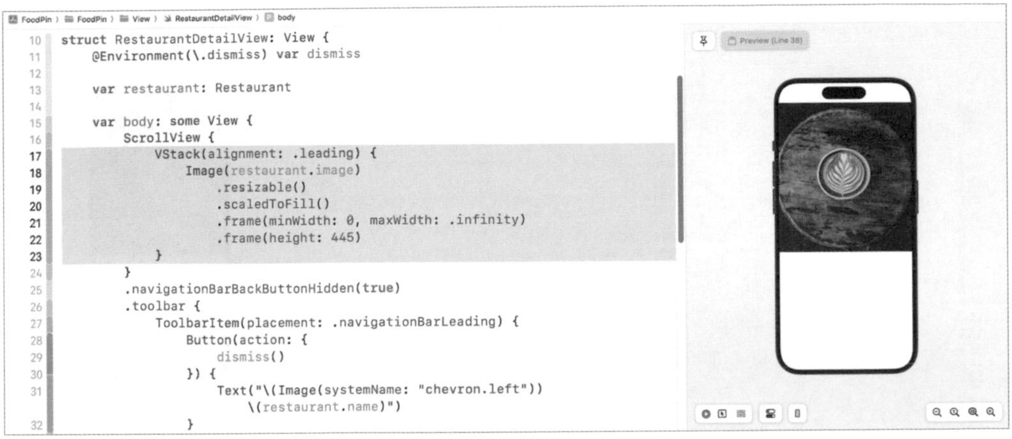

圖 12.8　**顯示特色圖片**

接下來，我們需要在圖片上疊加一些餐廳資訊。你可能知道，我們可以使用 overlay 修飾器來實作它，將 overlay 修飾器加到 Image 視圖，如下所示：

```
.overlay {
    VStack {
        Image(systemName: "heart")
            .frame(minWidth: 0, maxWidth: .infinity, minHeight: 0, maxHeight: .infinity,
alignment: .topTrailing)
            .padding()
            .font(.system(size: 30))
            .foregroundColor(.white)
            .padding(.top, 40)
    }
}
```

我們從心形圖片開始，它是 SF Symbols 提供的系統圖片。你應該很熟悉 foregroundStyle、font 與 padding 等修飾器，棘手的部分是 frame 修飾器，它的作用是什麼呢？

有幾種方式可將心形圖片放置在視圖的右上角，這裡我們使用 frame 修飾器來處理對齊，透過將 alignment 的值設定為「topTrailing」，我們便可以將心形圖片移到右上角，如圖 12.9 所示。

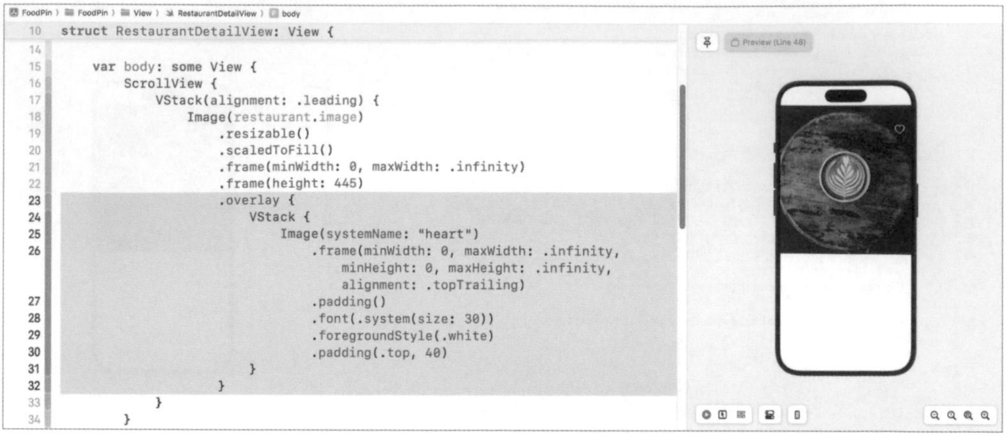

圖 12.9　加入心形圖片

　　特色圖片的部分尚未完成，我們還需要佈局餐廳名稱與類型。在心形圖片視圖的後面插入下列的程式碼：

```
VStack(alignment: .leading, spacing: 5) {
    Text(restaurant.name)
        .font(.custom("Nunito-Regular", size: 35, relativeTo: .largeTitle))
        .bold()
    Text(restaurant.type)
        .font(.system(.headline, design: .rounded))
        .padding(.all, 5)
        .background(Color.black)
}
.frame(minWidth: 0, maxWidth: .infinity, minHeight: 0, maxHeight: .infinity, alignment:
.bottomLeading)
.foregroundStyle(.white)
.padding()
```

　　如果你已經正確加入程式碼了，則應該會在預覽中看到餐廳名稱與類型，如圖 12.10 所示。

```
10    struct RestaurantDetailView: View {
15        var body: some View {
23                .overlay {
24                    VStack {
25                        Image(systemName: "heart")
26                            .frame(minWidth: 0, maxWidth: .infinity,
                                   minHeight: 0, maxHeight: .infinity,
                                   alignment: .topTrailing)
27                            .padding()
28                            .font(.system(size: 30))
29                            .foregroundStyle(.white)
30                            .padding(.top, 40)
31
32                        VStack(alignment: .leading, spacing: 5) {
33                            Text(restaurant.name)
34                                .font(.custom("Nunito-Regular", size: 35,
                                       relativeTo: .largeTitle))
35                                .bold()
36                            Text(restaurant.type)
37                                .font(.system(.headline, design: .rounded))
38                                .padding(.all, 5)
39                                .background(.black)
40                        }
41                        .frame(minWidth: 0, maxWidth: .infinity,
```

圖 12.10　加入餐廳名稱與類型

顯然的，我們必須使用 VStack 來垂直排列餐廳名稱與類型。同樣的，frame 修飾器是用來將 VStack 對齊左下角。

預設上，餐廳名稱與類型之間會出現相當大的間距，為了最小化這個間距，我們明確告知 VStack 將間距設定為「5 點」。

餐廳描述

要顯示餐廳描述，我們只需要使用帶有 .padding 修飾器的 Text 視圖。在根 VStack 視圖中插入下列的程式碼：

```
Text(restaurant.description)
    .padding()
```

你的預覽應該會顯示餐廳描述，如圖 12.11 所示。

圖 12.11　**顯示餐廳描述**

餐廳地址與電話

對於餐廳地址與電話，我們將使用 HStack 視圖來安排佈局。我們繼續在根 VStack 視圖中插入下列的程式碼：

```
HStack(alignment: .top) {
    VStack(alignment: .leading) {
        Text("ADDRESS")
            .font(.system(.headline, design: .rounded))

        Text(restaurant.location)
    }
    .frame(minWidth: 0, maxWidth: .infinity, alignment: .leading)

    VStack(alignment: .leading) {
        Text("PHONE")
            .font(.system(.headline, design: .rounded))

        Text(restaurant.phone)
    }
    .frame(minWidth: 0, maxWidth: .infinity, alignment: .leading)
}
.padding(.horizontal)
```

並排建立兩個視圖的訣竅是使用 HStack 視圖。為了讓兩個視圖的寬度相等，每個 VStack 視圖（HStack 視圖內）的框（frame）的寬度設定為「.infinity」。

如果你所做的變更正確，Xcode 應該會顯示類似圖 12.12 的預覽。

```
struct RestaurantDetailView: View {
    var body: some View {
              Text(restaurant.description)
                  .padding()

              HStack(alignment: .top) {
                  VStack(alignment: .leading) {
                      Text("ADDRESS")
                          .font(.system(.headline, design: .rounded))

                      Text(restaurant.location)
                  }
                  .frame(minWidth: 0, maxWidth: .infinity, alignment:
                      .leading)

                  VStack(alignment: .leading) {
                      Text("PHONE")
                          .font(.system(.headline, design: .rounded))

                      Text(restaurant.phone)
                  }
                  .frame(minWidth: 0, maxWidth: .infinity, alignment:
                      .leading)
              }
```

圖 12.12　顯示餐廳描述

12.4　忽略安全區域

細節視圖看起來很棒，但是你是否試過執行 App 呢？當你從清單視圖導覽到細節視圖時，特色圖片將顯示在導覽列的正下方，而我們想要做的是在導覽列後面顯示圖片。

圖 12.13　顯示餐廳描述

要解決這個問題，則將下列的修飾器加到 ScrollView：

```
.ignoresSafeArea()
```

.ignoresSafeArea 修飾器會告知 iOS 將細節視圖佈局在螢幕安全區域之外，如圖 12.14 所示。

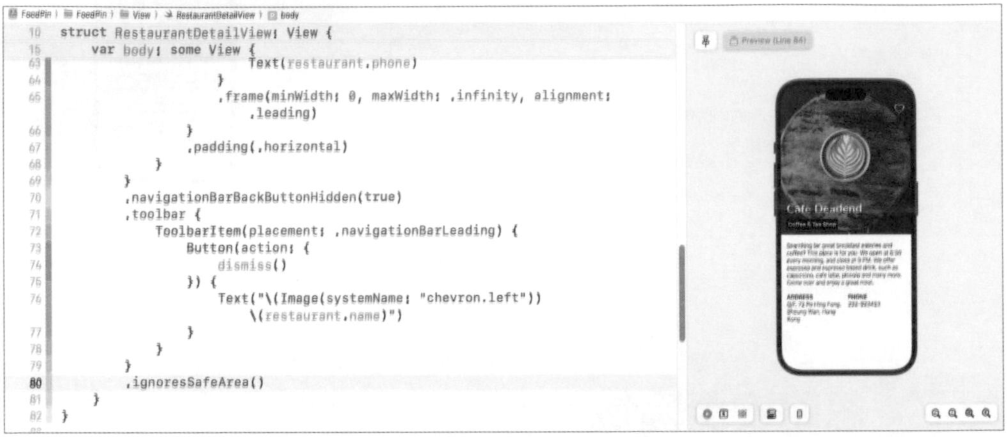

圖 12.14　使用 ignoresSafeArea

當你變更完成後，特色圖片應該會一直被推到螢幕邊緣。為了讓細節視圖看起來更好，我們透過移除餐廳名稱來調整「返回」按鈕，如下所示：

```
Text("\(Image(systemName: "chevron.left"))")
```

12.5 在導覽視圖中預覽細節視圖

如果你想在導覽視圖中預覽細節視圖，則可以編輯 RestaurantDetailView_Previews 結構如下：

```
#Preview {
    NavigationStack {
        RestaurantDetailView(restaurant: Restaurant(name: "Cafe Deadend", type: "Coffee & Tea
Shop", location: "G/F, 72 Po Hing Fong, Sheung Wan, Hong Kong", phone: "232-923423", description:
"Searching for great breakfast eateries and coffee? This place is for you. We open at 6:30 every
morning, and close at 9 PM. We offer espresso and espresso based drink, such as capuccino, cafe
latte, piccolo and many more. Come over and enjoy a great meal.", image: "cafedeadend",
```

```
isFavorite: false))
    }
    .tint(.white)
}
```

這會將細節視圖嵌入到導覽視圖中，使你無須執行 App 即可預覽其外觀及感覺，如圖 12.15 所示。

圖 12.15　**預覽具有導覽列的細節視圖**

12.6 自訂導覽列

我們已經向你簡要示範了如何自訂導覽列，但是我還想對你進一步說明一些自訂功能。目前版本的 SwiftUI 仍然不支援原生的各種自訂功能，例如：要更改導覽列標題的字型顏色，我們需要恢復使用 UIKit。

我們來看看如何實作自訂功能。開啟 FoodPinApp.swift，並插入下列的新方法：

```
init() {
    let navBarAppearance = UINavigationBarAppearance()
    navBarAppearance.largeTitleTextAttributes = [.foregroundColor: UIColor.systemRed, .font:
UIFont(name: "ArialRoundedMTBold", size: 35)!]
    navBarAppearance.titleTextAttributes = [.foregroundColor: UIColor.systemRed, .font:
UIFont(name: "ArialRoundedMTBold", size: 20)!]
    navBarAppearance.backgroundColor = .clear
    navBarAppearance.backgroundEffect = .none
    navBarAppearance.shadowColor = .clear
```

```
    UINavigationBar.appearance().standardAppearance = navBarAppearance
    UINavigationBar.appearance().scrollEdgeAppearance = navBarAppearance
    UINavigationBar.appearance().compactAppearance = navBarAppearance
}
```

使用這個init()方法後，App將在App啟動期間執行自訂的程式碼。為了自訂導覽列的字型與顏色，我們建立UINavigationBarAppearance的實例，並設定我們喜愛的字型及背景顏色。當我們設定好外觀物件後，我們將其指定給UINavigation的standardAppearance、compactAppearance與scrollEdgeAppearance屬性，這是你可以在SwiftUI專案中自訂導覽列的方式。

執行App來快速測試一下，導覽列的標題應該改為紅色了，如圖12.16所示。

圖 12.16　自訂導覽列

12.7 你的作業：修復錯誤

你是否在目前的App中發現錯誤呢？在清單視圖中，試著將餐廳標記為最愛，當你點擊該餐廳並導覽至細節視圖時，心形圖片不會變成黃色，而你的任務便是要修復這個錯誤，如圖12.17所示。

圖 12.17　當餐廳被標記為最愛時顯示黃色心形圖片

12.8 本章小結

太棒了！你已經讀完了本章，我希望你喜歡本章的內容，並為你建立的 App 感到自豪。你已經成功開發一個精美的 App，儘管它可能不是非常複雜。你已經學會如何重新設計細節視圖來顯示更多的餐廳資訊，還探索如何運用自訂字型以及自訂導覽列標題。

本章介紹很多的內容，即使你已經等不及想要繼續下一章，我仍建議你要休息一下，給自己一些時間來充分消化到目前為止介紹過的所有內容。花點時間放鬆一下，喝杯咖啡或你喜歡的飲料，給自己應有的休息。

在本章所準備的範例檔中，有最後完整的 Xcode 專案（swiftui-foodpin-detail-view.zip）可供你參考。

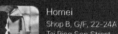

13 顏色、Swift 擴展與動態型別

我們在上一章中建立了一個更引人注目的細節視圖，如果你還沒有完成這個作業，則可以先下載完整專案（swiftui-foodpin-detail-view.zip）來使用。

在本章中，我們的重點在於改進導覽列與細節視圖，以使 App UI 更棒且更具彈性。透過這個練習，你將學到下列幾個主題：

- 了解 Swift 擴展的原理以及如何應用這個 Swift 功能來編寫更好的程式碼。
- 使用 Color Set 在素材目錄中定義顏色。
- 使用動態型別來自動調整字型大小。

讓我們開始吧！

13.1 自訂顏色

iOS SDK 有一些可以使用的內建顏色（ [URL] https://developer.apple.com/design/human-interface-guidelines/ios/visual-design/color/ ），例如：我們自訂導覽列標題的顏色時，將顏色設定為「.systemRed」。

```
navBarAppearance.largeTitleTextAttributes = [.foregroundColor: UIColor.systemRed, .font:
UIFont(name: "ArialRoundedMTBold", size: 35)!]
```

如果你想要使用自己的顏色怎麼辦呢？假設你訪問 flatuicolors.com（ [URL] https://flatuicolors.com/ ），並記下這個色碼：

```
rgb(218, 96, 51)
```

你如何在我們的程式碼中使用這個顏色呢？UIColor 類別有一個可以接受紅色、綠色與藍色的分量的初始器。要使用上列的色碼來建立 UIColor 的實例，則可以初始化 UIColor 如下：

```
UIColor(red: 218/255, green: 96/255, blue: 51/255, alpha: 1.0)
```

這裡我們使用自訂的 RGB 值來實例化一個 UIColor 物件。由於 UIColor 只接受範圍是 0 至 1 的 RGB 值，所以我們必須在初始化期間將每個 RGB 分量除以 255。

在 FoodPinApp.swift 檔案中，你可以更新下列的程式碼來使用自訂的紅色：

```
navBarAppearance.largeTitleTextAttributes = [.foregroundColor: UIColor(red: 218/255, green:
96/255, blue: 51/255, alpha: 1.0), .font: UIFont(name: "ArialRoundedMTBold", size: 35)!]
navBarAppearance.titleTextAttributes = [.foregroundColor: UIColor(red: 218/255, green: 96/255,
blue: 51/255, alpha: 1.0), .font: UIFont(name: "ArialRoundedMTBold", size: 20)!]
```

13.2 Swift 擴展

在我們深入討論自訂顏色之前，我想要岔開一下話題來說明 Swift 中名爲「擴展」
（Extension）的強大功能，這是一個你不想錯過的功能。

Swift 中的「擴展」功能可以讓你爲現有類別、結構與列舉新增功能，這意味著什麼呢？
你如何使用這個功能來編寫更好的程式碼呢？

我們以這行程式碼爲例：

```
UIColor(red: 218/255, green: 96/255, blue: 51/255, alpha: 1.0)
```

要符合初始化的要求，我們必須將每個 RGB 分量除以 255，這聽起來有點麻煩？我們
可以簡化上列的程式碼如下嗎？

```
UIColor(red: 218, green: 96, blue: 51)
```

這裡我們可以應用擴展來擴充 UIColor 的功能。儘管 UIColor 是 iOS SDK 提供的內建類
別，但我們可以使用 Swift 擴展來爲其加入更多的功能。

我們回到 FoodPin 專案來看看如何建立擴展。爲了更好組織我們的專案，首先建立一個
用於儲存擴展檔案的群組，在專案導覽器中的「FoodPin」資料夾按右鍵，並選擇「New
Group」，然後將群組命名爲「Extensions」。

接下來，在「Extensions」上按右鍵，並選擇「New File...」，然後選取「Swift File」模
板，將檔案命名爲「UIColor+Ext.swift」。建立檔案後，更新程式碼如下：

```
import UIKit

extension UIColor {
    convenience init(red: Int, green: Int, blue: Int) {
        let redValue = CGFloat(red) / 255.0
        let greenValue = CGFloat(green) / 255.0
        let blueValue = CGFloat(blue) / 255.0
```

```
        self.init(red: redValue, green: greenValue, blue: blueValue, alpha: 1.0)
    }
}
```

要為現有的類別宣告擴展，則以 extension 關鍵字開頭，後面接著你想擴展的類別，而本例是 UIColor 類別。

我們實作另外的便利型初始器（Convenience Initializer），其接受「red」、「green」與「blue」等三個參數。在初始器的主體中，我們將給定的 RGB 值除以 255 來執行轉換，最後我們使用轉換後的 RGB 分量來呼叫原來的 init 方法。

這就是如何利用 Swift 擴展來加入另一個初始器至內建類別的方式，現在新的初始器已經可以使用了，你可以在 FoodPinApp.swift 中修改下列的程式碼：

```
navBarAppearance.largeTitleTextAttributes = [.foregroundColor: UIColor(red: 218/255, green: 96/255, blue: 51/255, alpha: 1.0), .font: UIFont(name: "ArialRoundedMTBold", size: 35)!]
navBarAppearance.titleTextAttributes = [.foregroundColor: UIColor(red: 218/255, green: 96/255, blue: 51/255, alpha: 1.0), .font: UIFont(name: "ArialRoundedMTBold", size: 20)!]
```

改為：

```
navBarAppearance.largeTitleTextAttributes = [.foregroundColor: UIColor(red: 218, green: 96, blue: 51), .font: UIFont(name: "ArialRoundedMTBold", size: 35)!]
navBarAppearance.titleTextAttributes = [.foregroundColor: UIColor(red: 218, green: 96, blue: 51), .font: UIFont(name: "ArialRoundedMTBold", size: 20)!]
```

現在，程式碼看起來簡潔多了，對吧？

那麼你還能使用原來的初始器嗎？絕對可以，這個新的初始器只是簡化了冗餘的轉換，來讓你輸入較少的程式碼。

13.3 為深色模式調整顏色

隨著深色模式的導入，你的 App 應該要能因應淺色外觀與深色外觀。到目前為止，FoodPin App 在深色模式下運作良好，這成功的主要原因之一是我們廣泛使用 Apple 所提供的系統顏色，這些系統顏色經過專門設計，可無縫適應淺色模式和深色模式。

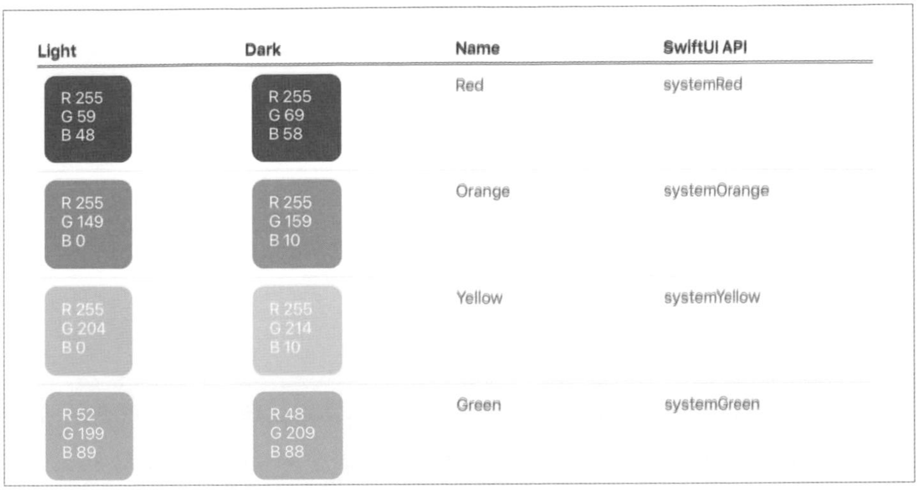

Light	Dark	Name	SwiftUI API
R 255 G 59 B 48	R 255 G 69 B 58	Red	systemRed
R 255 G 149 B 0	R 255 G 159 B 10	Orange	systemOrange
R 255 G 204 B 0	R 255 G 214 B 10	Yellow	systemYellow
R 52 G 199 B 89	R 48 G 209 B 88	Green	systemGreen

圖 13.1　**自適應與語義化顏色**

除了系統顏色外，Apple 也導入了另一種名為「語義化顏色」（Semantic Colors）的內建顏色。「語義化顏色」是描述顏色含義的顏色，以下提供幾個例子：

- **UIColor.label**：包含主要內容的文字標籤的顏色。

- **UIColor.secondaryLabel**：包含次要內容的文字標籤的顏色。

- **UIColor.systemBackground**：介面主背景的顏色。

同樣的，語義化顏色也被設計為自適應，並對不同的介面樣式回傳不同的顏色值。

依照 Apple 的準則，Apple 鼓勵開發者使用系統顏色與語義化顏色，因為它大大簡化了支援深色模式的過程。建議避免建立具有寫死顏色值的 UIColor 物件，但是如果我們想要使用自己的顏色而不使用內建顏色（例如：用於導覽列標題的顏色），該如何做呢？

通常，我們使用素材目錄來儲存圖片與圖示，素材目錄也提供了管理顏色的功能。要建立顏色集，請開啟 Assets 資料夾，並在任何空白區域按右鍵來訪問內容選單，選擇「Color Set」來產生一個新顏色集，如圖 13.2 所示。將顏色集命名為「NavigationBarTitle」，因為我們打算專門為導覽列標題定義一種新顏色。

圖 13.2　加入新的顏色集

你可在顏色集中定義兩種不同的顏色,「Any Appearance」的顏色設定為「#DA6033」,「Dark Appearance」的顏色則設定為「#D35400」。要設定顏色為 16 進位格式時,在屬性檢閱器中更改輸入方法為「8-bit Hexidecimal」,然後你就可以設定十六進位(Hex)值,如圖 13.3 所示。

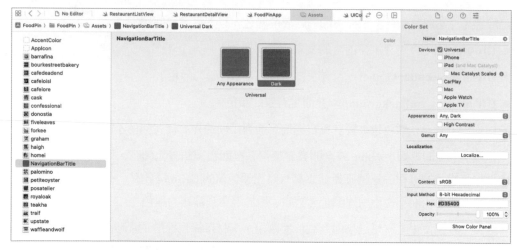

圖 13.3　設定色碼

稍後,當你使用這個顏色集時,系統即會依照使用者的系統設定(例如:淺色 / 深色模式)自動為你挑選顏色。

現在再次開啟 FoodPinApp.swift 檔,我們不使用紅色,而是變更導覽列標題的顏色為我們剛才定義的顏色。修改 init() 中的程式碼,並更改 largeTitleTextAttributes 與 titleTextAttributes 的值,如下所示:

```
navBarAppearance.largeTitleTextAttributes = [.foregroundColor: UIColor(named: "NavigationBarTitle")
?? UIColor.systemRed, .font: UIFont(name: "ArialRoundedMTBold", size: 35)!]
```

```
navBarAppearance.titleTextAttributes = [.foregroundColor: UIColor(named: "NavigationBarTitle")
?? UIColor.systemRed, .font: UIFont(name: "ArialRoundedMTBold", size: 20)!]
```

分別在淺色及深色模式下執行 App，你應該可注意到其顏色差異。

圖 13.4　深色模式下的導覽列標題

13.4 動態型別

何謂「動態型別」？你可能沒聽過動態型別，但你應該有看過設定畫面（「設定→輔助使用→顯示與文字大小→放大文字」），如圖 13.5 所示。

圖 13.5　加大文字的設定

動態型別並不是一個新的功能，從 iOS 7 時就被導入，它讓使用者可以自訂 App 的文字大小來符合他們的偏好，不過只有採用動態型別的 App 才能因應文字大小的變更。

Apple 提供的所有內建的原廠 App 都採用動態型別，至於第三方 App，則是取決於開發者的決定。雖然 Apple 並沒有強制要求開發者要支援動態型別，但是其強烈建議為使用者提供根據自己的偏好調整文字大小的功能。

那麼，該如何採用動態型別呢？使用 SwiftUI 的話，採用動態型別簡直是小事一件。你可能還記得我們設定所有的標籤使用文字樣式，而要採用動態型別，你只需要使用文字樣式而不是固定的字型樣式，例如：下列程式碼指示 iOS 使用「headline」文字樣式：

```
Text("PHONE")
    .font(.system(.headline, design: .rounded))
```

那麼，你該如何使用內建的模擬器來測試動態型別呢？其中一種方式是到「設定（Settings）→輔助使用（Accessibility）→顯示與文字大小（Display & Text Size）→放大文字（Large Text）」中變更模擬器的設定。啟用「更大的輔助使用字體大小」（Larger Accessibility Sizes），並將滑桿往右拖曳來加大字型。

另一個更方便的方式是在 Xcode 中使用 environment 修飾器。在模擬器中執行 App 時，點選「Environment Overrides」按鈕，並開啟「Text」選項，你可以使用動態型別滑桿來調整字型大小。在模擬器中，App 應該會響應文字大小的變化，如圖 13.6 所示。

圖 13.6　**使用 Environment Overrides 來測試動態型別**

以上就是使用單獨的模擬器來測試動態型別的方式。如果你喜歡更方便的方式，則可以將 environment 修飾器加入視圖來測試動態型別。

我們開啟 RestaurantDetailView.swift，並更新 #Preview 程式碼區塊如下：

```
#Preview {
    NavigationStack {
        RestaurantDetailView(restaurant: Restaurant(name: "Cafe Deadend", type: "Coffee &
Tea Shop", location: "G/F, 72 Po Hing Fong, Sheung Wan, Hong Kong", phone: "232-923423",
description: "Searching for great breakfast eateries and coffee? This place is for you. We
open at 6:30 every morning, and close at 9 PM. We offer espresso and espresso based drink,
such as capuccino, cafe latte, piccolo and many more. Come over and enjoy a great meal.",
image: "cafedeadend", isFavorite: true))
            .environment(\.dynamicTypeSize, .xxxLarge)
    }
    .tint(.white)
}
```

在上列的程式碼中，我們加上 environment 修飾器，並設定動態型別大小為「.xxxLarge」，然後預覽會以加大的字型來渲染 UI，如圖 13.7 所示。

圖 13.7　使用 environment 修飾器在預覽中測試動態型別

13.5 本章小結

在本章中，你學習了如何應用顏色集來調整顏色，以適應淺色外觀與深色外觀。我們還討論了動態型別的用法，它透過讓使用者選擇他們喜愛的字型大小來提供額外的彈性。Apple 大力鼓勵所有的 iOS 開發者採用這個技術，因為它為使用者提供選擇。一些視力較差的人可能喜歡較大的文字大小，而其他人可能更喜歡較小的文字大小，只要可行，強烈建議在你的 App 中支援動態型別，以適應使用者偏好。

在本章所準備的範例檔中，有最後完整的 Xcode 專案及作業的解答（swiftui-foodpin-dynamic-type.zip）可供你參考。

> 提示 你也可以進一步參考 Apple 的《人機介面指南》（iOS Human Interface Guidelines）：
> URL https://developer.apple.com/design/human-interface-guidelines/ios/visual-design/typography/ 。

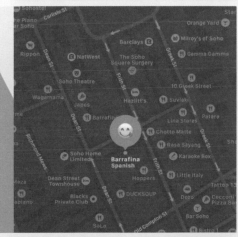

gem hidden at the corner of the street is
g but fantastic! This place is warm and
We open at 7 every morning except
y, and close at 9 PM. We offer a variety of
drinks and specialties including lattes,
ccinos, teas, and more. We serve
ast, lunch, and dinner in an airy open
. Come over, have a coffee and enjoy a
at with our baristas.

s	Phone
, G/F, 22-24A	348-233423
g San Street	
Sheung Wan,	
Kong	

14 運用地圖

MapKit 框架為開發者提供一系列的 API，以便將地圖相關功能合併到他們的 App 中，這些功能包含顯示地圖、導覽地圖、為特定位置加入標記、在現有地圖上加上覆蓋物等 API。使用該框架，你可以輕鬆將功能齊全的地圖介面嵌入到你的 App 中，而無須撰寫大量的程式碼。

而 SwiftUI 提供原生的 Map 視圖，可供開發者無縫嵌入地圖介面。另外，你可以使用 MapMarker 等內建的註釋視圖（Annotation View）來顯示註釋。

在本章中，我們會為 FoodPin App 加入地圖功能，這個 App 將在細節畫面中顯示一個小的地圖視圖。當使用者點擊該地圖視圖時，FoodPin App 將顯示全螢幕地圖來讓使用者探索位置的細節。透過本章，你將深入了解 MapKit 框架的各個方面，包括：

● 如何在視圖中嵌入地圖。

● 如何使用地理編碼器（Geocoder）來將地址轉換為座標。

● 如何在地圖上加入大頭針（即註釋）。

很酷，對吧？這會很有趣，讓我們開始吧！

14.1　了解 SwitUI 的地圖視圖

首先，我來快速介紹一下 SwiftUI 中的 Map 視圖，請參考 Map 的文件（URL https:// developer.apple.com/documentation/mapkit/map），你應該會找到下列結構的 init 方法：

```
init(coordinateRegion: Binding<MKCoordinateRegion>, interactionModes: MapInteractionModes =
.all, showsUserLocation: Bool = false, userTrackingMode: Binding<MapUserTrackingMode>? = nil)
where Content == _DefaultMapContent
```

要使用 Map，你需要提供 MKCoordinateRegion 的綁定，以追蹤要在地圖上顯示的區域。MKCoordinateRegion 結構可以讓你指定以特定緯度和經度為中心的矩形地理區域。

以下是一個例子：

```
MKCoordinateRegion(center: CLLocationCoordinate2D(latitude: 40.75773, longitude: -73.985708),
span: MKCoordinateSpan(latitudeDelta: 0.05, longitudeDelta: 0.05))
```

上例中的座標是紐約時代廣場的 GPS 座標，span 值用來定義所需的地圖縮放程度，其值越小，則縮放程度越高。

一般來說，要在 SwiftUI 中嵌入地圖，需要先匯入 MapKit 框架：

```
import MapKit
```

然後，只需實例化 Map 視圖就可以建立地圖，如下所示：

```
var body: some View {
    Map()
}
```

這將建立一個帶有預設位置的全螢幕地圖，但是 Map 視圖並沒有顯示預設位置，而是提供一個額外的 init 方法來讓你自訂地圖的初始位置：

```
init(
    initialPosition: MapCameraPosition,
    bounds: MapCameraBounds? = nil,
    interactionModes: MapInteractionModes = .all,
    scope: Namespace.ID? = nil
) where Content == MapContentView<Never, EmptyMapContent>
```

你可以建立一個 MapCameraPosition 的實例作為地圖的初始位置。MapCameraPosition 包含可用來控制要顯示那個地方或區域的各種屬性，包括：

- **automatic**
- **item(MKMapItem)**：用來顯示特定的地圖項目。
- **region(MKCoordinateRegion)**：用來顯示特定的區域。
- **rect(MKMapRect)**：用來顯示特定的地圖邊界。
- **camera(MapCamera)**：用來顯示目前的相機位置。
- **userLocation()**：用來顯示使用者的位置。

  舉例來說，你可以使用 .region(MKCoordinateRegion) 指示地圖顯示特定的區域：

```
Map(initialPosition:
    .region(MKCoordinateRegion(
            center: CLLocationCoordinate2D(latitude: 40.75773, longitude: -73.985708),
            span: MKCoordinateSpan(latitudeDelta: 0.05, longitudeDelta: 0.05)
    )))
```

上例中的座標是紐約時代廣場的 GPS 座標，span 值是用來定義所需的地圖縮放程度，其值越小，則縮放程度越高。

到目前為止，你應該對 SwiftUI 中的 Map 元件充分了解了，我們的下一步是將非互動式地圖整合到餐廳細節視圖的頁尾中。當使用者點擊地圖時，App 將轉換到地圖視圖控制器來顯示具餐廳位置的全螢幕地圖，圖 14.1 顯示了 App 的最終使用者介面。

圖 14.1　將地圖視圖加到細節視圖中

在細節視圖中嵌入地圖視圖之前，我們先從實作自己的 MapView 版本開始。雖然我們可以使用內建的 Map 視圖來顯示地圖，但是它需要提供準確的經緯度座標。我們自訂的 MapView 實作將會改良內建版本，呼叫者只需傳送實際地址，MapView 就會將該地址轉換為座標，並在地圖上顯示相應的位置。

在專案導覽器中的「View」資料夾上按右鍵，並選擇「New File...」，然後選取「SwiftUI View」模板，將檔案命名為「MapView」。插入下列程式碼來匯入 MapKit 框架：

```
import MapKit
```

然後替換 MapView 結構如下：

```
struct MapView: View {
    var location: String = ""
```

```
@State private var region: MKCoordinateRegion = MKCoordinateRegion(center: CLLocationCoord
inate2D(latitude: 51.510357, longitude: -0.116773), span: MKCoordinateSpan(latitudeDelta: 1.0,
longitudeDelta: 1.0))

    var body: some View {
        Map(initialPosition: .region(region))
    }
}
```

MapView 使用內建的 Map 元件來顯示地圖介面，但它需要一個名為「location」的附加參數（即該位置的地址）。

預設上，region 狀態變數設定爲倫敦的座標，在 Xcode 預覽中，它應該會顯示一個倫敦地圖，如圖 14.2 所示。

圖 14.2　**顯示地圖**

14.3 使用地理編碼器來將地址轉換為座標

現在你已經了解如何使用經度與緯度來顯示地圖，接下來我們將探討如何使用實際地址在地圖上標記位置。在我們於地圖上定位餐廳位置之前，先了解如何使用地圖上的位置是非常重要的。

要在地圖上突出顯示位置，你不能只使用實際地址，MapKit 框架不能這樣運作，地圖需要知道的是對應地球上特定「點」的經緯度地理座標。

這個框架提供一個 Geocoder 類別，使開發者將文字地址（即地標）轉換為全球座標，這個過程稱為「前向地理編碼」（Forward Geocoding）；反之，你也可以使用地理編碼器將經緯度值轉回地標，這個過程稱為「反向地理編碼」（Reverse Geocoding）。

要使用 CLGeocoder 類別初始化一個前向地理編碼請求，你只需要建立一個 CLGeocoder 的實例，然後使用地址參數的 geocodeAddressString 方法。以下是一個例子：

```
let geoCoder = CLGeocoder()
geoCoder.geocodeAddressString("524 Ct St, Brooklyn, NY 11231", completionHandler: { placemarks,
error in

// 處理地標

})
```

地址字串沒有指定的格式。這個方法非同步傳送指定的位置資料到地理編碼伺服器，然後伺服器會解析地址，並回傳一個 placemark 物件的陣列。而回傳的 placemark 物件的數量很大程度取決於你提供的地址，當你提供的地址資訊越具體，結果就越好；如果你的地址不夠具體，則可能會得到多個 placemark 物件。

透過 placemark 物件（即 CLPlacemark 類別的實例），你可以使用下列的程式碼輕鬆取得地址的地理座標：

```
let coordinate = placemark.location?.coordinate
```

完成處理器（Completion Handler）是在前向地理編碼請求完成後要執行的程式碼區塊，諸如註釋地標的操作會在這個程式碼區塊中完成。

你還記得問號是做什麼的嗎？如果你學習過第 2 章，我希望你可以回答這個問題。地標的 location 屬性在 Swift 中稱為「可選型別」（Optional），可選型別是 Swift 中導入的一個新型別，表示「有值」或「空值」，換句話說，location 屬性可能包含一個值。要存取可選型別，則使用問號。在本例中，Swift 會檢查 location 屬性是否有值，如果有的話，我們可以進一步取得 coordinate。

以上對於背景資訊的說明已經足夠了，我們來繼續編寫將實際地址轉換為座標的程式碼。在 MapView 結構中，插入一個新方法來執行地址轉換，如下所示：

```
private func convertAddress(location: String) {

// 取得位置
```

```
    let geoCoder = CLGeocoder()

    geoCoder.geocodeAddressString(location, completionHandler: { placemarks, error in
        if let error = error {
            print(error.localizedDescription)
            return
        }

        guard let placemarks = placemarks,
            let location = placemarks[0].location else {
            return
        }

        let region = MKCoordinateRegion(center: location.coordinate, span: MKCoordinateSpan
(latitudeDelta: 0.0015, longitudeDelta: 0.0015))

        self.position = .region(region)

    })
}
```

這個方法接受一個地址,並試著發出一個前向地理編碼請求來找出該位置的經緯度,如果請求成功,我們將狀態變數 region 更新為該座標。

guard 敘述對你來說可能比較陌生,之前我提到可使用問號來檢查 location 屬性是否有值。在上列的程式碼中,我介紹另一種執行檢查的方式,placemarks 與 placemarks[0].location 都是選項,guard 敘述檢查 placemarks 與 placemarks[0].location 是否有值,如果有值的話,則該值將分別儲存到 placemarks 與 location。

由於 location 變數必須要有值,因此我們可以直接取得 coordinate 值,並使用它來實例化一個區域,透過 MKCoordinateRegion 物件,我們可以用指定的區域來建立一個相機位置。

我還沒有解釋 position 變數的用途,由於地址轉換的過程需要一些時間,因此建立地圖時我們要確定初始位置就變得具有挑戰性。為了解決這個問題,Map 視圖提供一個額外的 init 方法,該方法接受對 MapCameraPosition 的綁定。當建立有文字地址的 Map 視圖時,更適合使用這個 init 方法:

```
@State private var position: MapCameraPosition = .automatic

Map(position: $position) {
```

```
    .
    .
    .
}
```

因此，請新增一行程式碼來建立 position 變數，你也可以刪除 region 屬性。

現在我們已經建立了地址轉換的方法，並設定了必要的屬性，那麼問題來了：「我們在什麼時候應該呼叫該方法？」理想情況下，此轉換過程應該在載入 MapView 時開始，幸運的是 SwiftUI 提供一個名為「task」的修飾器，允許我們在視圖載入時執行操作。

在 body 變數中，將 task 修飾器加到 Map 視圖，如下所示：

```
Map(position: $position)
    .task {
        convertAddress(location: location)
    }
```

當 Map 載入完成後，我們呼叫 convertAddress 方法來轉換地址並更新位置。要測試上述的變更，則編輯 #Preview 程式碼區塊如下：

```
#Preview {
    MapView(location: "54 Frith Street London W1D 4SL United Kingdom")
}
```

我們以實際地址初始化 MapView。在預覽窗格中，地圖視圖應該會顯示該地址的位置，如圖 14.3 所示。

圖 14.3　地圖視圖現在可以轉換地址並顯示其位置

14.4　新增標記至地圖

目前的地圖視圖存在一個問題：「它不能準確地在地圖上指出餐廳的確切位置」，然而 Map 結構實際上提供了額外的 init 方法，允許開發者在閉包中加入標記，如下所示：

```
Map(position: $position) {
    Marker("Here", coordinate: markerLocation.coordinate)
}
```

Marker 是一個氣球形狀的註譯，用來標記地圖位置。

現在我們使用 Marker 物件來精確定位地圖上的位置。首先，加入一個新的狀態變數至 MapView 中，以存放標註者的位置：

```
@State private var markerLocation = CLLocation()
```

在 convertAddress 方法中，於 geocodeAddressString 閉包內插入下列這行程式碼：

```
self.markerLocation = location
```

最後，將 MapView 的 body 更新為下列的程式碼片段：

```
Map(position: $position) {
    Marker("Here", coordinate: markerLocation.coordinate)
        .tint(.red)
}
.task {
    convertAddress(location: location)
}
```

我們使用 Marker 來顯示註釋。看一下預覽畫布，這次地圖應該會顯示一個標記來精確指出帶有「Here」標籤的餐廳位置，如圖 14.4 所示。

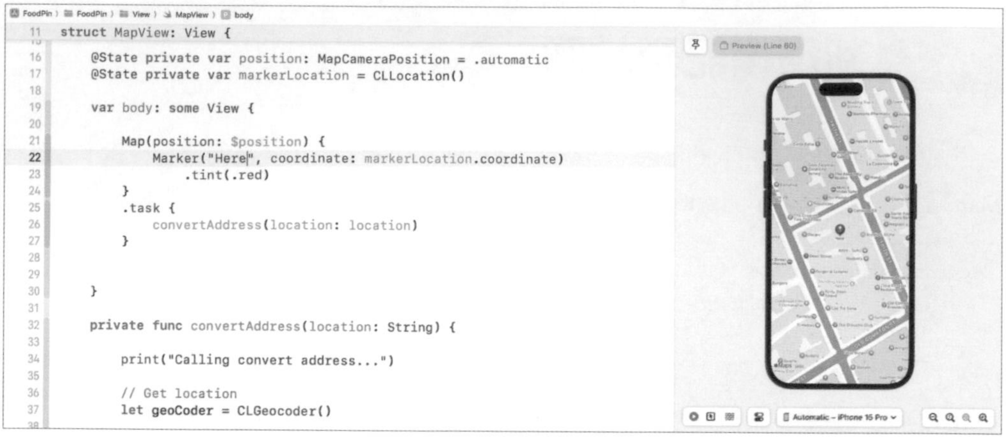

```
11    struct MapView: View {
16        @State private var position: MapCameraPosition = .automatic
17        @State private var markerLocation = CLLocation()
18
19        var body: some View {
20
21            Map(position: $position) {
22                Marker("Here", coordinate: markerLocation.coordinate)
23                    .tint(.red)
24            }
25            .task {
26                convertAddress(location: location)
27            }
28
29
30        }
31
32        private func convertAddress(location: String) {
33
34            print("Calling convert address...")
35
36            // Get location
37            let geoCoder = CLGeocoder()
38
```

圖 14.4　地圖視圖顯示該位置的標記

如果你不需要這個「Here」標籤，則可將標記的標籤設定爲空白：

```
Map(position: $position) {
    Marker("", coordinate: markerLocation.coordinate)
        .tint(.red)
}
```

14.5　嵌入 MapView

現在 MapView 的自訂版本已經可以使用了，是時候切換到 RestaurantDetailView.swift 並嵌入地圖視圖了。在 RestaurantDetailView 的 VStack 末尾插入下列的程式碼來嵌入地圖視圖：

```
MapView(location: restaurant.location)
    .frame(height: 200)
    .clipShape(RoundedRectangle(cornerRadius: 20))
    .padding()
```

自訂 MapView 就像 SwiftUI 中的任何其他視圖一樣，因此我們可以加上 frame 與 cornerRadius 修飾器來限制其大小與設定圓角。進行變更後，你應該會在預覽窗格看到地圖，如圖 14.5 所示。

不幸的是，還有一個小 Bug，即導覽列不完全透明，要解決這個問題，你可以加上 toolbarBackground 修飾器來更新 #Preview 程式碼：

```
#Preview {
    NavigationStack {
        RestaurantDetailView(restaurant: Restaurant(name: "Cafe Deadend", type: "Coffee &
Tea Shop", location: "G/F, 72 Po Hing Fong, Sheung Wan, Hong Kong", phone: "232-923423",
description: "Searching for great breakfast eateries and coffee? This place is for you. We
open at 6:30 every morning, and close at 9 PM. We offer espresso and espresso based drink,
such as capucino, cafe latte, piccolo and many more. Come over and enjoy a great meal.",
image: "cafedeadend", isFavorite: true))

            .toolbarBackground(.hidden, for: .navigationBar)
    }
    .tint(.white)
}
```

透過將導覽列設定為隱藏，你將不再於細節視圖中看見它。

圖 14.5　在細節視圖中嵌入地圖

14.6 顯示全螢幕地圖

我們還沒有完成 UI 的實作，當使用者點擊細節視圖中的地圖時，它應該會導覽到另一個顯示全螢幕地圖的畫面。要達成這個變更，你需要做的是使用 NavigationLink 包裹 MapView 的實例，如下所示：

```
NavigationLink(
    destination:
```

```
    MapView(location: restaurant.location)
        .toolbarBackground(.hidden, for: .navigationBar)
        .edgesIgnoringSafeArea(.all)

) {
    MapView(location: restaurant.location)
        .frame(height: 200)
        .clipShape(RoundedRectangle(cornerRadius: 20))
        .padding()
}
```

目的是設定為顯示全螢幕的 MapView。如果你所做的變更正確，則應該會獲得所需的結果，如圖 14.6 所示。

圖 14.6　顯示全螢幕地圖

14.7 禁用使用者互動

預設上，內建地圖可以讓使用者平移及縮放。在某些情況下，你可能希望完全禁止使用者與地圖進行互動，你可以指定 interactionModes 參數來實例化 Map 視圖：

```
Map(position: $position, interactionModes: [])
```

透過將 Map 視圖設定為空集，你可以禁用使用者互動。這個參數接受五個選項：

● **.all**：允許所有類型的使用者互動。

- **.pan**：允許使用者平移。
- **.zoom**：允許使用者縮放。
- **.rotate**：允許使用者旋轉。
- **.pitch**：允許使用者俯仰。

14.8 作業①：禁用使用者互動

我們的自訂 MapView 並不支援 interactionModes，你的任務是修改 MapView.swift 來新增該功能。細節視圖中的嵌入地圖目前允許使用者與其互動，你的任務是更新程式來禁用使用者互動。

14.9 作業②：修正導覽列透明度問題

你是否注意到目前應用程式中的 Bug 呢？如果你開啓 RestaurantListView 並導覽至細節視圖，你可能會注意到導覽列並不是完全透明的，你的任務是修正導覽列的透明度問題。提示一下，你可以使用修飾器來設定工具列的背景，請花一些時間來尋找 API 文件，並找到適合的修飾器來解決這個問題。

圖 14.7　導覽列為部分透明

14.10 本章小結

在本章中，我介紹了 MapKit 框架的基本知識。到目前為止，你應該充分了解如何將地圖整合到你的 App 中，並加入註釋，然而這只是一個開始而已，還有很多東西值得探索。你可以進一步研究 MKDirection（ [URL] https://developer.apple.com/library/mac/documentation/MapKit/Reference/MKDirections_class/ ），此類別使你能夠從 Apple 伺服器取得基於路徑的方向資料，允許你存取旅行時間的資訊或行車路線或步行路線。要讓你的 App 更邁進一步，你可以結合顯示方向的功能來增強使用者體驗。

在本章所準備的範例檔中，有最後完整的 Xcode 專案（swiftui-foodpin-maps.zip）可供你參考。

15 動畫與模糊效果

首先，我們來闡述什麼是動畫以及動畫是如何建立的。「動畫」是透過快速一連串靜態圖片或影格（Frame）來模擬移動及形狀的變化，它會產生物件正在移動或改變大小的錯覺。

例如：逐漸變大的圓形動畫是透過顯示一連串的影格來建立的，它從一個點開始，隨後每個影格中的圓形會比前一個圓形更大一點，這一系列的畫面會產生點逐漸變大的錯覺。圖 15.1 說明了靜態圖片的序列，為了使範例簡單一點，該圖只顯示五個影格，但是要實現無縫轉場與更流暢的動畫，你需要建立更多的影格才行。

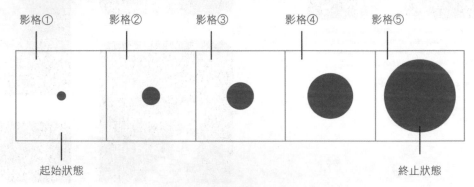

圖 15.1　建立動畫的影格序列

現在你已經對動畫的工作原理有了基本的了解，我們來探討如何在 SwiftUI 中建立動畫。以逐漸變大的圓形為例，我們知道動畫是從點開始（即起始狀態），並以大紅色圓形結束（即終止狀態），其挑戰在於如何在這兩個狀態之間產生影格。你是否需要設計一種演算法（Algorithm）並編寫數百行程式碼，以在兩者之間產生一連串的影格呢？絕對不需要！SwiftUI 會負責所有這些繁重的工作，該框架可幫助你計算起始狀態與終止狀態之間的影格，從而產生無縫動畫。

你曾用過 Keynote 的瞬間移動動畫（Magic Move Animation）功能嗎？藉由瞬間移動，你可以輕鬆在投影片間建立平滑動畫（Slick Animation）。Keynote 會自動分析兩張投影片之間的物件，並自動產生動畫。對我來說，SwiftUI 將「瞬間移動」的概念帶入應用程式開發中，使用 SwiftUI 框架的動畫是自動且看起來很神奇的。當你定義一個視圖的兩個狀態，SwiftUI 會負責其餘的工作，接著以動畫顯示兩個狀態之間的變化。

要了解技術的最佳方式，莫過於以實際例子來進行研究了。在本章中，我們將在細節視圖中建立一個新的評分按鈕，當點擊評分按鈕時，App 將顯示一個評分視圖（Review View）來供使用者對餐廳進行評分。為了提升使用者體驗，我們將在評分視圖中加入模糊效果與動畫，如圖 15.2 所示。

圖 15.2 評分視圖

15.1 加入圖片素材

現在我們進入評分視圖的實作，評分視圖顯示五個評分按鈕來供使用者選擇。根據你目前所學到的內容，要建立這種類型的 UI 佈局應該不困難，我們先來準備圖片。

你可以下載圖片包（URL https://www.appcoda.com/resources/swift4/FoodPinRatingButtons.zip），並將圖示加到素材目錄（即 Assets.xcasssets），或者你也可以在素材目錄中建立一個資料夾來儲存圖片，如圖 15.3 所示。

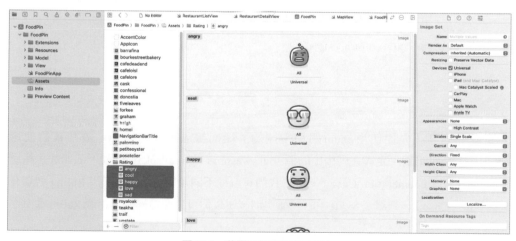

圖 15.3 將圖示加到素材目錄中

15.2 使用列舉來顯示評分

讓我們從模型開始，也就是 Restaurant.swift 檔。在 Swift 中有很多方式可以顯示評分，例如：你可以使用字串來儲存評分：

```
var rating = "awesome"
```

或者你可以使用整數來顯示評分：

```
var rating = 5 // awesome
```

對於這個 App 來說，我更喜歡以列舉格式來儲存評分。Swift 中的列舉可以讓你為一組相關值定義通用型別。在 Restaurant 結構中插入下列的程式碼：

```
enum Rating: String, CaseIterable {
    case awesome
    case good
    case okay
    case bad
    case terrible

    var image: String {
        switch self {
        case .awesome: return "love"
        case .good: return "cool"
        case .okay: return "happy"
        case .bad: return "sad"
        case .terrible: return "angry"
        }
    }
}
```

要建立列舉，先從使用 enum 關鍵字開始，後面接著列舉的名稱，這裡我們使用「Rating」這個名稱。定義在列舉中的值（即 awesome、good、okay、bad、terrible）稱為「列舉項目」（Enumeration Case），由於我們有五種不同類型的評分，所以 Rating 列舉有 5 個項目（Case）。列舉是 Swift 中的一種型別，所以你可以像這樣使用這個 Rating 型別：

```
var rating: Rating = .awesome
rating.image // 回傳 "love"
```

在列舉中，你可以定義函數與變數。在上列的程式碼中，我們還宣告一個 image 變數來回傳評分的圖片名稱，例如：如果評分的值設定爲「.awesome」，則 image 變數回傳「love」。

String 與 CaseIterable 的用途是什麼呢？列舉的每個項目（Case）都允許有一個預設值，也就是「原始值」（Raw Values）。String 型別表示字串用於原始值，你可以像這樣明確指定原始值：

```
enum Rating: String, CaseIterable {
    case awesome = "awesome"
    case good = "good"
    case okay = "okay"
    case bad = "bad"
    case terrible = "terrible"

      .
      .
      .

}
```

由於原始值和項目（Case）名稱一樣，我們可以省略它，並讓 Swift 爲我們產生這些值。

最後，什麼是 CaseIterable 呢？當使用列舉時，通常需要去找出項目總數或者迭代項目，爲此你可以採用 CaseIterable 協定，接著可使用下列程式碼來計算項目：

```
let totalCases = Rating.allCases.count
```

而且，我們可以使用 ForEach 迴圈來佈局評分按鈕，如下所示：

```
ForEach(Restaurant.Rating.allCases, id: \.self) { rating in
    // 顯示評分按鈕
}
```

15.3 實作評分視圖

太棒了！你應該對於列舉充分理解了，我們來繼續實作評分視圖。在專案導覽器中的「View」資料夾上按右鍵，並選擇「New File...」，然後選取「SwiftUI View」模板，將檔案命名爲「ReviewView.swift」。

要建立如圖 15.2 所示的評分視圖，我將使用 ZStack 來包含背景、關閉按鈕及評分按鈕集等三個視圖元件。更新 ReviewView 結構如下：

```swift
struct ReviewView: View {
    var body: some View {
        ZStack {
            Color.black
                .ignoresSafeArea()

            HStack {
                Spacer()

                VStack {
                    Button(action: {

                    }) {
                        Image(systemName: "xmark")
                            .font(.system(size: 30.0))
                            .foregroundColor(.white)
                            .padding()
                    }

                    Spacer()
                }
            }

            VStack(alignment: .leading) {

                ForEach(Restaurant.Rating.allCases, id: \.self) { rating in

                    HStack {
                        Image(rating.image)
                        Text(rating.rawValue.capitalized)
                            .font(.system(.title, design: .rounded))
                            .fontWeight(.bold)
                            .foregroundColor(.white)
                    }
                }
            }
        }
    }
}
```

Color 視圖設定為黑色，並且加上 ignoresSafeArea 修飾器來將視圖擴展為全螢幕。對於「Close」按鈕，我們使用來自 SF Symbols 且名為「xmark」的系統圖片。

最上層是包含評分按鈕的 VStack 視圖，由於 Rating 列舉採用 CaseIterable 協定，因此我們可以輕鬆迭代它的所有項目（Case）。對於每個評分按鈕，我們使用 HStack 來排列圖片與文字元件。

當你變更完成後，你應該會看到如圖 15.4 所示的 UI。

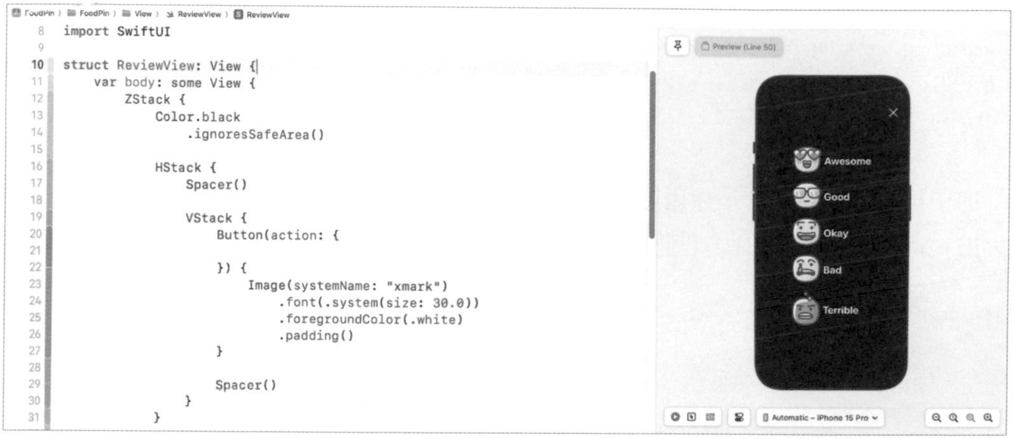

圖 15.4　評分視圖的實作

15.4 應用視覺模糊效果

評分視圖尚未完成，如果你參考圖 15.2，視圖應該有一個模糊背景，而不是純黑色的背景，這可以透過對餐廳圖片應用模糊效果來實現。

在深入探討模糊效果的實作之前，我們先加入背景圖片。在 ReviewView 中宣告一個變數來儲存 Restaurant 物件：

```
var restaurant: Restaurant
```

我們將使用該餐廳圖片作為背景。在 ZStack 的開頭插入下列的程式碼片段來顯示圖片：

```
Image(restaurant.image)
    .resizable()
    .scaledToFill()
```

```
    .frame(minWidth: 0, maxWidth: .infinity)
    .ignoresSafeArea()
```

你應該會在 #Preview 程式碼區塊中看到一個錯誤，這是因爲我們加入了 restaurant 屬性。要解決這個問題，只需傳送一個範例餐廳，如下所示：

```
ReviewView(restaurant: Restaurant(name: "Cafe Deadend", type: "Coffee & Tea Shop", location:
"G/F, 72 Po Hing Fong, Sheung Wan, Hong Kong", phone: "232-923423", description: "Searching
for great breakfast eateries and coffee? This place is for you. We open at 6:30 every morning,
and close at 9 PM. We offer espresso and espresso based drink, such as capuccino, cafe latte,
piccolo and many more. Come over and enjoy a great meal.", image: "cafedeadend", isFavorite:
true))
```

即使加入了背景圖片，你也可能無法看到評分畫面有任何的視覺變化，這是因爲該圖片被 Color 視圖完全擋住，我們來將 Color 視圖的不透明度更改爲「0.1」：

```
Color.black
    .opacity(0.1)
    .ignoresSafeArea()
```

當你變更完成後，結果畫面應該如圖 15.5 所示。

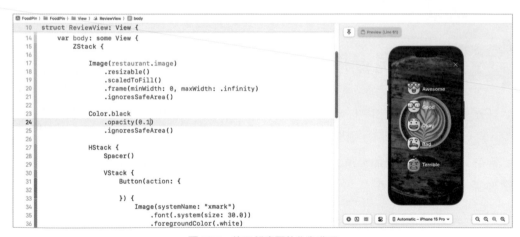

圖 15.5　使用餐廳圖片作爲背景

在 iOS 15 之前，你必須切換回 UIKit 並利用 UIVisualEffect 類別，來將視覺效果應用於視圖；然而，自從 iOS 15 發布以來，SwiftUI 現在包含一個用於加入模糊效果的內建修飾器。

你只需要加入 background 修飾器，並指定材質類型。更新 Color 視圖如下：

```
Color.black
    .opacity(0.6)
    .background(.ultraThinMaterial)
    .ignoresSafeArea()
```

SwiftUI 框架提供了五種材質，每種材質都有不同的厚度，包括：

- .ultraThinMaterial

- .thinMaterial

- .regularMaterial

- .thickMaterial

- .ultraThickMaterial

材質的厚度決定可以看到多少的背景內容，越厚的材質，則可顯示的背景內容便越少。在上列的程式碼中，我們將不透明度更新為「0.6」，並使用「.ultraThinMaterial」作為背景。

預覽程式碼後，你會立即注意到視覺模糊效果，如圖 15.6 所示。若要測試每種材質的效果，則可以修改 background 修飾器，並試驗各種材質選項。

圖 15.6　應用模糊效果

15.5 顯示評分畫面

現在我們回到 RestaurantDetailView.swift，並加入評分按鈕。點擊這個按鈕後，App 會顯示評分畫面。

首先，建立一個名為「showReview」的狀態變數，來控制評分視圖的外觀：

```
@State private var showReview = false
```

在 VStack 的末尾（即 NavigationLink 後面）插入下列的程式碼，以建立按鈕：

```
Button {
    self.showReview.toggle()
} label: {
    Text("Rate it")
        .font(.system(.headline, design: .rounded))
        .frame(minWidth: 0, maxWidth: .infinity)
}
.tint(Color("NavigationBarTitle"))
.buttonStyle(.borderedProminent)
.buttonBorderShape(.roundedRectangle(radius: 25))
.controlSize(.large)
.padding(.horizontal)
.padding(.bottom, 20)
```

我們使用 iOS 15 起導入的一些修飾器來實作圓角矩形按鈕。tint 修飾器設定按鈕的顏色，iOS 15 提供了三種預設的 Button 樣式。在上列的程式碼中，我們使用 .borderedProminent 樣式來顯示一個純色背景的按鈕，而另外兩種樣式是 .bordered 與 .borderless。

buttonBorderShape 修飾器可讓我們定義按鈕的邊框形狀，在本例中，我們設定按鈕為圓角矩形；而 controlSize 修飾器是定義按鈕的大小。

當點擊按鈕時，我們切換 showReview 的值，以觸發 ReviewView 的顯示。如果你在預覽窗格中執行這個 App，你現在應該會在細節視圖中看到「Rate it」按鈕，如圖 15.7 所示。

圖 15.7 建立評分按鈕

要帶出 ReviewView，則將 .overlay 修飾器加到 ScrollView（如果你不確定要在哪裡插入程式碼，請參考圖 15.8）：

```
.overlay(
    self.showReview ?
        ZStack {
            ReviewView(restaurant: restaurant)
        }

    : nil
)
.toolbar(self.showReview ? .hidden : .visible)
```

你可能想知道為什麼我們選擇將 ReviewView 顯示為覆蓋（Overlay），而不是將其顯示為表格（Sheet）？答案是靈活性。未來我們會將一些動畫轉場合併到 ReviewView 中，如果我們要將視圖顯示為模態表（Modal Sheet），則修改其預設的轉場將會具有挑戰性，這就是為何我更喜歡將評分視圖顯示為覆蓋的緣故，因為它可以更易於自訂轉場。

為了在評分視圖出現時隱藏「返回」按鈕，我們加上 .hidden 修飾器，並將其設定為「.hidden」。

完成變更後，在模擬器或者預覽中執行 App，然後進入到餐廳的細節視圖，並點擊「Rate it」按鈕，以觸發評分視圖。

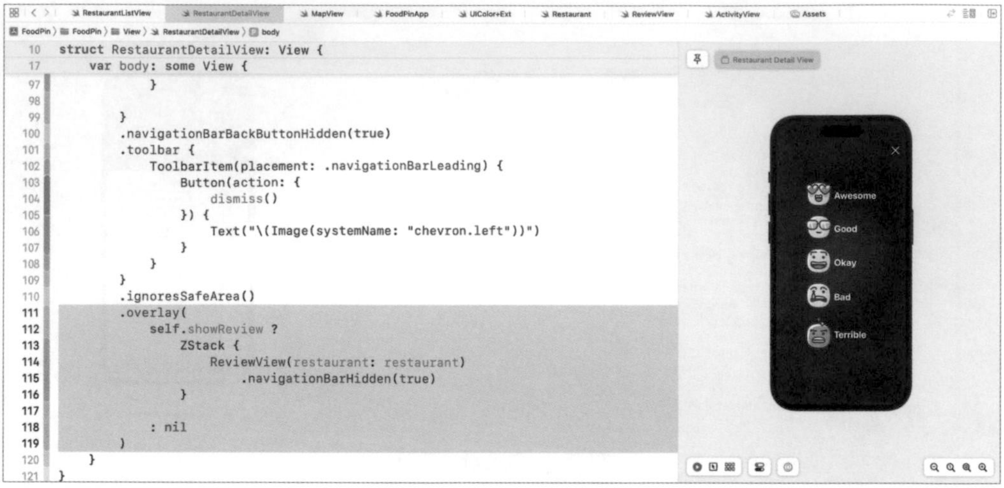

圖 15.8　顯示評分視圖

15.6 應用動畫來關閉評分視圖

你是否試過點擊評分視圖的「關閉」（Close）按鈕嗎？它還無法運作。要使其正常運作，則在 ReviewView 結構的開頭宣告一個綁定：

```
@Binding var isDisplayed: Bool
```

我們需要 ReviewView 的呼叫者將綁定傳送給控制 ReviewView 可見性的狀態變數。透過綁定，我們可以將 isDisplayed 設定為「false」來關閉評分視圖。更新「xmark」按鈕的動作如下：

```
Button(action: {
    withAnimation(.easeOut(duration: 0.3)) {
        self.isDisplayed = false
    }
}) {
    Image(systemName: "xmark")
        .font(.system(size: 30.0))
        .foregroundStyle(.white)
        .padding()
}
```

當點擊「xmark」按鈕時，我們只需設定 isDisplayed 的值為「false」，便會關閉評分視圖。

要在 SwiftUI 中對狀態變化進行動畫處理，你只需將狀態變化包裹在 withAnimation 區塊中即可。withAnimation 呼叫帶入一個動畫參數，這裡我們指定使用持續時間為 0.3 秒的 .easeOut 動畫。SwiftUI 內有幾種內建動畫，.easeOut 只是其中之一。

SwiftUI 中這種類型的動畫稱為「顯式動畫」（Explicit Animation），因為我們明確告知 SwiftUI 對特定的狀態變化（即 isDisplayed）進行動畫處理。

由於加入了綁定，你應該會在 #Preview 中看到一個錯誤。加入 isDisplayed 綁定來更新 ReviewView 的實例：

```
#Preview {
    ReviewView(isDisplayed: .constant(true), restaurant: Restaurant(name: "Cafe Deadend",
type: "Coffee & Tea Shop", location: "G/F, 72 Po Hing Fong, Sheung Wan, Hong Kong", phone:
"232-923423", description: "Searching for great breakfast eateries and coffee? This place is
for you. We open at 6:30 every morning, and close at 9 PM. We offer espresso and espresso
based drink, such as capuccino, cafe latte, piccolo and many more. Come over and enjoy a great
meal.", image: "cafedeadend", isFavorite: true))
}
```

現在回到 RestaurantDetailView.swift，其為 ReviewView 的呼叫者。修改程式碼來實例化 ReviewView，以傳送 showReview 的綁定：

```
ReviewView(isDisplayed: $showReview, restaurant: restaurant)
```

如此，在模擬器或預覽窗格中執行 App，「Close」按鈕應該可以正常運作，並以淡出動畫（Fade Animation）來關閉評分視圖。

15.7 以滑入動畫為評分按鈕設定動畫

「滑入動畫」（Slide-in Animation）是一種常見的動畫類型，物件從螢幕的最右側（或最左側）滑入，直到它到達特定位置。參考圖 15.9，當評分視圖出現時，評分按鈕會從最右側滑入螢幕。

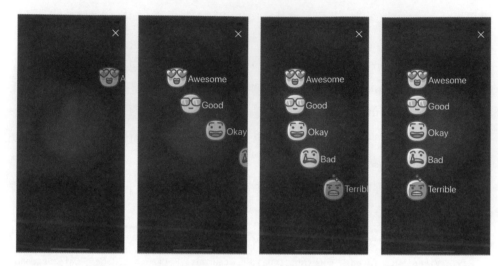

圖 15.9　滑入動畫的工作原理

　　爲了建立滑入動畫，我們將所有的評分按鈕移到螢幕右側外，這是起始狀態，而終止狀態是按鈕的原始位置。

　　我們需要一個狀態變數來控制起始狀態與終止狀態。在 ReviewView 中，宣告一個狀態變數並設定其初始值爲「false」：

```
@State private var showRatings = false
```

　　這裡的 false 值表示評分按鈕隱藏在螢幕的最右側。現在將以下的修飾器加到每一個評分按鈕：

```
ForEach(Restaurant.Rating.allCases, id: \.self) { rating in

    HStack {
        .
        .
        .
    }
    .opacity(showRatings ? 1.0 : 0)
    .offset(x: showRatings ? 0 : 1000)
}
```

　　我們使用 offset 修飾器來將評分按鈕移出螢幕，正值（即 1000）是將視圖向右移動。.opacity 修飾器是一個可選型別，但是當我們稍後爲這些狀態變化設定動畫時，它會提供更好的動畫效果。

透過上述的變更，所有的評分按鈕均被隱藏，評分畫面應該要顯示為空白畫面，如圖 15.10 所示。

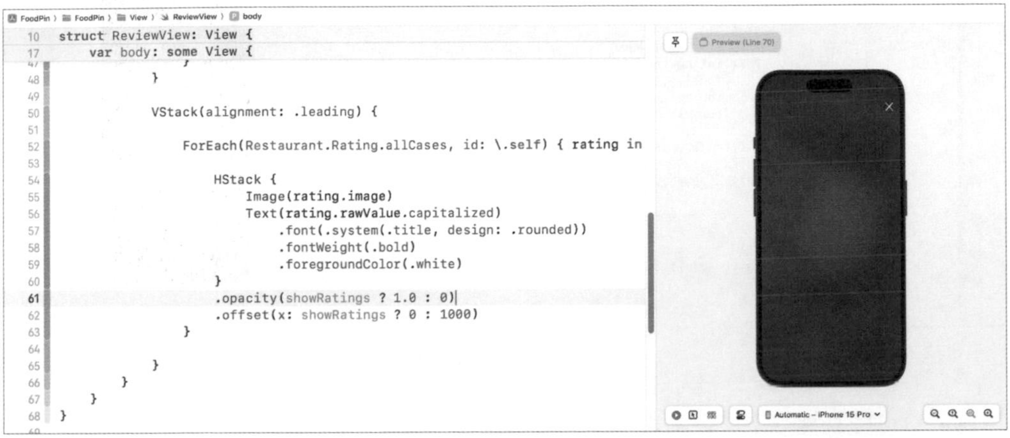

圖 15.10　隱藏評分按鈕

那麼，我們要如何將評分按鈕移回原始位置呢？訣竅是使用 .onAppear 修飾器，並在視圖出現時，將 showRatings 屬性設定為「true」。

將 .onAppear 修飾器加到 ZStack 視圖：

```
.onAppear {
    showRatings.toggle()
}
```

插入程式碼之後，評分按鈕會再次出現在視圖中，但是狀態變化還沒有進行動畫處理，我們該如何建立滑入動畫呢？

你只需要加入 .animation 修飾器到 HStack 視圖，並將其放在 .offset 修飾器之後，如下所示：

```
.animation(.easeOut, value: showRatings)
```

之前我們使用 withAnimation 來建立動畫，animation 修飾器是指示 SwiftUI 渲染動畫的另一種方式。當 showRatings 的狀態更新時，框架會自動為所有的變化設定動畫。要測試動畫，則在預覽窗格中執行 App，如圖 15.11 所示。

```
FoodPin > FoodPin > View > ReviewView > body
10    struct ReviewView: View {
17        var body: some View {
50                VStack(alignment: .leading) {
51
52                    ForEach(Restaurant.Rating.allCases, id: \.self) { rating in
53
54                        HStack {
55                            Image(rating.image)
56                            Text(rating.rawValue.capitalized)
57                                .font(.system(.title, design: .rounded))
58                                .fontWeight(.bold)
59                                .foregroundColor(.white)
60                        }
61                        .opacity(showRatings ? 1.0 : 0)
62                        .offset(x: showRatings ? 0 : 1000)
63                        .animation(.easeOut, value: showRatings)
64                    }
65
66                }
67                .onAppear {
68                    showRatings.toggle()
69                }
70            }
71        }
```

圖 15.11　滑入動畫

我們已經成功建立了滑入動畫，然而這不是我們想要建立的確切動畫，其雖然是一個滑入動畫，但是所有的評分按鈕都會同時飛入螢幕中。為了實作如圖 15.9 所示的動畫，我們必須爲每個按鈕加入延遲時間。更新 .animation 修飾器如下：

```
.animation(.easeOut.delay(Double(Restaurant.Rating.allCases.firstIndex(of: rating)!) * 0.05),
value: showRatings)
```

SwiftUI 框架提供了幾種內建動畫，例如：.easeOut，這些動畫中的每一個都可以讓你呼叫其 delay 函數，以在一定的秒數後才開始動畫。Rating 列舉的第一個項目（Case）沒有延遲動畫，列舉的第二個項目會延遲 0.05 秒，第三個項目會延遲 0.1 秒，反之亦然。

現在再次執行 App 來檢視動畫效果。

15.8　本章小結

這是另一個涵蓋動畫及視覺效果的重要章節，SwiftUI 讓視圖的動畫變更變得非常簡單，你只需要告知框架：起始狀態與終止狀態爲何，然後 SwiftUI 會提供所需的動畫。

在本章中，我只介紹了幾個內建動畫（例如：.easeOut）的範例，我鼓勵你探索其他類型的內建動畫，例如：彈簧動畫（Spring Animation），以了解它們的工作原理，最後不要忘記花一些時間來完成你的作業，並進一步加強你對這些概念的理解。

在本章所準備的範例檔中，有最後完整的 Xcode 專案以及作業的解答（swiftui-foodpin-animation.zip）可供你參考。

運用可觀察物件與
Combine

在上一章中，我們介紹了評分畫面來供使用者對餐廳進行評分，而評分按鈕目前缺乏功能，所需的行為是當選擇評分時，評分視圖會自行關閉，並且所選評分顯示在細節視圖中，如圖 16.1 所示。在本章中，我們將深入探討這個功能的實作細節。

圖 16.1　在細節視圖中顯示評分

最重要的是，我將會簡要介紹一下 Combine 框架，它是與 SwiftUI 一起導入的框架。Combine 可以讓你輕鬆監看單一物件並取得其變更的通知。當與 SwiftUI 結合時，我們無須編寫任何的程式碼，便可觸發視圖的更新，SwiftUI 與 Combine 無縫地協同工作，處理幕後的一切。

16.1 目前設計的問題

現在我們來看如何處理評分的選擇。如果你開啟 Restaurant.swift，你會注意到 Restaurant 結構目前沒有用於儲存使用者評分的屬性，我們可以為 Restaurant 結構加入一個名為「rating」的新屬性，如下所示：

```
var rating: Rating?
```

rating 變數被定義為可選型別，這是因為使用者可能不會為餐廳評分。因應這個變化，我們還需要更新 init 方法如下：

```
init(name: String, type: String, location: String, phone: String, description: String, image: String, isFavorite: Bool = false, rating: Rating? = nil) {
```

```
        self.name = name
        self.type = type
        self.location = location
        self.phone = phone
        self.description = description
        self.image = image
        self.isFavorite = isFavorite
        self.rating = rating
    }
```

現在我們回到 ReviewView.swift。要偵測使用者的選擇，我們可以將 .onTapGesture 修飾器加到 HStack 視圖，並將其放在 .animation 修飾器之後：

```
.onTapGesture {
    self.restaurant.rating = rating
    self.isDisplayed = false
}
```

糟糕！Xcode 立即提示錯誤訊息給我們，如圖 16.2 所示。

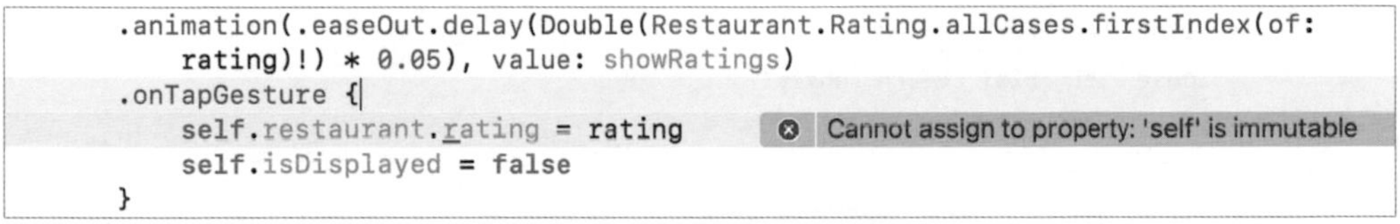

```
    .animation(.easeOut.delay(Double(Restaurant.Rating.allCases.firstIndex(of:
        rating)!) * 0.05), value: showRatings)
    .onTapGesture {
        self.restaurant.rating = rating        ⊗  Cannot assign to property: 'self' is immutable
        self.isDisplayed = false
    }
```

圖 16.2　self 是不可變的錯誤

錯誤的原因在於 restaurant 變數是不可變的，這表示我們不允許直接更新其值，那麼我們該如何更新 restaurant 的 rating 屬性呢？

我們應該以 @State 標註 restaurant 變數？雖然這可以解決錯誤，並讓我們更新評分，但是這個變更只在 ReviewView 中可見，我們該如何將評分的變化通知細節視圖，以便它可以顯示使用者選擇的評分呢？

16.2 使用可觀察物件

Combine 框架有一個名為「ObservableObject」的協定。透過採用這個協定，每當其屬性值發生變化時，物件本身就可以通知其他視圖。

要使用 ObservableObject，我們需要對 Restaurant 結構進行一些變更。我們必須宣告 Restaurant 為類別而不是結構，才能採用 ObservableObject。

現在開啟 Restaurant.swift，並將內容替換如下：

```swift
import Combine

class Restaurant: ObservableObject {

    enum Rating: String, CaseIterable {
        case awesome
        case good
        case okay
        case bad
        case terrible

        var image: String {
            switch self {
            case .awesome: return "love"
            case .good: return "cool"
            case .okay: return "happy"
            case .bad: return "sad"
            case .terrible: return "angry"
            }
        }

    }

    @Published var name: String
    @Published var type: String
    @Published var location: String
    @Published var phone: String
    @Published var description: String
    @Published var image: String
    @Published var isFavorite: Bool = false
    @Published var rating: Rating?

    init(name: String, type: String, location: String, phone: String, description: String,
    image: String, isFavorite: Bool = false, rating: Rating? = nil) {
        self.name = name
        self.type = type
        self.location = location
        self.phone = phone
```

```
        self.description = description
        self.image = image
        self.isFavorite = isFavorite
        self.rating = rating
    }
}
```

如果你將修改後的程式碼和原來的 Restaurant 結構做比較，它們看起來非常相似，Rating 列舉與 init 方法保持不變，唯一的差異是我們宣告 Restaurant 為一個類別，並採用 ObservableObject 協定。此外，所有的屬性都標註 @Published。

@Published 是一個和 ObservableObject 一起使用的屬性包裹器，當屬性標記為 @Publisher 時，它表示發布者（在本例中為 Restaurant 類別）應該在該屬性值發生變更時通知所有訂閱者（即視圖）。

Restaurant 類別與原來的結構一致，因此你無須對其他程式碼進行任何的變更。最重要的是，Xcode 不再對 ReviewView 中加入的程式碼提出任何異議了：

```
.onTapGesture {
    self.restaurant.rating = rating
    self.isDisplayed = false
}
```

點擊「Play」按鈕，並在模擬器上測試 App，你應該能執行它，而不會出現任何錯誤。

16.3 在細節視圖中顯示評分

現在切換到 RestaurantDetailView.swift，我們必須更新細節視圖，以顯示所選的評分。找到顯示餐廳名稱與類型的程式碼：

```
VStack(alignment: .leading, spacing: 5) {
    Text(restaurant.name)
        .font(.custom("Nunito-Regular", size: 35, relativeTo: .largeTitle))
        .bold()
    Text(restaurant.type)
        .font(.system(.headline, design: .rounded))
        .padding(.all, 5)
        .background(.black)
}
```

```
    .frame(minWidth: 0, maxWidth: .infinity, minHeight: 0, maxHeight: .infinity, alignment:
    .bottomLeading)
    .foregroundStyle(.white)
    .padding()
```

要顯示評分圖示，則用 HStack 視圖包裹 VStack，然後我們使用 Image 視圖來渲染評分。完整的程式碼如下所示：

```
HStack(alignment: .bottom) {
    VStack(alignment: .leading, spacing: 5) {
        Text(restaurant.name)
            .font(.custom("Nunito-Regular", size: 35, relativeTo: .largeTitle))
            .bold()
        Text(restaurant.type)
            .font(.system(.headline, design: .rounded))
            .padding(.all, 5)
            .background(.black)
    }
    .frame(minWidth: 0, maxWidth: .infinity, minHeight: 0, maxHeight: .infinity, alignment:
.bottomLeading)
    .foregroundColor(.white)
    .padding()

    if let rating = restaurant.rating, !showReview {
        Image(rating.image)
            .resizable()
            .frame(width: 60, height: 60)
            .padding([.bottom, .trailing])
            .transition(.scale)
    }
}
.animation(.spring(response: 0.2, dampingFraction: 0.3, blendDuration: 0.3), value: restaurant.
rating)
```

在顯示圖片視圖之前，我們使用 if let 來驗證 restaurant.rating 是否有值。如果沒有評分，我們將不會顯示圖片視圖。要修飾評分圖片的外觀，我們加入了 animation 修飾器並應用彈簧動畫。

這就是 ObservableObject 的強大之處。回想一下，Restaurant 的 rating 屬性是用 @Published 標註，每當有任何值發生變化時，該物件都會通知所有相關的視圖。

在模擬器或預覽窗格上執行 App，當你在評分畫面中選擇評分後，細節視圖就會以漂亮的動畫來顯示相應的圖片，如圖 16.3 所示。

```
FoodPin > FoodPin > View > RestaurantDetailView > body
10  struct RestaurantDetailView: View {
17     var body: some View {
42                                      .background(.black)
43                              }
44                              .frame(minWidth: 0, maxWidth: .infinity,
                                   minHeight: 0, maxHeight: .infinity,
                                   alignment: .bottomLeading)
45                              .foregroundColor(.white)
46                              .padding()
47
48                              if let rating = restaurant.rating,
                                   !showReview {
49                                  Image(rating.image)
50                                      .resizable()
51                                      .frame(width: 60, height: 60)
52                                      .padding([.bottom, .trailing])
53                                      .transition(.scale)
54                              }
55                          }
56                          .animation(.spring(response: 0.2,
                                   dampingFraction: 0.3, blendDuration: 0.3),
                                   value: restaurant.rating)
57                      }
58                  }
```

圖 16.3　顯示評分圖示

16.4　本章小結

在本章中，我簡要介紹了 Combine 框架。在 ObservableObject 的幫助下，我們可以輕鬆監看物件值的變化。然而，Combine 框架還有更多值得探討的內容，如果你想要深入了解 Combine 框架的話，我建議你觀看下列的影片：

- URL https://developer.apple.com/videos/play/wwdc2019/722/
- URL https://developer.apple.com/videos/play/wwdc2019/721/

在本章所準備的範例檔中，有最後完整的 Xcode 專案（swiftui-foodpin-observableobject.zip）可供你參考。

17 運用表單與相機

至目前為止，FoodPin App 只能顯示內容，我們現在需要為使用者提供加入新餐廳的功能。在本章中，我們將建立一個新畫面來顯示用於收集餐廳資訊的輸入表單，在表單中使用者將能從內建的相片庫選擇餐廳相片。在整個過程中，你會學到多種技術：

- 使用 TextField 與 TextEditor 來建立表單輸入。
- 存取內建的相片庫並使用相機。

圖 17.1 提供了我們將建立的畫面預覽，它展示了一個由文字欄位與文字視圖組成的簡單輸入表單。

圖 17.1　建立新餐廳畫面來加入新餐廳

17.1 了解 SwiftUI 的文字欄位

如果你從一開始就閱讀本書，你應該非常熟悉堆疊視圖。透過使用 VStack，你可以輕鬆建立表單佈局，問題是如何在 SwiftUI 中建立文字欄位呢？

這個框架提供一個名為「TextField」的視圖元件來建立文字欄位，你通常使用一個欄位及與其欄位值的綁定來初始化 TextField。以下是一個例子：

```
TextField("Name", text: $name)
    .font(.system(size: 20, weight: .semibold, design: .rounded))
    .padding(.horizontal)
```

這會渲染一個可編輯的文字欄位,其中使用者的輸入儲存在給定的綁定中。與 SwiftUI 中的其他視圖類型類似,你可以應用相關的修飾器來修改其外觀。

17.2 為使用者輸入建立通用表單欄位

佈局表單的最直接方式是逐一建立每個表單欄位,話雖如此,你應該注意到大多數表單欄位都具有相同的設計,基本上我們可以將表單欄位分成兩類:

● 具有標籤的文字欄位,用於獲得姓名、類型、地址與電話的輸入。

● 帶有標籤的文字視圖,用於獲得描述輸入。

在本例中,我們可以為每個類別建立一個通用表單欄位。如果你還沒有開啟 FoodPin 專案,是時候啟動 Xcode 了。

我們首先在「View」資料夾下建立一個名為「NewRestaurantView.swift」的新檔案,在「View」資料夾上按右鍵,並選擇「New File...」,然後選取「SwiftUI View」模板,將檔案命名為「NewRestaurantView.swift」。

我們的目標是建立一個通用文字欄位來接受標籤名稱以及用於存放欄位值的綁定。我不想直接跳到最後的答案,而是逐步來實作它。首先,我們將了解如何佈局其中一個文字欄位(例如:NAME),現在更新 NewRestaurantView 結構如下:

```swift
struct NewRestaurantView: View {

    @State var restaurantName = ""

    var body: some View {
        TextField("Fill in the restaurant name", text: $restaurantName)
            .font(.system(size: 20, weight: .semibold, design: .rounded))
            .padding(.horizontal)
    }
}
```

上列的程式碼實例化一個帶有占位符號及與 restaurantName 的綁定的文字欄位。在如圖 17.2 所示的預覽中,你應該會看到一個沒有邊框的文字欄位,如果你想填寫一些值,則必須執行 App。

圖 17.2　一個簡單的文字欄位

要為文字欄位新增邊框，我們可以加上 overlay 修飾器，並在其周圍繪製一個圓角矩形。更新文字欄位如下：

```
TextField("Fill in the restaurant name", text: $restaurantName)
    .font(.system(size: 20, weight: .semibold, design: .rounded))
    .padding(.horizontal)
    .padding(10)
    .overlay(
        RoundedRectangle(cornerRadius: 5)
            .stroke(Color(.systemGray5), lineWidth: 1)
    )
    .padding(.vertical, 10)
```

要繪製一個空矩形，我們建立一個 RoundedRectangle 視圖，並應用 stroke 修飾器，該線寬設定為「1 點」，筆觸顏色設定為「淺灰色」，如圖 17.3 所示。

圖 17.3　為文字欄位加上邊框

最後，我們使用 VStack 來包裹文字欄位，並為文字欄位加上標籤，如下所示：

```
VStack(alignment: .leading) {
    Text("NAME")
        .font(.system(.headline, design: .rounded))
        .foregroundColor(Color(.darkGray))

    TextField("Fill in the restaurant name", text: $restaurantName)
```

```
                .font(.system(size: 20, weight: .semibold, design: .rounded))
                .padding(.horizontal)
                .padding(10)
                .overlay(
                    RoundedRectangle(cornerRadius: 5)
                        .stroke(Color(.systemGray5), lineWidth: 1)
                )
                .padding(.vertical, 10)
}
```

程式碼非常簡單，我們加入一個 Text 視圖來顯示文字欄位的標籤，圖 17.4 顯示了結果。

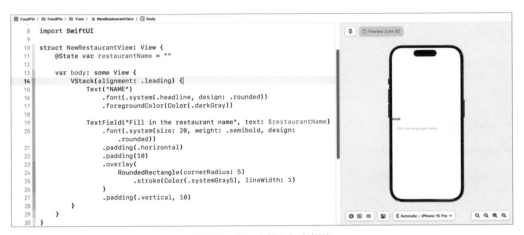

圖 17.4　為文字欄位加上標籤

現在你應該充分了解如何建立文字欄位，下一步是將其轉換為動態文字欄位，這樣我們在建立其他文字欄位時，就不需要複製程式碼了。

我們來建立一個名為「FormTextField」的新結構，如下所示：

```
struct FormTextField: View {
    let label: String
    var placeholder: String = ""

    @Binding var value: String

    var body: some View {
        VStack(alignment: .leading) {
            Text(label.uppercased())
                .font(.system(.headline, design: .rounded))
                .foregroundStyle(Color(.darkGray))
```

```
        TextField(placeholder, text: $value)
            .font(.system(.body, design: .rounded))
            .textFieldStyle(PlainTextFieldStyle())
            .padding(10)
            .overlay(
                RoundedRectangle(cornerRadius: 5)
                    .stroke(Color(.systemGray5), lineWidth: 1)
            )
            .padding(.vertical, 10)

    }
  }
}
```

　　body 區塊中的程式碼基本上保持不變，但是欄位標籤、占位符號與欄位值現在由下列參數決定：

- **label**：顯示在文字欄位上方的標籤。

- **placeholder**：文字欄位的初始值。

- **value**：與欄位值的綁定。

　　透過改變這些參數的值，我們可以輕鬆建立自訂文字欄位，例如：要重新建立我們之前討論過的文字欄位，你可以使用下列的程式碼片段：

```
FormTextField(label: "Name", placeholder: "Fill in the restaurant name", value: $restaurantName)
```

　　這不是很棒嗎？我們可以輕鬆建立更多的文字欄位，而無須編寫大量的程式碼。

　　要預覽 FormTextField，你可以新增另一個 #Preview 程式碼區塊，如下所示：

```
#Preview("FormTextField", traits: .fixedLayout(width: 300, height: 200)) {
    FormTextField(label: "NAME", placeholder: "Fill in the restaurant name", value: .constant(""))
}
```

　　然後 Xcode 將為文字欄位產生單獨的預覽。當你想要為特定的視圖元件建立預覽時，這種方法已被證明是非常有用的。要預覽固定大小的佈局，則選擇 Selectable 模式，如圖 17.5 所示。

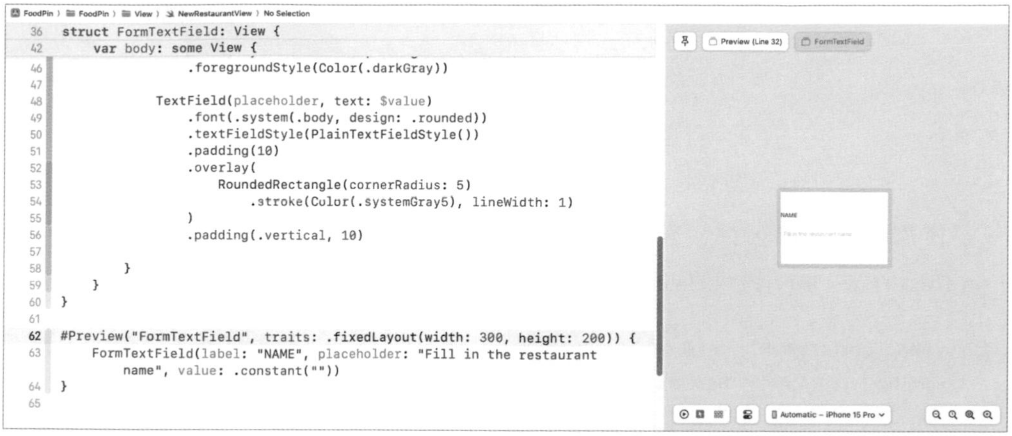

```
FoodPin > FoodPin > View > NewRestaurantView > No Selection
36  struct FormTextField: View {
42      var body: some View {
46                  .foregroundStyle(Color(.darkGray))
47
48              TextField(placeholder, text: $value)
49                  .font(.system(.body, design: .rounded))
50                  .textFieldStyle(PlainTextFieldStyle())
51                  .padding(10)
52                  .overlay(
53                      RoundedRectangle(cornerRadius: 5)
54                          .stroke(Color(.systemGray5), lineWidth: 1)
55                  )
56                  .padding(.vertical, 10)
57
58          }
59      }
60  }
61
62  #Preview("FormTextField", traits: .fixedLayout(width: 300, height: 200)) {
63      FormTextField(label: "NAME", placeholder: "Fill in the restaurant
            name", value: .constant(""))
64  }
65
```

圖 17.5　預覽文字欄位

　　現在我們已經完成了文字欄位的實作，我們來談談多行文字視圖。對於多行輸入，你可以使用 SwiftUI 框架提供的 TextEditor。

　　與 FormTextField 類似，我們為文字視圖建立一個獨立的視圖元件。我們將其命名為「FormTextView」，並實作如下：

```
struct FormTextView: View {

    let label: String

    @Binding var value: String

    var height: CGFloat = 200.0

    var body: some View {
        VStack(alignment: .leading) {
            Text(label.uppercased())
                .font(.system(.headline, design: .rounded))
                .foregroundStyle(Color(.darkGray))

            TextEditor(text: $value)
                .frame(maxWidth: .infinity)
                .frame(height: height)
                .padding(10)
                .overlay(
                    RoundedRectangle(cornerRadius: 5)
                        .stroke(Color(.systemGray5), lineWidth: 1)
                )
```

```
                    .padding(.top, 10)

                }
            }
        }
```

要使用 TextEditor，你只需要傳送一個綁定來儲存使用者輸入的值。為了預覽
FormTextView，插入另一個 #Preview 程式碼區塊：

```
#Preview("FormTextView", traits: .sizeThatFitsLayout) {
    FormTextView(label: "Description", value: .constant(""))
}
```

如果你所做的變更正確，Xcode 應該會在預覽窗格中渲染文字視圖，如圖 17.6 所示。

圖 17.6　預覽文字視圖

17.3 實作餐廳表單

實作 FormTextField 與 FormTextView 後，我們現在可以建立餐廳表單了。更新 New
RestaurantView 結構如下：

```
struct NewRestaurantView: View {

    var body: some View {
        NavigationStack {
```

```
        ScrollView {
            VStack {
                FormTextField(label: "NAME", placeholder: "Fill in the restaurant name",
value: .constant(""))

                FormTextField(label: "TYPE", placeholder: "Fill in the restaurant type",
value: .constant(""))

                FormTextField(label: "ADDRESS", placeholder: "Fill in the restaurant address",
value: .constant(""))

                FormTextField(label: "PHONE", placeholder: "Fill in the restaurant phone",
value: .constant(""))

                FormTextView(label: "DESCRIPTION", value: .constant(""), height: 100)
            }
            .padding()

        }

        // 導覽列設定
        .navigationTitle("New Restaurant")
    }
  }
}
```

首先，我們有一個列標題為「New Restaurant」的導覽視圖。由於表單是擴展的，所以我們使用 ScrollView 來包裹表單欄位。在滾動視圖中，我們使用先前定義的子視圖來建立四個文字欄位與一個文字視圖。目前，欄位的值設定為「.constant("")」，在下一章中，我們會進一步修改程式碼。

你可以在預覽窗格中測試 App，它應該會顯示一個可編輯的表單，如圖 17.7 所示。

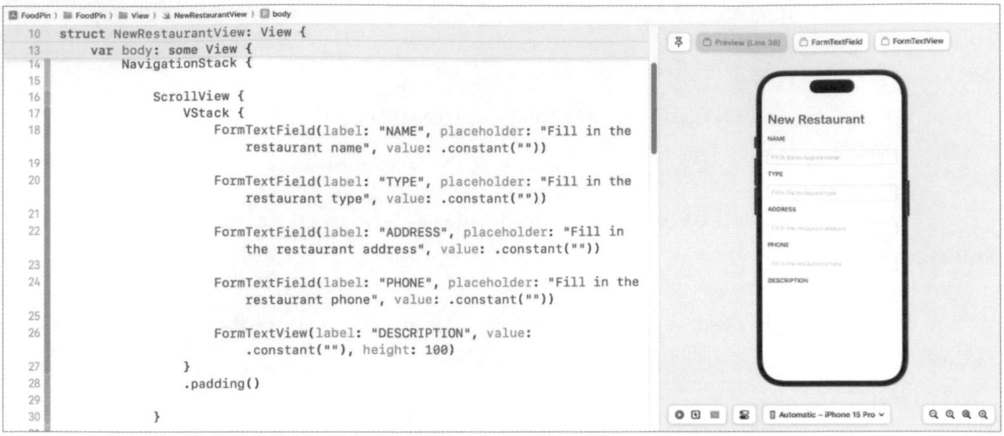

圖 17.7　餐廳表單

17.4 使用相片庫與相機

　　餐廳表單有一個欄位供使用者上傳餐廳相片，其可以從內建的相片庫中選擇，也可以使用裝置的相機拍攝。在本小節中，我們將研究其實作。

　　在我們開始建立相機功能之前，請下載圖片檔（ URL https://www.appcoda.com/resources/swift53/newphotoicon.zip ），並將其加到素材目錄。

　　在餐廳表單中，我們將新增一個圖片視圖來存放餐廳相片。為此，我們需要一個狀態變數來追蹤使用者的選擇。在 NewRestaurantView 中宣告下列的變數：

```
@State private var restaurantImage = UIImage(named: "newphoto")!
```

　　我們透過 UIImage 以 newphoto 圖片初始化變數。我們將圖片儲存為 UIImage 物件的原因是，從相片庫回傳的圖片也有一個 UIImage 型別。

　　接下來，在第一個 FormTextField 之前插入下列的程式碼片段：

```
Image(uiImage: restaurantImage)
    .resizable()
    .scaledToFill()
    .frame(minWidth: 0, maxWidth: .infinity)
    .frame(height: 200)
    .background(Color(.systemGray6))
```

```
.clipShape(RoundedRectangle(cornerRadius: 20.0))
.padding(.bottom)
```

我們使用 Image 視圖載入 restaurantImage，並設定縮放模式為「scaledToFill」。在預覽中，它應該在所有的其他表單欄位的正上方顯示一個圖片視圖，如圖 17.8 所示。

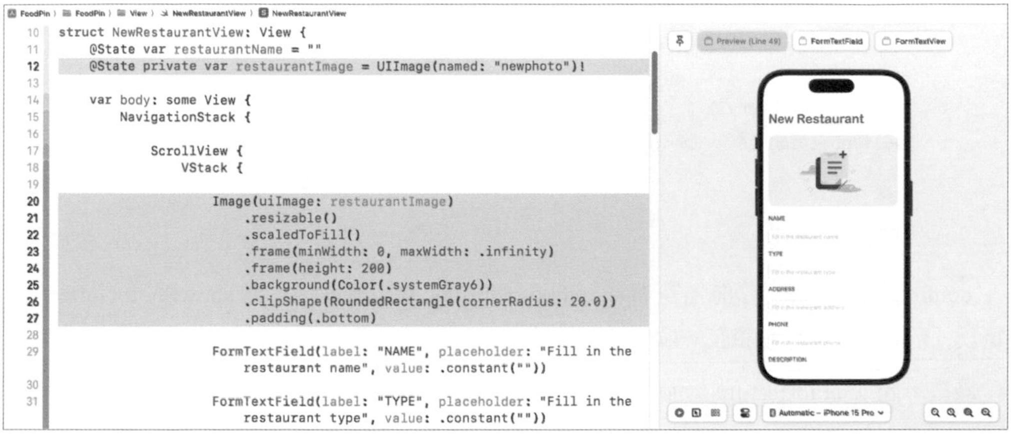

圖 17.8　餐廳表單

當點擊圖片視圖時，App 將顯示動作表，並提示使用者選擇相片來源（相片庫或相機）。為了實現此功能，我們需要一個狀態變數來觸發動作表。在 NewRestaurantView 中宣告下列的變數：

```
@State private var showPhotoOptions = false
```

另外，宣告一個列舉來表示可用的相片來源以及一個狀態變數，來存放相片來源的選擇：

```
enum PhotoSource: Identifiable {
    case photoLibrary
    case camera

    var id: Int {
        hashValue
    }
}
```

```
@State private var photoSource: PhotoSource?
```

接下來，將 .confirmationDialog 修飾器加到導覽堆疊：

```
.confirmationDialog("Choose your photo source", isPresented: $showPhotoOptions, titleVisibility:
.visible) {

    Button("Camera") {
        self.photoSource = .camera
    }

    Button("Photo Library") {
        self.photoSource = .photoLibrary
    }
}
```

.confirmationDialog 修飾器監看 showPhotoOptions 變數的狀態。當 showPhotoOptions 設定為「true」時，它會觸發一個包含相機及相片庫選項的確認對話方塊的顯示。

最後，將 .onTapGesture 修飾器加到 Image 視圖，以觸發動作表：

```
.onTapGesture {
    self.showPhotoOptions.toggle()
}
```

要測試變更，則點擊預覽窗格的圖片。當你點擊圖片視圖時，你應該會看到動作表，如圖 17.9 所示。

圖 17.9　顯示確認對話方塊

那麼，如何使用 SwiftUI 存取相片庫及相機呢？SwiftUI 框架沒有用來使用相機的原生元件，我們必須使用 UIKit 中的 UIImagePickerController 類別。

在專案導覽器中，我們建立一個名為「Util」的新群組（在「FoodPin」上按右鍵，並選擇「New Group」），我們將在這裡建立一個 SwiftUI 版本的 UIImagePickerController。

接下來，在「Util」資料夾上按右鍵，並選擇「New File...」，然後選取「Swift File」模板，將檔案命名為「ImagePicker.swift」。

建立檔案後，將內容替換如下：

```swift
import UIKit
import SwiftUI

struct ImagePicker: UIViewControllerRepresentable {

    var sourceType: UIImagePickerController.SourceType = .photoLibrary

    @Binding var selectedImage: UIImage
    @Environment(\.dismiss) private var dismiss

    func makeUIViewController(context: UIViewControllerRepresentableContext<ImagePicker>) ->
UIImagePickerController {

        let imagePicker = UIImagePickerController()
        imagePicker.allowsEditing = false
        imagePicker.sourceType = sourceType
        imagePicker.delegate = context.coordinator

        return imagePicker
    }

    func updateUIViewController(_ uiViewController: UIImagePickerController, context:
UIViewControllerRepresentableContext<ImagePicker>) {

    }

    func makeCoordinator() -> Coordinator {
        Coordinator(self)
    }

    final class Coordinator: NSObject, UIImagePickerControllerDelegate, UINavigationControllerDelegate
{
```

```
        var parent: ImagePicker

        init(_ parent: ImagePicker) {
            self.parent = parent
        }

        func imagePickerController(_ picker: UIImagePickerController, didFinishPickingMediaWithInfo
info: [UIImagePickerController.InfoKey : Any]) {

            if let image = info[UIImagePickerController.InfoKey.originalImage] as? UIImage {
                parent.selectedImage = image
            }

            parent.dismiss()
        }
    }
}
```

　　為了確保向下相容，Apple 在 iOS SDK 中導入了兩個新協定，即 UIViewRepresentable 與 UIViewControllerRepresentable。這些協定可以讓你封裝 UIKit 視圖（或視圖控制器），並使其在你的 SwiftUI 專案中存取。

　　在本質上，你所需要做的就是在 SwiftUI 中建立一個遵循協定的 struct，使你能建立與處理 UIView 物件。以下是 UIKit 視圖的自訂包裹器的基本結構：

```
struct CustomView: UIViewRepresentable {

    func makeUIView(context: Context) -> some UIView {
        // 回傳 UIView 物件
    }

    func updateUIView(_ uiView: some UIView, context: Context) {
        // 更新視圖
    }
}
```

　　在實際的實作中，你可以將 some UIView 替換為你要包裹的特定 UIKit 視圖，在本例中是 UIImagePickerController。

ImagePicker結構接受來源型別（預設為相片庫）以及與所選圖片的綁定。在 makeUIViewController 方法中，我們建立一個 UIImagePickerController 的實例，並相應設定其來源型別，你可以透過這個方式來開啟相片庫或存取裝置相機。

Coordinator 類別負責將使用者選擇的相片儲存到 selectedImage 綁定中，它遵循 UIImagePickerControllerDelegate 協定，並實作 imagePickerController(_:didFinishPickingMediaWithInfo) 方法。

現在切換回 NewRestaurantView.swift 來修改程式碼。將 .fullScreenCover 修飾器加到導覽堆疊：

```
.fullScreenCover(item: $photoSource) { source in
    switch source {
    case .photoLibrary: ImagePicker(sourceType: .photoLibrary, selectedImage: $restaurantImage).
ignoresSafeArea()
    case .camera: ImagePicker(sourceType: .camera, selectedImage: $restaurantImage).
ignoresSafeArea()
    }
}
```

.fullScreenCover 修飾器的功能與 .actionSheet 類似，但是以全螢幕樣式顯示模態視圖（Modal View）。在提供的程式碼中，我們監看 photoSource 的值變化，並相應顯示 ImagePicker。我們將 restaurantImage 的綁定傳送給 ImagePicker，當使用者照相或從相片庫中選擇一張相片時，選定的相片將儲存在 restaurantImage 中，因此 SwiftUI 將自動更新圖片視圖來顯示所選的圖片。

還有一個設定需要進行，基於隱私的原因，你必須明確描述你的 App 存取使用者相片庫或相機的原因。如果你不這麼做，你可能會出現錯誤，這就是為什麼你需要在 Info.plist 檔中加入兩個鍵（NSPhotoLibraryUsageDescription 與 NSCameraUsageDescription），並提供你的理由。

現在至專案導覽器中選擇「Info.plist」，在編輯器中的「Information Property List」上按右鍵，並選擇「Add Row」，接著選擇「Privacy - Photo Library Usage Description」作為鍵，並將值設定為「You need to grant the app access to your photo library so you can pick your favorite restaurant photo.」。重複同樣的過程來加入另一列，設定鍵為「Privacy - Camera Usage Description」，並將值設定為「You need to grant the app access to your camera in order to take photos.」，如圖 17.10 所示。

圖 17.10　更新 Info.plist 檔

現在於模擬器或預覽窗格中測試 App，你應該能夠存取相片庫，如圖 17.11 所示。如果你在實機上測試 App，你還可以開啟內建相機。

圖 17.11　載入相片庫

17.5 新增工具列按鈕

表單中目前缺少了兩個按鈕：「Save」與「Cancel」，為了新增這些按鈕，我們將利用工具列來將它們放置在視圖的頂部區域。

在 NewRestaurant 中，於 .navigationTitle("New Restaurant") 的下方插入下列的程式碼：

```
.toolbar {
    ToolbarItem(placement: .navigationBarLeading) {
        Button(action: {
            dismiss()
        }) {
```

```
            Image(systemName: "xmark")

        }

    }

    ToolbarItem(placement: .navigationBarTrailing) {
        Text("Save")
            .font(.headline)
            .foregroundColor(Color("NavigationBarTitle"))
    }
}
```

.toolbar 修飾器在視圖的頂部空間建立工具列。在閉包中，我們建立兩個工具列項目：一個用於「Cancel」按鈕，另一個用於「Save」按鈕。

「Cancel」按鈕將關閉目前的視圖，而「Save」按鈕將在下一章中實作。

為了使程式碼運作，我們還需要宣告 dismiss 變數如下：

```
@Environment(\.dismiss) var dismiss
```

「New Restaurant」畫面現在應該在「New Restaurant」標題上方顯示一個工具列，如圖 17.12 所示。

圖 17.12　加入工具列項目

你可能會注意到「Close」按鈕是藍色的，要將其顏色更改為「黑色」，則你可以將 .tint 修飾器加到導覽堆疊：

```
.tint(.primary)
```

顯示新餐廳視圖

New Restaurant 視圖運作得很好,是時候到 RestaurantListView.swift 檔,並編輯程式碼來啓動這個畫面。我們將在清單視圖的導覽列中加入一個工具列項目,供使用者帶出表單視圖,如圖 17.13 所示。

圖 17.13　在清單視圖中加入「+」按鈕

在 RestaurantListView 中,宣告一個新的狀態變數:

```
@State private var showNewRestaurant = false
```

然後將 .sheet 修飾器加到導覽堆疊,以開啓 New Restaurant 視圖:

```
.sheet(isPresented: $showNewRestaurant) {
    NewRestaurantView()
}
```

.sheet 修飾器監看 showNewRestaurant 的狀態。如果其設定爲「true」,它會以模態的方式來開啓視圖。

最後,建立一個工具列按鈕來供使用者加入新餐廳。在 .navigationBarTitleDisplayMode(.automatic) 的下方插入下列的程式碼:

```
.toolbar {
    Button(action: {
        self.showNewRestaurant = true
    }) {
        Image(systemName: "plus")
```

```
        }
    }
}
```

你可能需要更新 .tint 修飾器，並將顏色從「.white」變更為「.primary」：

```
.tint(.primary)
```

如此，你已經準備好進行最終測試。在模擬器中執行 App，然後點擊「+」按鈕來開啟 New Restaurant 視圖，如圖 17.14 所示。

圖 17.14　帶出 New Restaurant 視圖

17.7　本章小結

在本章中，你學習了如何使用 TextField 與 TextEditor 來為多行輸入建立文字欄位與文字視圖，你還深入了解如何利用 UIKit 的 UIImagePickerController 來存取內建的相片庫。

雖然 SwiftUI 框架相對較新，但它已經適合生產開發了。然而，有個限制是它不提供所有的標準 UI 元件，有時你可能需要依賴舊的 UIKit 框架。儘管如此，當你掌握 UIViewRepresentable 協定的用法後，將 UIKit 視圖整合到 SwiftUI 專案中，就變得很簡單。

在本章所準備的範例檔中，有最後完整的 Xcode 專案（swiftui-foodpin-camera.zip）可供你參考。

在下一章中，我們將討論 SwiftData，並了解如何將餐廳資料儲存在資料庫中。

18

運用資料庫與 SwiftData

恭喜你達到這一里程碑！到目前為止，你已經成功開發一個基本的 App，來讓使用者列出他們最愛的餐廳。至此，所有的餐廳都已在原始碼中預先定義好，並儲存在陣列中。如果你要新增餐廳，最簡單的方式是將其加到現有的 restaurants 陣列中。

但是，如果你採用此方式，新餐廳資料將不會永久儲存，儲存在記憶體（如陣列）的資料是短暫的，一旦你離開 App，所有的變更都將遺失，因此我們需要決定一種持久性儲存資料的方式。

要實現永久資料儲存，我們需要將資料儲存在檔案或資料庫等持久性儲存器（Persistent Storage），例如：透過將資料儲存到資料庫，則即使 App 閃退或當機，資料也將保持安全。另一方面，檔案更適合儲存不需要頻繁修改的少量資料，其通常用於儲存 App 的設定，如 Info.plist 檔。

FoodPin App 可能需要儲存數千筆餐廳紀錄，使用者經常會增加或刪除紀錄，在這種情況下，資料庫是管理大型資料集的合適解決方案。在本章中，我將引導你了解 SwiftData 框架，並示範如何利用它來處理資料庫操作，我們會討論使用 SwiftData 框架建立資料模型和執行 CRUD（建立、讀取、更新與刪除）等主題。

你將對現有的 FoodPin 專案進行大量的更改，但是在完成本章之後，你的 App 將可讓使用者永久儲存他們最喜愛的餐廳。

18.1 何謂 SwiftData

首先，必須注意的是 SwiftData 框架不應該與資料庫混淆。SwiftData 建立在 Core Data 之上，實際上是一個框架，旨在幫助開發者管理持久性儲存器上的資料，並與之互動。雖然 iOS 的預設持久性儲存器通常是 SQLite 資料庫，但值得注意的是持久性儲存器也可以採用其他形式，例如：Core Data 還可以用於管理本機檔案中的資料（如 XML 檔案）。

無論你使用的是 Core Data 還是 SwiftData 框架，這兩種工具都可以保護開發者避免受到底層持久性儲存的複雜性的影響。以 SQLite 資料庫為例，使用 SwiftData，則無須擔心連接到資料庫或理解 SQL 才能取得資料紀錄；相反的，開發者可以專注於使用 API 和 Swift 巨集（如 @Query 和 @Model），來有效管理 App 中的資料。

iOS 17 中新導入了 SwiftData 框架，以取代之前的 Core Data 框架。自 Objective-C 時代以來，Core Data 一直是 iOS 開發的資料管理 API，儘管開發者可以將該框架整合到 Swift 專案中，但是 Core Data 並非 Swift 和 SwiftUI 的原生解決方案。

在 iOS 17 中，Apple 終於為 Swift 導入了一個名為「SwiftData」的原生框架，用於持久性資料管理和資料模型建立。它建立在 Core Data 之上，但是 API 完全重新設計，以最大化利用 Swift。

18.2 使用程式碼建立及管理資料模型

如果你之前使用過 Core Data，你可能會記得必須使用資料模型編輯器來建立一個資料模型（檔案副檔名為「.xcdatamodeld」），以實現資料持久性，如圖 18.1 所示。而隨著 SwiftData 的發布，你不再需要這麼做了，SwiftData 使用巨集簡化了整個過程，這是 iOS 17 中的另一個新 Swift 功能。例如：你已經為歌曲定義了一個模型類別，如下所示：

```
class Song {
  var title: String
  var artist: String
  var album: String
  var genre: String
  var rating: Double
}
```

圖 18.1　Core Data 的視覺化資料模型編輯器

要使用 SwiftData，新的 @Model 巨集是使用 SwiftUI 儲存持久性資料的關鍵。SwiftData 不需要使用模型編輯器來建立資料模型，而只需要你使用 @Model 巨集來標註模型類別，如下所示：

```
@Model class Song {
  var title: String
  var artist: String
  var album: String
  var genre: String
```

```
  var rating: Double
}
```

這就是在程式碼中定義資料模型的架構（Schema）的方式。透過這個簡單的關鍵字，SwiftData 會自動啓用資料類別的持久性，並提供其他資料管理功能，例如：iCloud 同步。屬性（Attribute）是從屬性（Property）中推斷出來的，它支援基本的實值型別，例如：Int 和 String。

SwiftData 讓你使用屬性元資料（Property Metadata）自訂架構的建置方式，你可以使用 @Attribute 標註新增唯一性約束，並使用 @Relationship 標註刪除傳播規則。如果你不想要包含某些屬性，則可以使用 @Transient 巨集告訴 SwiftData 要排除它們。以下是一個例子：

```
@Model class Album {
  @Attribute(.unique) var name: String
  var artist: String
  var genre: String

  // 串聯關係指示 SwiftData 在刪除專輯時刪除所有歌曲
  @Attribute(.cascade) var songs: [Song]? = []
}
```

爲了驅動資料持久化操作，有兩個 SwiftData 的關鍵物件需要熟悉：ModelContainer 與 ModelContext，ModelContainer 用作模型類型的持久性後端。要建立 ModelContainer，你只需實例化它的實例即可。

```
// 基本
let container = try ModelContainer(for: [Song.self, Album.self])

// 加上設定
let container = try ModelContainer(for: [Song.self, Album.self],
                                   configurations: ModelConfiguration(url : URL("path"))))
```

在 SwiftUI 中，你可以在應用程式的根（root）設定模型容器：

```
import SwiftData
import SwiftUI

@main
struct MusicApp: App {
```

```
    var body: some Scene {
        WindowGroup {
            ContentView()
        }
        .modelContainer (for: [Song.self, Album.self]))
    }
}
```

當設定模型容器後，你就可以開始使用模型內容（Model Context）來取得和儲存資料。內容用作追蹤更新、取得資料、儲存變更、甚至取消這些更改的介面。使用 SwiftUI 時，你通常可以從視圖環境中取得模型內容：

```
struct ContextView: View {
    @Environment(\.modelContext) private var modelContext
}
```

有了內容，你就可以取得資料了。最簡單的方式是使用 @Query 屬性包裹器，只需一行程式碼，即可輕鬆載入和篩選儲存於資料庫中的任何內容。

```
@Query(sort: \.artist, order: .reverse) var songs: [Song]
```

要在持久性儲存器中插入項目，你可以呼叫模型內容的 insert 方法，並向其傳送要插入的模型物件。

```
modelContext.insert(song)
```

同樣的，你可以透過模型內容刪除項目，如下所示：

```
modelContext.delete(song)
```

這是對 SwiftData 的簡要介紹，如果你仍然不確定如何使用 SwiftData，也無須擔心，當我們將 FoodPin App 從記憶體儲存器轉換為持久性儲存器時，你將清楚了解其用法。

18.3 定義 FoodPin 專案的模型類別

現在，讓我們回到 FoodPin 專案。如你所知，Restaurant 結構作為我們的模型類別。要將其與 SwiftData 整合，第一步是將其遷移並轉換為 SwiftData 的資料模型。

切換到 Restaurant.swift，並導入 SwiftData 和 SwiftUI 套件：

```
import SwiftData
import SwiftUI
```

接下來，將 Restaurant 類別替換爲下列的程式碼：

```
@Model class Restaurant {

    enum Rating: String, CaseIterable {
        case awesome
        case good
        case okay
        case bad
        case terrible

        var image: String {
            switch self {
            case .awesome: return "love"
            case .good: return "cool"
            case .okay: return "happy"
            case .bad: return "sad"
            case .terrible: return "angry"
            }
        }

    }

    var name: String = ""
    var type: String = ""
    var location: String = ""
    var phone: String = ""
    var summary: String = ""
    @Attribute(.externalStorage) var imageData = Data()

    @Transient var image: UIImage {
        get {
            UIImage(data: imageData) ?? UIImage()
        }

        set {
            self.imageData = newValue.pngData() ?? Data()
        }
```

```
        }

        var isFavorite: Bool = false

        @Transient var rating: Rating? {
            get {
                guard let ratingText = ratingText else {
                    return nil
                }

                return Rating(rawValue: ratingText)
            }

            set {
                self.ratingText = newValue?.rawValue
            }
        }

        @Attribute(originalName: "rating") var ratingText: Rating.RawValue?

        init(name: String, type: String, location: String, phone: String, description: String,
    image: UIImage = UIImage(), isFavorite: Bool = false, rating: Rating? = nil) {
            self.name = name
            self.type = type
            self.location = location
            self.phone = phone
            self.summary = description
            self.image = image
            self.isFavorite = isFavorite
            self.rating = rating
        }
    }
```

　　原來的 Restaurant 類別是 ObservableObject 的子類別，要將其轉換爲 SwiftData 的模型類別，你只需使用 @Model 巨集對其進行標註，並刪除類別擴展。此外，不再需要使用 @Published 標註屬性。

　　我們有 rating 屬性，它的型別是 Enum。Rating 列舉保持不變，但是 rating 屬性現在已經成爲負責處理評價文字轉換的計算屬性。在我們的程式碼中，我們繼續使用 Rating 列舉來處理餐廳評價。然而，由於 SwiftData 將評價儲存爲文字，我們需要一種方法在 rating 和 ratingText 之間建立橋梁，因此我們建立 rating 屬性作爲計算屬性。在 getter

中，我們將 ratingText 轉換回列舉；在 setter 中，我們取得列舉的原始值，並將其指派給 ratingText。

你可能知道，我們用 @Transient 標註 rating 屬性，此註釋指示 SwiftData 不要將該屬性儲存在資料庫中。SwiftData 負責儲存和管理的是 ratingText 屬性。

對於原來的影像屬性，現在將其轉換爲 Data 型別的 imageData，因爲：

```
@Attribute(.externalStorage) var imageData = Data()
```

在 SwiftData 中，你可以選擇利用 @Attribute(.externalStorage) 巨集，來將大數據與資料庫分開儲存。此巨集指示 SwiftData 將屬性儲存在與資料庫檔案不同的單獨檔案中。

爲了方便起見，我們還包含了 image 屬性，它是一個計算屬性，負責將圖片資料轉換爲 UIImage 物件。

最後，我們對 description 屬性進行修改，將其變更爲 summary，因爲 description 是 SwiftData 中的保留字（Reserved Word）。

18.4 使用 @Query 取得紀錄

現在我們已經準備好模型類別，是時候修改程式碼，以從資料庫中取得紀錄了。切換到 RestaurantListView.swift，你應該會看到相當多的錯誤，但別擔心，我們將一一修復它們。首先，我們在檔案的開頭匯入 SwiftData 框架：

```
import SwiftData
```

原先我們有一個存放範例餐廳資料的陣列變數，它也使用 @State 標記：

```
@State var restaurants = [ Restaurant(name: "Cafe Deadend", type: "Coffee & Tea Shop",
location: "G/F, 72 Po Hing Fong, Sheung Wan, Hong Kong", phone: "232-923423", description:
"Searching for great breakfast eateries and coffee? This place is for you. We open at 6:30
every morning, and close at 9 PM. We offer espresso and espresso based drink, such as
capuccino, café latte, piccolo and many more. Come over and enjoy a great meal.", image:
"cafedeadend", isFavorite: false),
                          .
                          .
                          .
            ]
```

由於我們要將項目儲存在資料庫中，因此我們需要修改這行程式碼，並從資料庫取得資料。在 SwiftData 中，它有一個名為「@Query」的屬性包裹器，可讓你輕鬆地從資料庫載入資料。

使用 @Query 來替換上列的程式碼，如下所示：

```
@Query var restaurants: [Restaurant]
```

這個 @Query 屬性會自動為你取得所需的資料。在上列的程式碼中，我們指定取得 Restaurant 物件，當我們取得餐廳項目後，我們利用 List 視圖來顯示項目。

image 屬性的型別現在更改為「UIImage」，我們無法再使用圖片的檔名來實例化圖片視圖，因此你應該會在各種來源檔案中看到許多與 image 屬性相關的錯誤。

在 BasicTextImageRow 視圖中，將 Image 視圖的程式碼從：

```
Image(restaurant.image)
```

改為：

```
Image(uiImage: restaurant.image)
```

同樣的，將下列的程式碼：

```
if let imageToShare = UIImage(named: restaurant.image) {
    ActivityView(activityItems: [defaultText, imageToShare])
} else {
    ActivityView(activityItems: [defaultText])
}
```

改為：

```
ActivityView(activityItems: [defaultText, restaurant.image])
```

圖 18.2 所示的程式碼還有另一個錯誤，這裡我們傳送 Restaurant 物件的綁定，但是我們使用 @Query 屬性包裹器更新了 restaurants 變數，這就是為何 Xcode 向你顯示錯誤的原因。

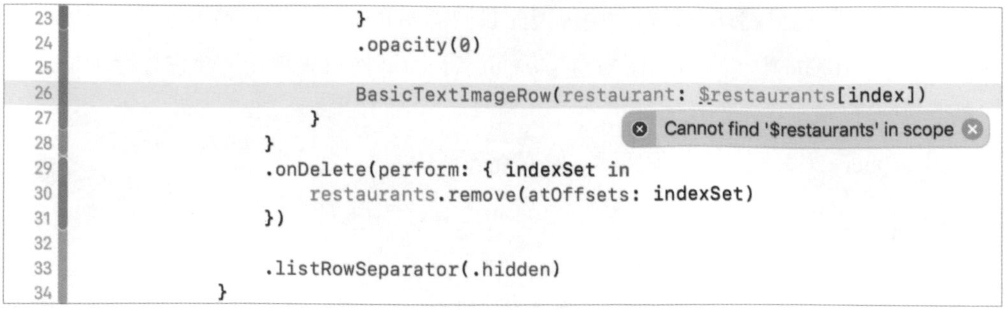

圖 18.2　BasicTextImageRow 的錯誤

要修復這個錯誤，則將 BasicTextImageRow 的綁定從：

```
@Binding var restaurant: Restaurant
```

改為：

```
@Bindable var restaurant: Restaurant
```

iOS 17 中導入的 @Bindable 屬性包裹器可能對你來說比較陌生，它的功能與 @Binding 類似，但專門設計用於與 @Observable 物件建立關聯。當你使用 @Model 將模型類別轉換為 SwiftData 模型類別時，該類別將成為遵循 @Observable 的物件，這就是為何你無法使用 @Binding 屬性包裹器，而必須改用 @Bindable 的原因。

透過更改，你可以更新 BasicTextImageRow 的初始化如下：

```
BasicTextImageRow(restaurant: restaurants[index])
```

你可能還注意到 BasicTextImageRow 的 #Preview 區塊中存在另一個錯誤，如圖 18.3 所示。由於 image 參數現在是 UIImage 型別，因此我們需要在初始化期間為其提供一個 UIImage 物件。

```
63
64   #Preview("BasicTextImageRow", traits: .sizeThatFitsLayout) {
65       BasicTextImageRow(restaurant: .constant(Restaurant(name: "Cafe
             Deadend", type: "Coffee & Tea Shop", location: "G/F, 72 Po Hing
             Fong, Sheung Wan, Hong Kong", phone: "232-923423", description:
             "Searching for great breakfast eateries and coffee? This place is
             for you. We open at 6:30 every morning, and close at 9 PM. We
             offer espresso and espresso based drink, such as capuccino, cafe
             latte, piccolo and many more. Come over and enjoy a great meal.",
             image: "cafedeadend", isFavorite: true)))
66   }
67
68   #Preview("FullImageRow", t⊗ Cannot convert value of type 'String' to expected argument type  ⊗
69       FullImageRow(imageName   'UIImage'
             location: "Hong Kong⊗ Type 'Restaurant' has no member 'constant'
```

圖 18.3　#Preview 出現錯誤

要解決此錯誤，你可以簡單地建立一個 UIImage 的實例，並將其傳送給 image 參數，如下所示：

```
#Preview("BasicTextImageRow", traits: .sizeThatFitsLayout) {
    BasicTextImageRow(restaurant: Restaurant(name: "Cafe Deadend", type: "Coffee & Tea Shop",
location: "G/F, 72 Po Hing Fong, Sheung Wan, Hong Kong", phone: "232-923423", description:
"Searching for great breakfast eaterie s and coffee? This place is for you. We open at 6:30
every morning, and close at 9 PM. We offer espresso and espresso based drink, such as
capuccino, cafe latte, piccolo and many more. Come over and enjoy a great meal.", image:
UIImage(named: "cafedeadend")!, isFavorite: true))
}
```

18.5 從資料庫中刪除紀錄

你應該仍會在 RestaurantListView 結構中看到一個錯誤，該錯誤與刪除餐廳有關。下列是觸發錯誤的程式碼：

```
restaurants.remove(atOffsets: indexSet)
```

要修復這個問題，則宣告一個 modelContext 變數來取得模型內容：

```
@Environment(\.modelContext) private var modelContext
```

然後，我們將在 RestaurantListView 結構中建立一個名為「deleteRecord」的新函數，如下所示：

```
private func deleteRecord(indexSet: IndexSet) {

    for index in indexSet {
        let itemToDelete = restaurants[index]
        modelContext.delete(itemToDelete)
    }
}
```

要使用 SwiftData 來從資料庫中刪除紀錄，則你可以呼叫模型內容的 delete 方法，並向其傳送要刪除的項目。

使用新方法，你可以像這樣修改 .onDelete 修飾器：

```
.onDelete(perform: deleteRecord)
```

當使用者從清單視圖中刪除項目時，我們呼叫 deleteRecord 方法來從資料庫中永久刪除該項目。

18.6 修復餐廳細節視圖

App 還沒有準備好執行。如果你開啓 RestaurantDetailView.swift 檔，你會注意到 Xcode 顯示的一些錯誤，這些錯誤是對模型類別進行更改的結果。

首先是 Image 視圖，我們需要將 UIImage 物件傳送給它，而不是使用檔名載入圖片，因此將 Image(restaurant.image) 改爲：

```
Image(uiImage: restaurant.image)
```

另一個錯誤與預覽有關。在 #Preview 區塊中，更新 RestaurantDetailView 的實例化如下，以將 UIImage 物件傳送給 image 參數：

```
#Preview {
    NavigationStack {
        RestaurantDetailView(restaurant: Restaurant(name: "Cafe Deadend", type: "Coffee & Tea
Shop", location: "G/F, 72 Po Hing Fong, Sheung Wan, Hong Kong", phone: "232-923423", description:
"Searching for great breakfasteateries and coffee? This place is for you. We open at 6:30
every morning, and close at 9 PM. We offer espresso and espresso based drink, such as
capuccino, cafe latte, piccolo and many more. Come over and enjoy a great meal.", image:
UIImage(named: "cafedeadend")!, isFavorite: true))
```

```
        }
        .tint(.white)
    }
```

由於我們已將 Restaurant 的 description 屬性替換為 Summary，因此我們還需要將下列
程式碼：

```
Text(restaurant.description)
```

改為：

```
Text(restaurant.summary)
```

18.7 修復評分視圖

現在我們切換到 ReviewView.swift 來修復錯誤。將下列程式碼：

```
Image(restaurant.image)
```

改為：

```
Image(uiImage: restaurant.image)
```

對於 #Preview 區塊，更改 ReviewView 的實例化如下，以將 image 參數傳送給 UIImage
物件：

```
#Preview {
    ReviewView(isDisplayed: .constant(true), restaurant: Restaurant(name: "Cafe Deadend", type:
"Coffee & Tea Shop", location: "G/F, 72 Po Hing Fong, Sheung Wan, Hong Kong", phone: "232-923
423", description: "Searching for great breakfast eateries and coffee? This place is for you.
We open at 6:30 every morning, and close at 9 PM. We offer espresso and espresso based drink,
such as capuccino, cafe latte, piccolo and many more. Come over and enjoy a great meal.",
image: UIImage(named: "cafedeadend")!, isFavorite: true))
}
```

設定模型容器

如前所述，ModelContainer用作模型類型的持久性後端。要在SwiftUI中建立ModelContainer，則開啓FoodPinApp.swift，並將modelContainer修飾器加到WindowGroup，如下所示：

```
WindowGroup {
    RestaurantListView()
}
.modelContainer(for: Restaurant.self)
```

這爲其所有視窗設定了一個共享模型容器，該容器被設定爲儲存Restaurant的實例。現在你應該能夠使用模擬器執行App，而不會出現錯誤。

18.9 **處理空清單視圖**

在我們繼續討論如何使用SwiftData之前，我們岔開一下話題來介紹空清單視圖。此時，你應該可以在預覽窗格中看到一筆紀錄，但是當你在模擬器上執行App時，清單視圖顯示爲空白，如果能爲使用者提供一些類似圖18.4所示的畫面的說明，不是很好嗎？

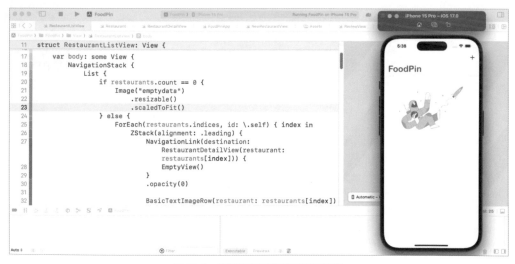

圖 18.4　當清單視圖爲空時顯示圖片

我已經爲空視圖設計了一個圖片，你可以下載本章所準備的圖片包（URL http://www.appcoda.com/resources/swift53/emptydata.zip）。解壓縮檔案，並將圖片加入素材目錄（Assets.xcasset），然後確認爲圖片啓用「Preserve Vector Data」選項。

現在切換到 RestaurantListView.swift，將 List 視圖的程式碼從：

```
List {
    ForEach(restaurants.indices, id: \.self) { index in

        .
        .
        .
    }
    .onDelete(perform: deleteRecord)
    .listRowSeparator(.hidden)
}
```

改爲：

```
List {
    if restaurants.count == 0 {
        Image("emptydata")
            .resizable()
            .scaledToFit()
    } else {
        ForEach(restaurants.indices, id: \.self) { index in
            ZStack(alignment: .leading) {
                NavigationLink(destination: RestaurantDetailView(restaurant: restaurants[index])) {
                    EmptyView()
                }
                .opacity(0)

                BasicTextImageRow(restaurant: restaurants[index])
            }
        }
        .onDelete(perform: deleteRecord)
        .listRowSeparator(.hidden)
    }
}
```

我們新增一個條件來驗證 restaurants 陣列。如果它不包含任何項目，我們將顯示 emptydata 圖片。現在於任何模擬器上執行該 App，當清單爲空時，你應該會看到該圖片。

18.10 將資料加到持久性儲存器

現在 App 能夠從內建資料庫中取得紀錄了，我們繼續更新程式碼來看如何使用 SwiftData 儲存紀錄到資料庫中。

最佳作法是我們將建立一個視圖模型來配對 New Restaurant 表單，此視圖模型將儲存使用者輸入的值，並且我們可以選擇在此視圖模型類別中執行表單驗證。而是否必須建立此視圖模型類別呢？不，你仍然可以將所有的程式碼放在 NewRestaurantView 結構中，但是透過將程式碼與視圖結構分離，你的程式碼會變得更具可讀性且更易於管理。當你實作後，這個方法的好處就會彰顯出來。

在專案導覽器中的「FoodPin」資料夾上按右鍵，建立一個名為「ViewModel」的新群組，接下來在「ViewModel」上按右鍵，並選擇「New File...」來建立一個新檔案。 你可以選取「Swift File」模板，並將檔案命名為「RestaurantFormViewModel.swift」。

將檔案內容替換為下列的程式碼：

```swift
import SwiftUI

@Observable class RestaurantFormViewModel {

    // 輸入
    var name: String = ""
    var type: String = ""
    var location: String = ""
    var phone: String = ""
    var summary: String = ""
    var image: UIImage = UIImage()

    init(restaurant: Restaurant? = nil) {

        if let restaurant = restaurant {
            self.name = restaurant.name
            self.type = restaurant.type
            self.location = restaurant.location
            self.phone = restaurant.phone
            self.summary = restaurant.summary
            self.image = restaurant.image
        }
    }
}
```

每個屬性都有其對應的表單欄位，例如：location 屬性儲存「Address」欄位的值。
RestaurantFormViewModel 類別使用 @Observable 巨集進行標註，這是 iOS 17 中導入的新
功能。此巨集為 RestaurantFormViewModel 加入了觀察支援，並使型態遵循 Observable 協
定。透過這樣做，SwiftUI 將自動觀察屬性值的變化，並通知任何相關的更新。

現在開啟 NewRestaurantView.swift，我們將修改程式碼，以使用此視圖模型類別。首
先，宣告一個變數來存放表單模型，如下所示：

```
@Bindable private var restaurantFormViewModel: RestaurantFormViewModel
```

SwiftUI 為我們提供 @Bindable 屬性包裹器，它訂閱可觀察物件，並在可觀察物件變更
時更新視圖。透過使用 @Bindable 標註 restaurantFormViewModel，我們可以監看其值的
變化。

接下來，建立 init() 方法來實例化該視圖模型：

```
init() {
    let viewModel = RestaurantFormViewModel()
    viewModel.image = UIImage(named: "newphoto") ?? UIImage()
    restaurantFormViewModel = viewModel
}
```

我們現在將修改程式碼，以使用視圖模型。首先要做的是刪除下列的程式碼：

```
@State var restaurantName = ""
@State private var restaurantImage = UIImage(named: "newphoto")!
```

我們不再使用狀態變數儲存所選的圖片及餐廳名稱，相反的，我們會將圖片及名稱都
儲存在視圖模型中，因此將 restaurantImage 替換為 restaurantFormViewModel.image，如
下所示：

```
Image(uiImage: restaurantFormViewModel.image)
```

對於 .fullScreenCover 修飾器，我們需要使用 $restaurantFormViewModel.image 來更新
$restaurantImage 綁定，如下所示：

```
.fullScreenCover(item: $photoSource) { source in
    switch source {
    case .photoLibrary: ImagePicker(sourceType: .photoLibrary, selectedImage:
$restaurantFormViewModel.image).ignoresSafeArea()
```

```
        case .camera: ImagePicker(sourceType: .camera, selectedImage: $restaurantFormViewModel.
    image).ignoresSafeArea()
        }
    }
```

並且更新所有的文字欄位和文字視圖，以使用視圖模型：

```
FormTextField(label: "NAME", placeholder: "Fill in the restaurant name", value:
$restaurantFormViewModel.name)

FormTextField(label: "TYPE", placeholder: "Fill in the restaurant type", value:
$restaurantFormViewModel.type)

FormTextField(label: "ADDRESS", placeholder: "Fill in the restaurant address", value:
$restaurantFormViewModel.location)

FormTextField(label: "PHONE", placeholder: "Fill in the restaurant phone", value:
$restaurantFormViewModel.phone)

FormTextView(label: "DESCRIPTION", value: $restaurantFormViewModel.summary, height: 100)
```

我們最後將表單轉換為使用視圖模型類別，現在是時候編寫程式碼了，以將餐廳資料儲存到資料庫中。要在資料庫中儲存新項目，你需要先從環境中取得模型內容：

```
@Environment(\.modelContext) private var modelContext
```

接下來，建立一個名為「save()」的新方法，如下所示：

```
private func save() {
    let restaurant = Restaurant(name: restaurantFormViewModel.name,
                                type: restaurantFormViewModel.type,
                                location: restaurantFormViewModel.location,
                                phone: restaurantFormViewModel.phone,
                                description: restaurantFormViewModel.summary,
                                image: restaurantFormViewModel.image)
    modelContext.insert(restaurant)
}
```

要將新紀錄插入資料庫，則你可以使用託管內容來建立一個 Restaurant，然後呼叫內容的 save() 函數來提交這些變更。

當使用者點擊「Save」按鈕時，將呼叫 save() 方法，因此將工具列項目的程式碼：

```
ToolbarItem(placement: .navigationBarTrailing) {
    Text("Save")
        .font(.headline)
        .foregroundColor(Color("NavigationBarTitle"))
}
```

替換為下列的程式碼片段：

```
ToolbarItem(placement: .navigationBarTrailing) {

    Button {
        save()
        dismiss()
    } label: {
        Text("Save")
            .font(.headline)
            .foregroundColor(Color("NavigationBarTitle"))
    }

}
```

　　現在於模擬器上執行 App，並繼續加入新餐廳，該 App 應該成功將餐廳儲存在內建資料庫中。儲存後，App 將關閉 New Restaurant 視圖，你應該能夠在清單中看到新增的餐廳。

　　這就是 @Query 的強大之處，每當紀錄有更新時，它都會自動取得這些變更，並通知 SwiftUI 相應更新清單視圖。

18.11 更新餐廳紀錄

　　如果我們需要更新目前餐廳的評分時怎麼辦？我們怎麼才能修改資料庫中的紀錄呢？我們需要更改程式碼來更新紀錄嗎？

　　使用 SwiftData 時，更新會自動發生。當你在餐廳細節視圖中對餐廳進行評分時，SwiftData 會偵測到變更，並跟著更新相應的餐廳紀錄，因此無須更改任何程式碼，即可更新紀錄。

　　現在執行 App 並對餐廳進行評分，以測試程式碼變更，評分應會永久儲存在資料庫中。

18.12 你的作業：修復錯誤

細節視圖中的心形按鈕目前無法作用，你的任務是實作其功能，並使用 SwiftData 將相應的變更儲存到資料庫中。

提示 將心形圖示加入為後緣的導覽列項目。

18.13 本章小結

我希望你現在更了解如何將 SwiftData 整合到 SwiftUI 專案中，以及如何執行所有基本 CRUD（建立、讀取、更新和刪除）操作。Apple 付出了大量的努力，讓 Swift 開發者和初學者更輕鬆進行持久性資料管理和資料模型建立。

雖然 Core Data 仍然是向下兼容的選項，但現在是時候學習 SwiftData 框架了，特別是如果你正在開發專門針對 iOS 17 或更高版本的 App。採用這個新框架，以利用 SwiftData 提供的增強功能和優勢。

在本章所準備的範例檔中，有最後完整的 Xcode 專案（swiftui-foodpin-coredata.zip）可供你參考。

你準備好要進一步改進 App 了嗎？我期望你還跟著我的腳步，讓我們繼續看看如何新增搜尋列。

使用 Searchable 加入
搜尋列

對於大部分的表格式 App，螢幕頂部通常有一個搜尋列（Search Bar），而你要如何實作用來資料搜尋的搜尋列呢？在本章中，我們會爲 FoodPin App 加上搜尋列。有了搜尋列，我們將強化這個 App，以讓使用者能夠搜尋到可用的餐廳。

在 iOS 15 之前，SwiftUI 沒有內建的修飾器來處理清單視圖中的搜尋，開發者必須建立自己的解決方案。在我們的《快速精通 SwiftUI》一書中，我們有一個章節說明如何在 SwiftUI 中使用 TextField 來建立一個自訂搜尋列，並顯示搜尋結果。

自 iOS 15 起，SwiftUI 框架爲清單視圖導入一個名爲「searchable」的修飾器，你只需將修飾器加到清單視圖中，並建立一個搜尋欄位即可。

19.1 使用 Searchable

一般來說，要在導覽列中加入一個搜尋列，基本上可歸結爲以下這行程式碼：

```
.searchable(text: $searchText)
```

假設我們在導覽視圖（或堆疊）中嵌入一個 List 視圖，你可以透過將 searable 修飾器加到導覽視圖來新增一個搜尋列。以下是一個例子：

```
struct SearchListView: View {

    @State private var searchText = ""

    var body: some View {
        NavigationStack {

            .
            .
            .

        }
        .searchable(text: $searchText)
    }
}
```

狀態變數是用來存放使用者在搜尋欄位中輸入的搜尋文字。只需幾行程式碼，SwiftUI 就會自動爲你渲染搜尋列，並將其放在導覽列標題的下方。

19.2 將搜尋列加入餐廳清單視圖

現在，我們來嘗試在 FoodPin App 中加入一個搜尋列。開啓 RestaurantListView.swift，並宣告下列的狀態變數：

```
@State private var searchText = ""
```

接下來，將 searchable 修飾器加到 NavigationStack：

```
NavigationStack {

  .

  .

  .

}
.searchable(text: $searchText)
```

由於我在前面已經解釋過該程式碼，因此這裡不再重複說明了。當你加入修飾器後，搜尋列應該會出現在清單視圖的正上方，如圖 19.1 所示。

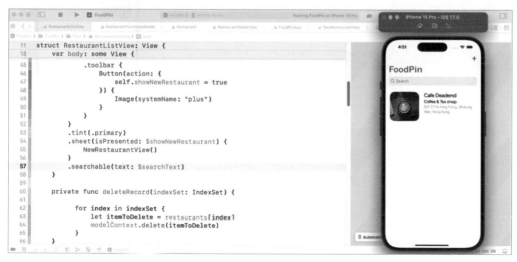

圖 19.1　導覽列中加入搜尋列

預設上，它顯示「Search」文字作爲占位符號，如果你想要更改它，可編寫 .searchable 修飾器如下，並在 prompt 參數中指定你自己的占位符號的值。

```
.searchable(text: $searchText, prompt: "Search restaurants...")
```

19.3 搜尋列的位置

.searchable 修飾器有一個 placement 參數，可讓你指定搜尋列的放置位置。預設上，它設定為「.automatic」。在 iPhone 上，搜尋列位於導覽列標題的下方，不過當你向上滑動清單時，它將隱藏起來。

如果你想要固定顯示搜尋列，則可以變更 .searchable 修飾器，並指定 placement 參數，如下所示：

```
.searchable(text: $searchText, placement: .navigationBarDrawer(displayMode: .always), prompt:
"Search restaurants...")
```

圖 19.2　新增固定的搜尋列

到目前為止，我們將 .searchable 修飾器加到導覽視圖，實際上你也可以將它加到 List 視圖，在 iPhone 上也能實現相同的結果。

也就是說，在 iPad OS 上使用分割視圖時，.searchable 修飾器的位置會影響搜尋欄位的位置。如果你想要了解更多有關 placement 參數的用法，你可以進一步參考以下的教學說明：URL https://www.appcoda.com/swiftui-searchable/。

19.4 執行搜尋並顯示搜尋結果

搜尋列不提供任何預設的功能來篩選資料，你有責任開發自己的實作來篩選內容。以 FoodPin App 為例，使用者可以根據餐廳名稱來搜尋餐廳。

篩選清單資料有不同的方式，你可以建立一個執行即時資料篩選的計算屬性，或者你可以加上 .onChange 修飾器來追蹤搜尋欄位的變化。以下是可以加到 NavigationStack 的 .onChange 修飾器的範例程式碼：

```
.onChange(of: searchText) { oldValue, newValue in
    if !newValue.isEmpty {
        searchResult = restaurants.filter { $0.name.contains(newValue) }
    }
}
```

在上列的程式碼中，我們使用 onChange 修飾器來監看搜尋文字的變化。當有變化時，我們使用 contains 方法來查看餐廳名稱是否包含搜尋文字，如果找到搜尋文字，則該方法回傳 true，表示餐廳名稱應包含在新陣列中；否則的話，回傳 false 來排除該項目。

另一種方法是使用 SwiftData 來執行搜尋查詢。SwiftData 的主要功能之一是能夠使用述詞（predicate）來執行資料篩選和搜尋，例如：要搜尋包含特定搜尋字詞的餐廳，你可以將下列程式碼加到 NavigationStack 中，如下所示：

```
.onChange(of: searchText) { oldValue, newValue in
    let predicate = #Predicate<Restaurant> { $0.name.localizedStandardContains(newValue) }

    let descriptor = FetchDescriptor<Restaurant>(predicate: predicate)

    if let result = try? modelContext.fetch(descriptor) {
        searchResult = result
    }
}
```

SwiftData 為開發者提供 #Predicate 巨集來定義搜尋條件。localizedStandardContains 方法用於執行區域感知（locale-aware）、大小寫和變音符號敏感度搜尋。

然後，我們使用述詞來建立 FetchDescriptor 的實例。此描述子（descriptor）描述了在執行擷取時要使用的條件、排序順序和任何其他的設定。要從資料庫中檢索資料，我們使用描述子呼叫模型內容的 fetch 方法。

我們尚未修改程式碼來配合 searchResult 的使用。我們先宣告一個狀態變數來存放 searchResult，和另一個狀態變數來追蹤搜尋列的狀態：

```
@State private var searchResult: [Restaurant] = []
@State private var isSearchActive = false
```

接下來，替換 if-else 程式碼區塊如下：

```
if restaurants.count == 0 {
    Image("emptydata")
        .resizable()
        .scaledToFit()
} else {
    let listItems = isSearchActive ? searchResult : restaurants

    ForEach(listItems.indices, id: \.self) { index in
        ZStack(alignment: .leading) {
            NavigationLink(destination: RestaurantDetailView(restaurant: listItems[index])) {
                EmptyView()
            }
            .opacity(0)

            BasicTextImageRow(restaurant: listItems[index])
        }
    }
    .onDelete(perform: deleteRecord)
    .listRowSeparator(.hidden)
}
```

簡而言之，我們在搜尋處於活動狀態時顯示搜尋結果；否則，我們將顯示從資料庫中檢索到的所有餐廳。

除了上述的更改，我們還需要修改 searchable 修飾器，如下所示：

```
.searchable(text: $searchText, isPresented: $isSearchActive, placement: .navigationBarDrawer
(displayMode: .always), prompt: "Search restaurants...")
```

我們加入 isPresented 參數，並將綁定傳送給 isSearchActive。當使用者點擊搜尋列時，SwiftUI 會更新 isSearchActive 的值為「true」。

太棒了！你已經準備好啟動你的 App，並測試搜尋功能。很棒的是，你可以透過點擊搜尋結果來導覽至餐廳細節，你無須編寫任何的程式碼，即可讓該功能運作，如圖 19.3 所示。

圖 19.3　搜尋結果

19.5 搜尋建議

　　SwiftUI 還提供另一個名為「searchSuggestions」的修飾器，可以讓你新增搜尋建議清單，以顯示一些常用的搜尋名稱或搜尋歷史。例如：你能建立可點擊的搜尋建議，如下所示：

```
.searchSuggestions{
    Text("Cafe")
    Text("Thai")
}
```

　　這會顯示帶有兩個可點擊搜尋字詞的搜尋建議，如圖 19.4 所示，使用者可以輸入搜尋關鍵字或點擊搜尋建議來執行搜尋。

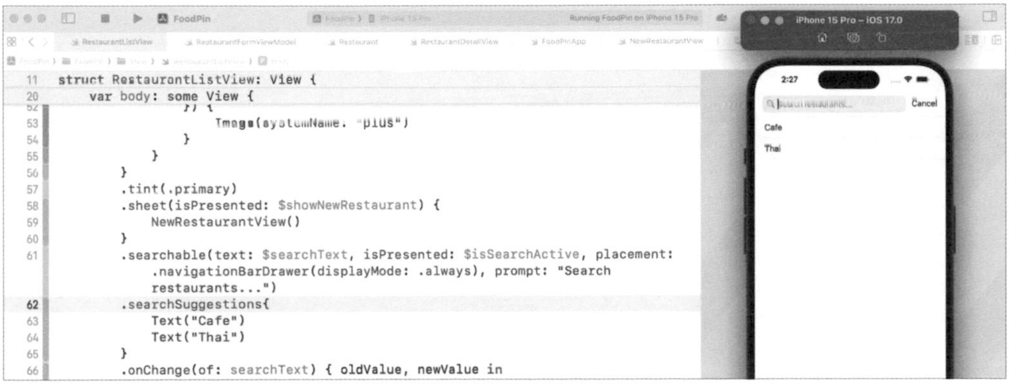

圖 19.4　顯示搜尋建議

在上述的情況下，搜尋建議視圖將始終顯示，這可能會擋住搜尋結果。為了隱藏搜尋建議，你需要一個其他變數來控制其外觀。

```
.searchSuggestions{
    if searchText.isEmpty {
        Text("Cafe").searchCompletion("Cafe")
        Text("Thai").searchCompletion("Thai")
    }
}
```

19.6 你的作業：加強搜尋功能

目前 App 只讓使用者以餐廳名稱來搜尋餐廳，而本章給予你的作業是「加強搜尋功能」，讓它也能支援位置搜尋。例如：當你的使用者在搜尋欄位中輸入「Sydney」，則該 App 會搜尋餐廳清單，並顯示位於 Sydney 或名稱包含 Sydney 的餐廳。

19.7 本章小結

現在你應該知道要如何在 iOS App 實作搜尋列。我們透過加強搜尋功能來使 FoodPin App 變得更好，當你有大量的資訊要顯示時，這個搜尋功能特別重要。如果你仍然不完全了解搜尋列功能，我建議在繼續往下閱讀之前，請重新閱讀本章的所有內容。

在本章所準備的範例檔中，有最後完整的 Xcode 專案（swiftui-foodpin-search.zip）及作業的解答可供你參考。

使用 TabView 建立導覽畫面

首次啟動 App 時，通常會包含一系列的導覽畫面或教學，這些畫面引導使用者了解 App 的特色及功能。有些人認為對於導覽畫面的需求，就意味著 App 設計的失敗，但是就我個人而言，我發現大多數的導覽畫面都很有用，且不討厭它們，關鍵是要保持簡潔，避免冗長且無聊的教學。我不會爭論你是否應該在 App 中包含導覽畫面，我只是想向你示範如何做出這個功能。

App 開發者利用導覽畫面，不僅可以展示 App 的功能，還可以引導使用者完成初始設定過程，例如：啟動通知與選擇顏色主題，導覽畫面的範例如圖 20.1 所示。

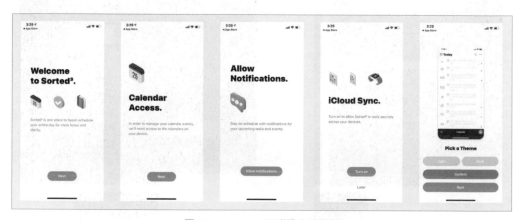

圖 20.1　Sorted 的導覽畫面範例

在本章中，我們將討論如何使用 TabView 來建立導覽畫面。當我提到標籤視圖，你可能會立即想到一帶有標籤列的 App，不過使用 SwiftUI，TabView 可用來顯示一個具有多個標籤的介面，並且提供的不僅是一個標準的標籤介面，透過更改其樣式，你可以輕鬆將標籤視圖轉換為頁面滾動視圖（Paged Scrolling View）。

我們開始吧！

20.1　快速瀏覽導覽畫面

我們瀏覽一下導覽畫面，App 一共顯示三個導覽畫面，使用者可透過在螢幕上滑動或點擊「Next」按鈕來在頁面之間導覽。

在最後的導覽畫面中，它顯示一個「Get Started」按鈕，當使用者點擊該按鈕，導覽畫面將會關閉，並且不再顯示。此外，使用者隨時可點擊「Skip」按鈕來略過導覽畫面，圖 20.2 是導覽畫面的螢幕截圖。

圖 20.2　FoodPin App 的導覽畫面

　　要建立導覽畫面，你需要先準備好圖片。首先下載本章所準備的圖片集（ URL http://
www.appcoda.com/resources/swift53/onboarding.zip ），然後匯入所有圖片（.svg）至素材
目錄，請確保你有為每張圖片啟用「Preserve Vector Data」選項，如圖 20.3 所示。

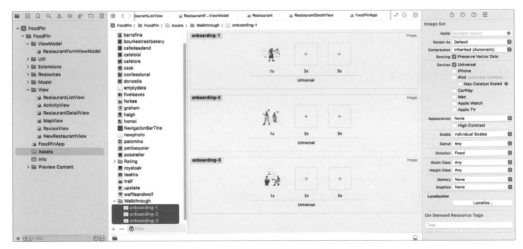

圖 20.3　匯入圖片到素材目錄

建立導引視圖

和往常一樣，我們將為導覽畫面建立一個單獨視圖。在專案導覽器中的「View」資料夾上按右鍵，並選擇「New File...」，然後選取「SwiftUI View」模板，將檔案命名為「TutorialView.swift」。

對於導引視圖（Tutorial View）的每個頁面，佈局都非常相似，因此我們建立一個名為「TutorialPage」的子視圖，其顯示特色圖片、標題與子標題。在 TutorialView.swift 檔案中，插入下列的程式碼片段：

```swift
struct TutorialPage: View {

    let image: String
    let heading: String
    let subHeading: String

    var body: some View {
        VStack(spacing: 70) {
            Image(image)
                .resizable()
                .scaledToFit()

            VStack(spacing: 10) {
                Text(heading)
                    .font(.headline)

                Text(subHeading)
                    .font(.body)
                    .foregroundStyle(.gray)
                    .multilineTextAlignment(.center)
            }
            .padding(.horizontal, 40)

            Spacer()
        }
        .padding(.top)
    }
}
```

這段程式碼非常簡單，我們使用 VStack 視圖來排列圖片、標題與子標題。我們使用 Spacer() 將元件與螢幕頂部對齊。

要預覽 TutorialPage 視圖，則插入下列的預覽程式碼：

```
#Preview("TutorialPage", traits: .sizeThatFitsLayout) {
    TutorialPage(image: "onboarding-1", heading: "CREATE YOUR OWN FOOD GUIDE", subHeading:
"Pin your favorite restaurants and create your own food guide")
}
```

透過將一些測試資料傳送給 TutorialPage 視圖，Xcode 應該能渲染該預覽，如圖 20.4 所示。

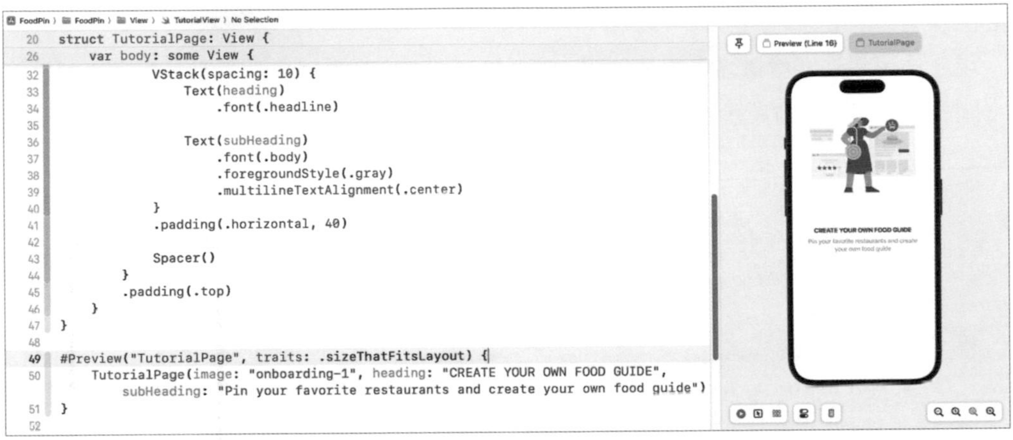

圖 20.4　預覽 TutorialPage 視圖

現在已經建立了 TutorialPage 視圖，我們可以開始建立頁面導覽視圖。在 TutorialView 結構中，宣告以下的變數來存放標題、子標題與圖片：

```
let pageHeadings = [ "CREATE YOUR OWN FOOD GUIDE", "SHOW YOU THE LOCATION", "DISCOVER GREAT
RESTAURANTS" ]
let pageSubHeadings = [ "Pin your favorite restaurants and create your own food guide",
                       "Search and locate your favorite restaurant on Maps",
                       "Find restaurants shared by your friends and other foodies" ]
let pageImages = [ "onboarding-1", "onboarding-2", "onboarding-3" ]
```

要使用 TabView 來建立頁面滾動視圖，則可使用下列的程式碼片段更新 body 變數：

```
TabView {
    ForEach(pageHeadings.indices, id: \.self) { index in
        TutorialPage(image: pageImages[index], heading: pageHeadings[index], subHeading:
pageSubHeadings[index])
```

```
                .tag(index)
        }
    }
    .tabViewStyle(.page(indexDisplayMode: .always))
    .indexViewStyle(.page(backgroundDisplayMode: .always))
```

在 TabView 中，我們使用 TutorialPage 來顯示導覽畫面的每個頁面。.tag 修飾器爲每個頁面提供唯一的索引。要將標準標籤視圖轉換爲頁面滾動視圖，你只需要將標籤視圖的樣式設定爲「.page」。

indexViewStyle 修飾器用來指定頁面指示器的樣式。在本例中，我們設定其值爲「.page (backgroundDisplayMode: .always)」，以確保標籤視圖始終顯示頁面圓點。

現在你可以在預覽窗格中測試這個 App，你可以向左滑動或向右滑動，以在不同頁面之間瀏覽，如圖 20.5 所示。

圖 20.5　沒有頁面指示器的導覽視圖

SwiftUI 並沒有提供任何的修飾器來設定圓點的顏色，我們必須依賴 UIKit API。在 TutorialView 中，如果你想要變更頁面指示器的顏色，則新增 init() 方法：

```
init() {
    UIPageControl.appearance().currentPageIndicatorTintColor = .systemIndigo
}
```

我們設定現行圓點的顏色爲「.systemIndigo」，如果你再次測試 App，你應該會看到頁面指示器，如圖 20.6 所示。

```
🅰 FoodPin ⟩ ▤ FoodPin ⟩ ▤ View ⟩ ▶ TutorialView ⟩ Ⓜ init()

10  struct TutorialView: View {
13      let pageSubHeadings = [ "Pin your favorite restaurants and create your own foo…
15                              "Find restaurants shared by your friends and other
                                foodies"
16                              ]
17      let pageImages = [ "onboarding-1", "onboarding-2", "onboarding-3" ]
18
19      init() {
20          UIPageControl.appearance().currentPageIndicatorTintColor = .systemIndigo
21      }
22
23      var body: some View {
24          TabView {
25              ForEach(pageHeadings.indices, id: \.self) { index in
26                  TutorialPage(image: pageImages[index], heading:
                        pageHeadings[index], subHeading: pageSubHeadings[index])
27                      .tag(index)
28              }
29          }
30          .tabViewStyle(.page(indexDisplayMode: .always))
31          .indexViewStyle(.page(backgroundDisplayMode: .always))
32
33      }
34  }
```

圖 20.6　變更頁面圓點的顏色

20.3 加入 Next 及 Skip 按鈕

導引視圖中還缺少了一些元素，即「Next」、「Skip」與「Get Started」按鈕。當點擊「Next」按鈕時，App 應該會導覽至導覽畫面的下一頁，但是我們如何編寫程式碼來使用 TabView 進行頁面間的切換呢？

訣竅是透過綁定到目前的頁面索引來初始化 TabView，如此標籤視圖將會監看目前頁面索引的任何變化，並自動滾動至指定的頁面索引。

我們來看如何實作。首先，宣告一個狀態變數來追蹤目前的頁面索引：

```
@State private var currentPage = 0
```

我們設定目前的頁面索引為「0」（即導覽畫面的第一頁）。接下來，宣告下列的變數來從環境中取得 .dismiss：

```
@Environment(\.dismiss) var dismiss
```

稍後，我們將使用它來關閉導引視圖。要在頁面指示器的下方新增按鈕，我們使用 VStack 包裹 TabView，更新 body 變數如下：

```
VStack {
    TabView(selection: $currentPage) {
        ForEach(pageHeadings.indices, id: \.self) { index in
```

```
            TutorialPage(image: pageImages[index], heading: pageHeadings[index], subHeading:
    pageSubHeadings[index])
                .tag(index)
        }
    }
    .tabViewStyle(.page(indexDisplayMode: .always))
    .indexViewStyle(.page(backgroundDisplayMode: .always))
    .animation(.default, value: currentPage)


    VStack(spacing: 20) {
        Button(action: {
            if currentPage < pageHeadings.count - 1 {
                currentPage += 1
            } else {
                dismiss()
            }
        }) {
            Text(currentPage == pageHeadings.count - 1 ? "GET STARTED" : "NEXT")
                .font(.headline)
                .foregroundStyle(.white)
                .padding()
                .padding(.horizontal, 50)
                .background(Color(.systemIndigo))
                .cornerRadius(25)
        }

        if currentPage < pageHeadings.count - 1 {

            Button(action: {
                dismiss()
            }) {

                Text("Skip")
                    .font(.headline)
                    .foregroundStyle(Color(.darkGray))

            }
        }
    }
    .padding(.bottom)

}
```

我們對上列的程式碼做了一些更改：

- 我們使用 selection 參數來實例化 TabView。該參數接受與目前的頁面索引的綁定，這讓 TabView 自動監看頁面索引的變化，並相應導覽到更新的頁面。

- 我們加入 .animation 修飾器到 TabView，以在頁面滾動時實現平滑的動畫。

- 我們引入另一個 VStack 視圖來排列這些按鈕。首先是「Next」按鈕，當點擊「Next」按鈕時，currentPage 索引會加 1，直到導覽頁面的末尾。當使用者到達導覽頁面的最後一頁時，此按鈕的標籤也會變更為「Get Started」。

- 除了最後一頁之外，其他頁面均會顯示「Skip」按鈕，這就是我們使用條件檢查來包裹 Button 視圖的原因。

在預覽中執行 App 來快速測試一下，你現在可以使用滑動手勢與「Next」按鈕來在導引視圖之間導覽。

圖 20.7　加入 Next 和 Skip 按鈕

20.4 顯示導引視圖

如前所述，導引視圖應該要在使用者首次啟動 App 時出現，因此我們需要對 Restaurant ListView 進行一些修改，我們將使用 sheet 修飾器來顯示導引視圖。

切換到 RestaurantListView.swift，並宣告一個狀態變數：

```
@State private var showWalkthrough = true
```

這個狀態變數指示是否應出現導引視圖。接下來，我們加入另一個 sheet 修飾器到導引堆疊：

```
.sheet(isPresented: $showWalkthrough) {
    TutorialView()
}
```

現在我們在模擬器上執行 App 來快速測試。當 App 啟動時，你應該會看到導引視圖，如圖 20.8 所示。很酷，對吧？

圖 20.8　顯示導引視圖

20.5 使用 UserDefaults

現在導覽畫面已經開始運作了，但是每當啟動 App 時，它都會出現。理想的情況下，導覽畫面或教學只應在使用者第一次啟動 App 時顯示，為此我們需要找到一個儲存狀態的方式，以指示使用者是否看過導覽畫面。

我們應在哪裡保存這個狀態呢？

你已經學過 SwiftData 了，因此你可能希望將這個狀態儲存在本地資料庫中，雖然這是一個選項，但是還有一種更簡單的方式可儲存應用程式與使用者設定。

iOS SDK 提供 UserDefaults 類別來管理使用者的預設資料庫，讓你持久性儲存鍵值對。藉由 SwiftUI 框架，開發者可以使用 @AppStorage 屬性包裹器，來輕鬆對預設資料庫讀取與寫入值，從而簡化了流程。

要使用 @AppStorage，可以編寫程式碼如下：

```
@AppStorage("hasViewedWalkthrough") var hasViewedWalkthrough: Bool = false
```

這會在使用者的預設資料庫中建立一個新實體，鍵設定爲「hasViewedWalkthrough」，值設定爲「false」。SwiftUI 將會持續監看 hasViewedWalkthrough 的值，並相應更新 UI，而且當我們更新其值時，更新後的值也會寫入使用者的預設資料庫中。

現在將上列的程式碼插入 RestaurantListView 中，根據 hasViewedWalkthrough 的值，App 會決定是否啓動導引視圖。將 onAppear 修飾器加到導覽堆疊：

```
.onAppear() {
    showWalkthrough = hasViewedWalkthrough ? false : true
}
```

當清單視圖出現時，我們檢查 hasViewedWalkthrough 的值來看是否應開啓導引視圖。

此外，將 showWalkthrough 的預設值更新爲「false」，因爲我們現在依賴 hasViewedWalkthrough 來決定 showWalkthrough 的值。

```
@State private var showWalkthrough = false
```

現在切換到 TutorialView，並宣告下列的變數：

```
@AppStorage("hasViewedWalkthrough") var hasViewedWalkthrough: Bool = false
```

在使用者閱讀完導覽畫面後，我們需要更新 hasViewedWalkthrough 的值爲「true」，因此在「Next」按鈕的動作閉包中插入下列這行程式碼，以將狀態更新爲「true」：

```
hasViewedWalkthrough = true
```

你可以將程式碼放在執行 dismiss() 之前。同一行程式碼也應該加到「Skip」按鈕的動作閉包中，如圖 20.9 所示。

是時候來進行測試了，在模擬器中執行這個 App，你應該會在啓動 App 時看到導覽畫面。

```
   FoodPin  >   FoodPin  >   View  >   TutorialView  >   body
10   struct TutorialView: View {
28      var body: some View {
36                 .tabViewStyle(.page(indexDisplayMode: .always))
37                 .indexViewStyle(.page(backgroundDisplayMode: .always))
38                 .animation(.default, value: currentPage)
39
40                 VStack(spacing: 20) {
41                     Button(action: {
42                         if currentPage < pageHeadings.count - 1 {
43                             currentPage += 1
44                         } else {
45                             hasViewedWalkthrough = true
46                             dismiss()
47                         }
48                     }) {
49                         Text(currentPage == pageHeadings.count - 1 ? "GET STARTED" :
                             "NEXT")
50                             .font(.headline)
51                             .foregroundStyle(.white)
52                             .padding()
53                             .padding(.horizontal, 50)
54                             .background(Color(.systemIndigo))
55                             .cornerRadius(25)
56                     }
```

圖 20.9　首次啟動 App 時顯示導覽畫面

20.6　本章小結

在本章中，我們介紹了 TabView 的基本知識，並示範了顯示頁面視圖的用法。我們也探討了 @AppStorage 屬性包裹器在讀取和寫入值到使用者的預設系統時的便利性。藉由 SwiftUI 的這些強大功能，現在你已經掌握爲使用者首次啓用 App 時建立導覽或教學畫面的知識。

在本章所準備的範例檔中，有最後完整的 Xcode 專案（swiftui-foodpin-walkthrough.zip）可供你參考。

318

使用標籤視圖及自訂標籤列

「標籤列」（Tab Bar）是在螢幕底部的一列持續可見的按鈕，其作為開啓 App 不同功能的導覽元件，儘管它曾經被認為在主流 UI 設計中不突出，但標籤列最近又重新流行起來。

在大螢幕裝置出現之前，只有 3.5 吋及 4 吋規格的 iPhone，而使用標籤列的一個缺點是它們占用寶貴的螢幕空間，這對於小螢幕來說，尤其具有挑戰性。然而，在 2014 年底推出大螢幕尺寸的 iPhone 6 及 iPhone 6 Plus 之後，App 開發者開始用標籤列取代現有的選單。著名的 App 如 Facebook、Whatsapp、Twitter、Quora、Instagram 及 Apple Music，都轉向了標籤列導覽。

標籤列的優點是允許使用者只要點擊一下，即可訪問 App 的核心功能，儘管它們占用了螢幕空間，但權衡之下被認為是值得的。

導覽控制器藉由管理一堆視圖控制器來幫助階層式內容導覽，而標籤列管理多個不一定具有直接關係的視圖控制器。通常標籤列控制器至少包含二個標籤，你可按照 App 的需求增加最多五個標籤。

我在上一章中介紹過 TabView，但是我們將它設定為頁面滾動視圖。在本章中，我們將使用它來建立一個如圖 21.1 所示的標準標籤介面。我們將建立具有三個項目的標籤列：

● **Favorites**：這是餐廳清單畫面。

● **Discover**：這是一個發掘由你的朋友或世界各地的其他美食愛好者所推薦的最愛餐廳畫面。我們將在 iCloud 一章中實作這個標籤。

● **About**：這是 App 的「關於」畫面，這裡我們先留下空白，到下一章中再來進行。

最重要的是，我們將教你如何在 SwiftUI 中自訂標籤列。

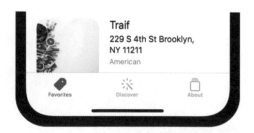

圖 21.1　為 FoodPin App 新增標籤列

21.1 使用 TabView 建立標籤介面

在開發導引視圖時,我們將 TabView 設定為使用 PageTabViewStyle,如下所示:

```
TabView {
  .
  .
  .
}
.tabViewStyle(.page(indexDisplayMode: .always))
```

這將建立一個允許使用者可在不同頁面之間導覽的頁面滾動視圖。要建立標準標籤視圖,只需省略 .tabViewStyle 修飾器並使用預設樣式。以下是一個例子:

```
TabView {
    Text("Discover")
        .tabItem {
            Label("Discover", systemImage: "wand.and.rays")
        }
        .tag(1)

    Text("About")
        .tabItem {
            Label("About", systemImage: "square.stack")
        }
        .tag(2)
}
```

上列的程式碼建立了一個標準標籤介面,其中一個標籤列顯示二個標籤項目。

對於我們的 FoodPin 專案,我們將建立一個單獨檔案來存放標籤介面。在專案導覽器中的「View」資料夾上按右鍵,並選擇「New File...」,然後選取「SwiftUI View」模板,將檔案命名為「MainView.swift」。

在 MainView 結構中,宣告一個狀態變數來存放目前的標籤索引:

```
@State private var selectedTabIndex = 0
```

然後更新 body 視圖如下:

```
TabView(selection: $selectedTabIndex) {
    RestaurantListView()
        .tabItem {
            Label("Favorites", systemImage: "tag.fill")
        }
        .tag(0)

    Text("Discover")
        .tabItem {
            Label("Discover", systemImage: "wand.and.rays")
        }
        .tag(1)

    Text("About")
        .tabItem {
            Label("About", systemImage: "square.stack")
        }
        .tag(2)
}
```

我們在標籤視圖中有三個標籤，第一個標籤是 RestaurantListView，而其他兩個標籤是 Text 視圖。要建立標籤列 UI，我們將三個子視圖包裹在一個 TabView 中，對於每個視圖，我們使用 tabItem 修飾器來指定名稱與圖片。系統圖片是來自於內建的 SF Symbols。

在接下來的章節中，我們會實作 Discover 與 About 視圖，現在我們將它們保持為一個簡單的文字視圖。進行這些更改後，在預覽窗格中執行 App，你應該能夠與標籤列進行互動，如圖 21.2 所示。

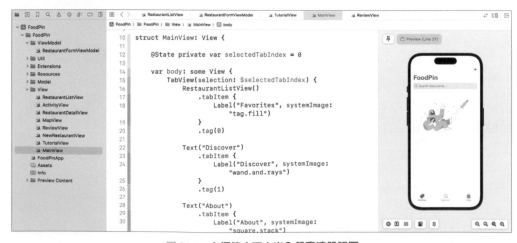

圖 21.2　在標籤介面中嵌入餐廳清單視圖

21.2 調整標籤列項目的顏色

動作標籤項目的顏色是黑色，這是因為我們沒有為標籤視圖指定主色。要變更動作標籤列項目的顏色，則將 .tint 修飾器加到 TabView：

```
.tint(Color("NavigationBarTitle"))
```

嘗試再次測試 App，當你導覽到細節視圖時，標籤列現在應該會消失，如圖21.3所示。

圖 21.3　自訂標籤列項目的顏色

21.3 設定初始視圖

假設你已經正確實作所有的程式碼更改，你應該能夠在預覽窗格中預覽 MainView。然而，如果你在模擬器中執行 App，則只會載入 RestaurantListView，因為它被設定為 App 的初始視圖。

要更改它的話，開啟 FoodPinApp.swift 並更新 body 如下：

```
var body: some Scene {
    WindowGroup {
        MainView()
    }
    .modelContainer(for: Restaurant.self)
}
```

這是你設定 App 的初始視圖的地方。當你將 RestaurantListView 更改為 MainView，再次於任何模擬器上執行這個 App，App 應該會載入 MainView 而不是 RestaurantListView 了。

21.4 本章小結

到目前為止，你應該充分了解如何建立基於標籤列的使用者介面，並加入新的標籤列項目。如你所見，SwiftUI 簡化了在標籤視圖中嵌入視圖的過程，使其實現起來非常簡單。

使用 SwiftUI，您可以彈性地自訂標籤視圖的外觀和行為，進而打造具有吸引力且直覺的使用者介面。無論你是想顯示 App 的不同功能、呈現階層式內容、還是提供對基本功能的快速訪問，SwiftUI 的標籤視圖都提供了方便且有效率的解決方案。

透過利用至目前為止所介紹的觀念與技術，您將具備在 SwiftUI App 中實作基於標籤的導覽的所需知識及工具，為使用者提供無縫且愉快的體驗。

在本章所準備的範例檔中，有最後完整的 Xcode 專案（swiftui-foodpin-tabview.zip）可供你參考。

使用 WKWebView 與 SFSafariViewController 顯示網頁內容

需要在 App 中顯示網頁內容是很常見的事情，iOS SDK 提供了三種選項來讓開發者顯示網頁內容：

- **Mobile Safari**：iOS SDK 提供 API，可以讓你在內建的 Mobile Safari 瀏覽器中開啟特定的 URL。在這種情況下，你的使用者會暫時離開應用程式，並切換至 Safari 來檢視網頁內容。

- **WKWebView**：這個視圖可以讓開發者直接在 App 中嵌入網頁內容。你可以將 WKWebView 視為專為應用程式整合而設計的精簡版的 Safari，它負責載入一個 URL 請求，並顯示網頁內容。WKWebView 利用 Nitro JavaScript 引擎，並提供其他的功能。如果你的目標是顯示一個特定的網頁，WKWebView 是此案例的推薦選項。

- **SFSafariViewController**：雖然 WKWebView 可以讓你嵌入網頁內容，但它並不能提供開箱即用的完整網頁瀏覽體驗。例如：WKWebView 缺少「Back / Forward」按鈕來讓使用者瀏覽歷史紀錄，為了提供這個功能，開發者需要使用 WKWebView 建立自訂的網頁瀏覽器。然而，隨著 SFSafariViewController 的導入，開發者不再需要從頭開始建立自己的網頁瀏覽器。透過利用 SFSafariViewController，使用者無須離開你的 App，即可享受 Mobile Safari 的所有功能，它在你的 App 中提供無縫的瀏覽體驗，包含導覽控制。

在本章中，我將引導你完成所有的選項，並向你展示如何使用它們來顯示網頁內容。對於 WKWebView 與 SFSafariViewController，我們需要使用 UIViewRepresentable 與 UIViewControllerRepresentable 來結合這些元件，因為它們只在 UIKit 中可用。

為了示範如何在 SwiftUI 中顯示網頁內容，我們將建立 About 標籤來顯示三種選項，如圖 22.1 所示：

- **Rate us on App Store（在 App Store 評價我們）**：選取後，我們會在 Mobile Safari 中載入一個特定的 iTunes 連結，使用者會離開目前的 App，並切換至 App Store。

- **Tell us your feedback（提供你的意見回饋）**：選取後，我們會使用 WKWebView 載入「Contact Us」網頁。

- **Twitter / Facebook / Instagram**：每一個項目都有其相對應的社群描述檔的連結，我們會使用 SFSafariViewController 來載入這些連結。

聽起來很有趣，對吧？我們開始吧！

圖 22.1　FoodPin App 的 About 畫面

22.1　設計 About 視圖

首先，將本章所準備的圖片包（URL http://www.appcoda.com/resources/swift53/abouticons.
zip）匯入 Assets.xcasset，如圖 22.2 所示。

圖 22.2　匯入圖片與圖示

接下來，我們為 About 視圖建立單獨的檔案，在專案導覽器中的「View」資料夾上按右鍵，並選擇「New File...」，然後選取「SwiftUI View」模板，將檔案命名為「AboutView. swift」。

建立後，更新 AboutView 結構如下：

```swift
struct AboutView: View {
    var body: some View {
        NavigationStack {
            List {
                Image("about")
                    .resizable()
                    .scaledToFit()

                Section {
                    Label("Rate us on App Store", image: "store")

                    Label("Tell us your feedback", image: "chat")
                }

                Section {
                    Label("Twitter", image: "twitter")

                    Label("Facebook", image: "facebook")

                    Label("Instagram", image: "instagram")
                }
            }
            .listStyle(.grouped)

            .navigationTitle("About")
            .navigationBarTitleDisplayMode(.automatic)
        }
    }
}
```

我們利用一個 List 視圖來顯示可用的選項。SwiftUI 中的 List 視圖內建了對區塊的支援。在上列的程式碼中，我們建立了兩個區塊，一個區塊用來顯示使用者意見回饋的按鈕，另一個區塊用來顯示社群資訊。透過將清單樣式設定為「.grouped」，SwiftUI 會自動以灰色空白列來分隔各個區塊，從而增強清單的視覺組織及清晰度。

要顯示導覽列標題，則我們將 List 視圖嵌入到導覽視圖中，圖 22.3 顯示了帶有區塊的 List 視圖的預覽。

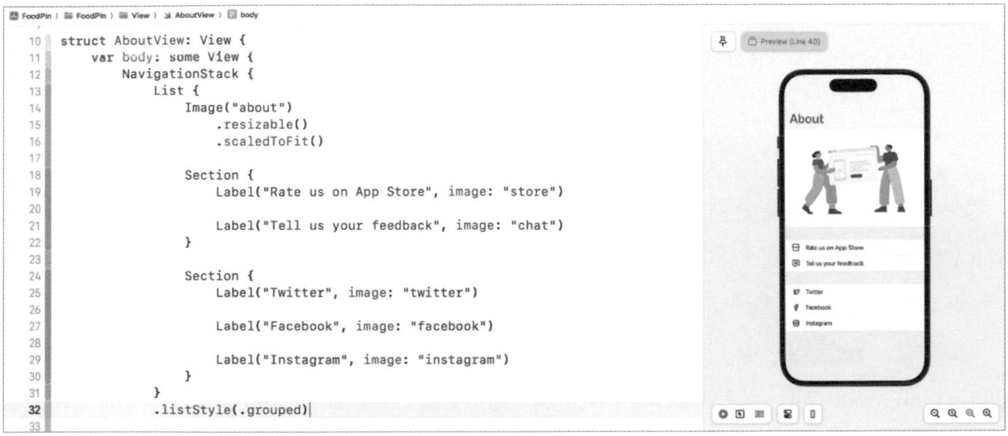
FoodPin › FoodPin › View › AboutView › body
struct AboutView: View {
var body: some View {
NavigationStack {
List {
Image("about")
.resizable()
.scaledToFit()
Section {
Label("Rate us on App Store", image: "store")
Label("Tell us your feedback", image: "chat")
}
Section {
Label("Twitter", image: "twitter")
Label("Facebook", image: "facebook")
Label("Instagram", image: "instagram")
}
}
.listStyle(.grouped)
Preview (Line 40)
About
Rate us on App Store
Tell us your feedback
Twitter
Facebook
Instagram

圖 22.3　**About 視圖的佈局**

22.2 準備連結

當使用者點擊其中一個選項時，App 將會開啓對應的網頁連結。我們將使用列舉來儲存選項的連結，在 AboutView 中宣告以下的列舉：

```
enum WebLink: String {
    case rateUs = "https://www.apple.com/ios/app-store"
    case feedback = "https://www.appcoda.com/contact"
    case twitter = "https://www.twitter.com/appcodamobile"
    case facebook = "https://www.facebook.com/appcodamobile"
    case instagram = "https://www.instagram.com/appcodadotcom"
}
```

22.3 使用連結開啟 Safari

正如我在本章開頭所說，我將展示三種顯示網頁的方式。對於「Rate us on App Store」選項，App 會將使用者導引到內建的 Safari 瀏覽器來顯示 URL，SwiftUI 有一個名為

「Link」的原生視圖元件用於此目的，你只需像下列程式碼這樣，將「Rate us on App Store」的 Label 包裹進去，即可啟用網頁連結：

```
Link(destination: URL(string: WebLink.rateUs.rawValue)!, label: {
    Label("Rate us on App Store", image: "store")
        .foregroundStyle(.primary)
})
```

destination 參數接受目標 URL 的 URL 物件，這裡我們將儲存在 WebLink 列舉中的 rateUS URL 傳送給它。我們新增 foregroundStyle 修飾器至 Label，以將文字顏色更改為黑色。預設上，如果你不進行任何更改，則所有的網頁連結都會顯示為藍色。

你不能在預覽窗格中測試該 Link 功能，不過為了在模擬器中測試它，我們需要修改 MainView.swift 檔案。在 MainView 中，將 Text("About") 替換為 AboutView()，如下所示：

```
AboutView()
    .tabItem {
        Label("About", systemImage: "square.stack")
    }
    .tag(2)
```

我們現在使用 AboutView，而不是顯示文字視圖。在模擬器中執行這個 App，並切換到 About 標籤，當你點擊「Rate us on App Store」按鈕時，App 將會開啟 Safari 瀏覽器，如圖 22.4 所示。

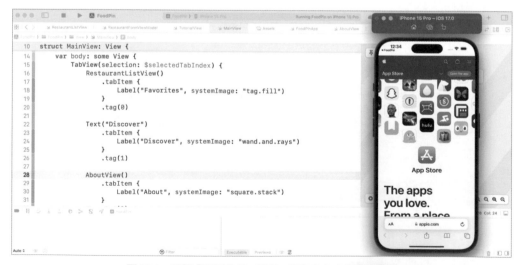

圖 22.4　點擊「評價我們」選項，以在 Safari 中開啟連結

22.4 使用 WKWebView

現在你應該充分了解如何使用 Link 視圖，我們來探討如何將網頁視圖嵌入你的 App 中。對於「Tell us your feedback」及社群資訊來說，我們將專注在 App 中嵌入網頁瀏覽器，你可以使用 WKWebView 或 SFSafariViewController 這兩種方式來顯示網頁內容。在本小節中，我會示範如何使用 WKWebView 來實現，下一小節將介紹 SFSafariViewController 的用法。

同樣的，這兩個元件在 SwiftUI 中不可用，因此我們需要利用 UIKit 框架並使用 UIViewRepresentable 來建立自己的視圖。

在專案導覽器中的「View」資料夾上按右鍵，並選擇「New File...」，然後選取「Swift File」模板，將檔案命名為「WebView.swift」。檔案內容替換如下：

```swift
import SwiftUI
import WebKit

struct WebView: UIViewRepresentable {

    var url: URL

    func makeUIView(context: Context) -> WKWebView {
        return WKWebView()
    }

    func updateUIView(_ webView: WKWebView, context: Context) {
        let request = URLRequest(url: url)
        webView.load(request)
    }
}
```

WKWebView 是 WebKit 框架的一部分，因此必須在程式碼開頭匯入它。WebView 結構遵循 UIViewRepresentable 協定，並實作所需的方法，即在 makeUIView 方法中，我們回傳 WKWebView 物件，並在 updateUIView 方法中，我們載入指定的 URL。

現在已經在我們的 SwiftUI 專案中使用 WebView 了。切換到 AboutView.swift，並新增一個狀態變數來儲存目前的連結：

```swift
@State private var link: WebLink?
```

要開啓網頁視圖，則將 .sheet 修飾器加到 List 視圖：

```
.sheet(item: $link) { item in
    if let url = URL(string: item.rawValue) {
        WebView(url: url)
    }
}
```

.sheet 修飾器監看 link 變數的變化，如果它設定爲特定的 URL，我們會建立一個 WebView 的實例，並顯示網頁內容。

一旦你加入 sheet 修飾器，Xcode 就會顯示下列的錯誤：

```
Instance method 'sheet(item:onDismiss:content:)' requires that 'AboutView.WebLink' conform to 'Identifiable'
```

根據上列的敘述，WebLink 型別應該要遵循 Identifiable 協定。如官方文件中所述，Identifiable 協定用於爲類別或實值型別建立一致的識別，在這種情況下，sheet 修飾器要求我們提供遵循 Identifiable 協定的項目，以正確識別及管理所呈現的表格（Sheet）。

那麼，我們該如何修正這個錯誤呢？或者我們如何讓 WebLink 遵循 Identificable 協定？

採用該協定非常容易，你只需要在 WebLink 列舉中加入一個 id 屬性，如下所示：

```
enum WebLink: String, Identifiable {
    case rateUs = "https://www.apple.com/ios/app-store"
    case feedback = "https://www.appcoda.com/contact"
    case twitter = "https://www.twitter.com/appcodamobile"
    case facebook = "https://www.facebook.com/appcodamobile"
    case instagram = "https://www.instagram.com/appcodadotcom"

    var id: UUID {
        UUID()
    }
}
```

這裡我們利用通用唯一識別碼（UUID，Universally Unique Identifier）作爲識別碼，以確保任何時候的唯一性。當你相應更新 WebLink 列舉後，Xcode 錯誤應該會消失。

最後，除了「Rate us on App Store」標籤以外，其餘標籤皆使用 .onTapGesture 修飾器更新：

```
Section {
    Link(destination: URL(string: WebLink.rateUs.rawValue)!, label: {
        Label("Rate us on App Store", image: "store")
            .foregroundStyle(.primary)
    })

    Label("Tell us your feedback", image: "chat")
        .onTapGesture {
            link = .feedback
        }
}

Section {
    Label("Twitter", image: "twitter")
        .onTapGesture {
            link = .twitter
        }

    Label("Facebook", image: "facebook")
        .onTapGesture {
            link = .facebook
        }

    Label("Instagram", image: "instagram")
        .onTapGesture {
            link = .instagram
        }
}
```

　　點擊任何標籤時，我們設定 link 變數為對應的 URL，然後在預覽窗格或模擬器中執行這個 App，當點擊任何標籤時，網頁視圖將顯示為模態視圖（Modal View），如圖 22.5 所示。

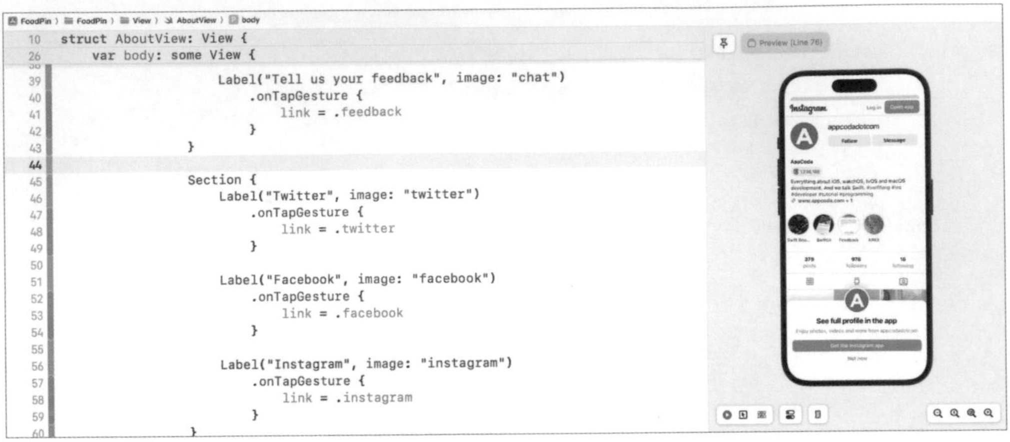

```
10    struct AboutView: View {
26        var body: some View {
39                        Label("Tell us your feedback", image: "chat")
40                            .onTapGesture {
41                                link = .feedback
42                            }
43                    }
44
45                    Section {
46                        Label("Twitter", image: "twitter")
47                            .onTapGesture {
48                                link = .twitter
49                            }
50
51                        Label("Facebook", image: "facebook")
52                            .onTapGesture {
53                                link = .facebook
54                            }
55
56                        Label("Instagram", image: "instagram")
57                            .onTapGesture {
58                                link = .instagram
59                            }
60                    }
```

圖 22.5　使用網頁視圖開啟連結

22.5 使用 SFSafariViewController

之前我們使用 WKWebView 在 App 中顯示網頁內容，而在本小節中，我們將探討使用 SFSafariViewController 來嵌入網頁瀏覽器。如果你不熟悉 SFSafariViewController 的話，它是一個類別，提供全功能的網頁瀏覽器體驗，類似於內建在 iOS 中。

與 WKWebview 類似，我們需要使用 UIViewRepresentable 為 SFSafariViewController 建立自訂的 SwfitUI 視圖。為此，在專案導覽器中的「View」資料夾上按右鍵，並建立一個新檔案，然後選取「Swift File」模板，將檔案命名為「SafariView」。更新檔案內容如下：

```
import SwiftUI
import SafariServices

struct SafariView: UIViewControllerRepresentable {

    var url: URL

    func makeUIViewController(context: Context) -> SFSafariViewController {
        return SFSafariViewController(url: url)
    }

    func updateUIViewController(_ uiViewController: SFSafariViewController, context: Context) {
```

```
        }
}
```

這個 SafariView 接受 URL 物件，然後我們在 makeUIViewController 中使用該 URL 來實例化 SFSafariViewController，這就是我們將 SFSafariViewController 與 SwiftUI 專案整合的方式。

現在切換到 AboutView.swift，將 WebView 替換為 SafariView，如下所示：

```
.sheet(item: $link) { item in
    if let url = URL(string: item.rawValue) {
        SafariView(url: url)
    }
}
```

App 將使用 SafariView 取代 WebView 來顯示網頁內容。執行 App 來進行測試，如圖 22.6 所示，這個 Safari 視圖帶有「返回」與「往前」按鈕，這便是 SFSafariViewController 的強大之處。如果你需要在 App 中顯示全功能的瀏覽器，則你可以選擇 SFSafariView Controller。

圖 22.6　使用 Safari 視圖來開啟連結

22.6 本章小結

我們探討了三種顯示網頁內容的選項，你不需要在你的 App 中使用所有的這些選項，因為我們只是將它們用於示範目的。

SFSafariViewController 類別提供一個在你的 App 中嵌入網頁瀏覽器的便利方式，如果你的 App 需要為使用者提供無縫且功能豐富的瀏覽體驗，與建立你自己的自訂網頁瀏覽器相比，使用 Safari 視圖控制器可以節省大量時間及精力。

然而，在某些情況下，你可能只需要一些基本的網頁視圖來顯示網頁內容，在這種狀況下，WKWebView 可能是更合適的選擇。花一些時間研究及評估我們涵蓋的所有網路瀏覽選項，然後選擇最適合你的特定需求及請求的選項。

在本章所準備的範例檔中，有最後完整的 Xcode 專案（swiftui-foodpin-webview.zip）可供你參考。

23 運用 CloudKit

我們回顧一下歷史，2011 年 Apple 年度全球開發者大會（Worldwide Developers Conference，簡稱 WWDC）上，史蒂夫‧賈伯斯（Steve Jobs）介紹了 iCloud 作爲 iOS 5 與 OS X Lion 的補充功能，儘管並非完全出乎意料，但是該聲明還是引起了廣泛的關注。透過 iCloud，App 與遊戲可以在雲端儲存資料，並在 Mac 與 iOS 裝置之間無縫同步資料。

然而，iCloud 在作爲雲端伺服器方面上存在不足。開發者被限制使用 iCloud 來儲存可在使用者之間共享的公有資料，其功能僅限於促進同一使用者擁有的多個裝置之間的資料交換。爲了說明這個限制，我們以 FoodPin App 爲例，使用 iCloud 的經典版，你不能公開儲存你喜愛的餐廳，並將其提供給其他的 App 使用者，儲存在 iCloud 上的資料只能由你訪問，而不能與他人共享。

在那段期間，如果你想建立一個社群 App，以在使用者之間共享資料，則你有兩個選擇，第一個是開發你自己的自訂後端伺服器，並配備用於資料傳輸和使用者身分驗證的伺服端 API；第二個是你可以依賴 Firebase 和 Parse 等第三方雲端服務供應商。

> 注意 Parse 是當時非常流行的雲端服務，但是 Facebook 在 2016 年 1 月 28 日宣布要終止該服務。

然而，2014 年 Apple 對 iCloud 的功能進行了重大的改進，爲開發者與使用者提供了全新及增強的功能。CloudKit 的推出代表了對其前身的重大飛躍，並爲開發者帶來了巨大的可能性。有了 CloudKit，開發社群網路 App 或整合社群分享功能變得更加容易。

但是，如果你有一個網頁 App，並且想要存取儲存在 iCloud 上與你的 iOS App 相同的資料時，該怎麼辦呢？Apple 透過導入 CloudKit 網頁服務（也稱爲 CloudKit JS），讓 CloudKit 進一步發展。這個技術利用 JavaScript 函式庫，讓你開發一個網頁 App，以存取 iCloud 上與你的原生 App 相同的資料，如圖 23.1 所示。

在 WWDC 2016 期間，Apple 發布了一個導入共享資料庫功能的重要聲明，此更新擴充了 CloudKit 的功能，讓開發者不僅可以公開或私密儲存資料，還可以與特定使用者群組共享資料。

CloudKit 消除了建立與維護自己的伺服器解決方案的需求，從而簡化了開發者的開發過程。透過最少的設定與編寫程式，CloudKit 使你的 App 能在雲端中儲存各種類型的資料，包括結構式資料與素材。這種簡化的方法節省了時間和精力，使開發者能夠利用雲端儲存的強大功能，而無須進行大量的後端開發。

最重要的是，你可以免費開始使用 CloudKit（有限制）。一開始你可以使用：

- 10GB 的素材空間（例如：圖片）。
- 100MB 的資料庫空間。
- 2GB 的資料傳輸流量。

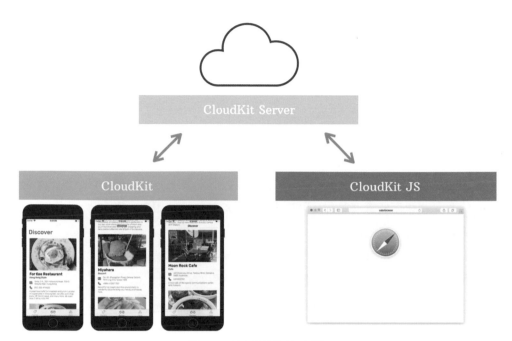

圖 23.1　儲存你的資料至雲端

　　隨著你的 App 變得越來越受歡迎，CloudKit 的儲存空間也會隨之成長，並為每個使用者增加 250MB。對於每個開發者帳戶，可以一直擴充到以下的限制：

● 1PB 的素材空間。

● 10TB 的資料庫空間。

● 200TB 的資料傳輸流量。

　　這是大量的免費儲存空間，足以滿足絕大多數 App 的需求。根據 Apple 的說法，該儲存空間應可滿足大約 1000 萬免費使用者的需求。

> 提示 有了 CloudKit，我們能夠專注於建立 App，甚至可以加入一些額外的功能。
>
> —Hipstamatic

　　在本章中，將會指導你使用 CloudKit 框架來整合 iCloud，不過我們的重點只會放在公共資料庫。與上一章中討論的網頁視圖類似，SwiftUI 框架不提供特定的 CloudKit 元件，儘管如此，我將示範如何將 CloudKit API 整合到 SwiftUI 專案中，具體來說，你將會學習如何存取及管理 iCloud 資料庫中的紀錄。我們會改進 App 來讓使用者匿名分享他們最喜愛的餐廳，並將這些餐廳上傳到 iCloud 的公共資料庫，然後所有的使用者可以在 Discover 標籤中查看這些共享收藏夾。

不過，這裡有一個問題，要存取 CloudKit 儲存器，你必須註冊 Apple 開發者計畫（每年費用 99 美元），Apple 只讓付費的開發者使用 CloudKit，如果你眞的想建立自己的 App，那麼是時候註冊 Apple 開發者計畫，並開始建立一些基於 CloudKit 的 App。

23.1 了解 CloudKit 框架

CloudKit 不僅是儲存器，Apple 提供 CloudKit 框架來讓開發者能與 iCloud 進行互動。CloudKit 框架提供用於管理與 iCloud 伺服器之間的資料傳輸服務，作爲將 App 資料從使用者裝置傳輸到雲端的機制。

需要注意的是，CloudKit 不提供任何本地持久性，只提供離線快取的最小支援。如果你需要快取來在本地儲存資料，則需要開發自己的解決方案。

在 CloudKit 框架中，容器與資料庫是基本元素。每個 App 都有自己的容器來管理其內容，預設設定是一個 App 與一個容器通訊，容器是以 CKContainer 類別表示。

在容器中，有「公共資料庫」（Public Database）、「共享資料庫」（Shared Database）與「私有資料庫」（Private Database）等三種類型的資料庫。顧名思義，公共資料庫可供 App 的所有使用者存取，用來儲存共享資料。儲存在私有資料庫中的資料，只能讓單一使用者檢視，而儲存在共享資料庫中的資料，則可以在特定使用者群組之間共享，如圖 23.2 所示。

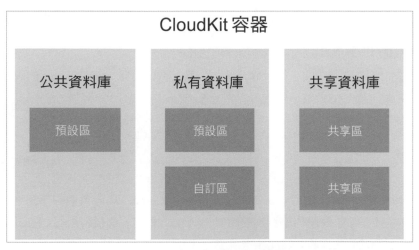

圖 23.2　容器與資料庫的示意圖

Apple 提供了選擇最適合你的 App 需求的資料庫類型的靈活性。例如：如果你正在開發一個類似 Instagram 的 App，則可以使用公共資料庫來儲存使用者上傳的相片；另一方面，如果你正在建立一個待辦事項 App，那麼使用私有資料庫來儲存每個使用者的待辦事項會更適合。訪問公共資料庫不需要使用者擁有活躍的 iCloud 帳號，除非你需要將資料寫入公共資料庫，但是使用者必須先登入 iCloud，才能訪問私有資料庫。

在 CloudKit 框架中，資料庫是以 CKDatabase 類別表示，提供與特定資料庫型態互動所需的功能。

進一步進入層次結構，我們會遇到記錄區（Record Zone）的概念。CloudKit 透過將資料劃分為不同的記錄區，以結構化的方式組織資料。每個記錄區對應特定的資料類別或分區，根據資料庫的類型，它支援不同類型的記錄區。私有資料庫與公共資料庫都有一個預設區，這足以應付大多數的情況，但是如有必要，你可以靈活建立自訂區（Custom Zone）。在 CloudKit 框架中，記錄區是以 CKRecordZone 類別表示，如圖 23.3 所示。

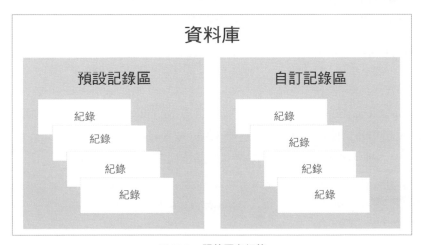

圖 23.3　記錄區與紀錄

資料結構的核心是紀錄（Record），它是資訊的基本單位，以 CKRecord 類別表示。紀錄基本上是由鍵值對的集合組成，其中每個鍵代表一個特定的紀錄欄位，關聯的值代表該欄位的值。此外，每個紀錄都被指定一個記錄型別，記錄型別是由開發者在 CloudKit 儀表板中定義。如果這些術詞一開始看起來令人感到困惑，這是可以理解的，但不必擔心，經過實際的示範後，它們的含義就會變得清晰。

現在你已經對 CloudKit 框架有了一些了解，我們開始建立 Discover 標籤。透過 App 與 CloudKit 的整合，你將學到：

● 如何在你的 App 啟用 CloudKit。

● 如何使用 CloudKit 儀表板在雲端建立你的紀錄。

● 如何從 iCloud 非同步取得紀錄。

- 如何使用 AsyncImage 非同步載入圖片。

- 如何儲存資料到 iCloud 伺服器。

23.2 在 App 中啟用 CloudKit

假設你已經註冊了 Apple 開發者計畫，使用 CloudKit 的第一件事就是在 Xcode 專案中註冊你的帳號。在 Signing & Capabilities 標籤下，如果你尚未在 Signing 區塊指定開發者帳號，請點選「Add Account...」，並使用你的開發者帳號來登入。

> 說明 在專案導覽器中選取「FoodPin」專案，然後選取 Targets 下的「FoodPin」。如果你的套件識別碼（Bundle Identifier）是使用「com.appcoda.FoodPin」，則需要改成其他名稱，例如：「[你的網域名稱].FoodPin」。若是你沒有網域，則可以使用「[你的名稱].FoodPin」，稍後 CloudKit 將使用套件識別碼來產生容器，而由於容器的名稱空間對於所有的開發者來說是全域的，因此你必須要確認名稱是唯一的。

在 Signing & Capabilities 標籤下，如果你尚未在 Signing 區塊指定開發者帳號，只需點選「Team」選項的下拉式選單，然後選擇「Add an account」，系統將提示你使用開發者帳號來登入。按照步驟操作，你的開發者帳號將出現在「Team」選項中，如圖 23.4 所示。

圖 23.4　使用你的開發者帳號登入

假設你已經設定了識別（Identity）以及套件識別碼（Bundle Identifier），則點選「+Capability」按鈕。要啟用 CloudKit，你所需要做的就是將 iCloud 模組加到你的專案中，然後在「Service」選項選擇「CloudKit」，如圖 23.5 所示。

圖 23.5　加入 iCloud 功能

而容器的部分，則在 Containers 區塊下點選「+」按鈕來建立新容器，命名規則（Naming Convention）是「iCloud.com.[bundle-ID]」。

就我而言，我使用「iCloud.com.appcoda.FoodPinV6」作爲識別碼。當你確認了識別碼，Xcode 就會自動在 CloudKit 伺服器上建立對應的容器，並將所需的框架加到專案。請注意，Xcode 可能需要數分鐘的時間，才能完成雲端上的容器建立過程，如圖 23.6 所示。如果容器尚未準備就緒，則會顯示爲紅色，你可以點選「Reload」按鈕來更新狀態，直到容器變成黑色。

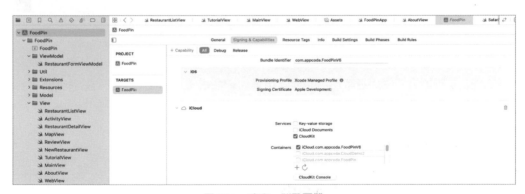

圖 23.6　建立一個新容器

> **訣竅**　如果你有遇到像這樣的錯誤：「An App ID with identifier is not available. Please enter a different string.」，你可能需要選擇另一個套件 ID（Bundle ID）。

在我們可使用 CloudKit 儲存紀錄到雲端之前，我們必須使用 CloudKit 儀表板來設定紀錄。你可以點選「CloudKit Console」按鈕來開啟網頁版的儀表板，接著點選「CloudKit Database」按鈕，你應該會看到名稱爲「iCloud」的 iCloud 容器，如圖 23.7 所示。對我而言，我的套件 ID 設定爲「com.appcoda.FoodPinV6」，iCloud 的容器名稱是「iCloud.com.appcoda.FoodPinV6」。如果你看不到你選擇的雲端容器，則可以點選容器名稱旁邊的「v」圖示，並選擇正確的容器。

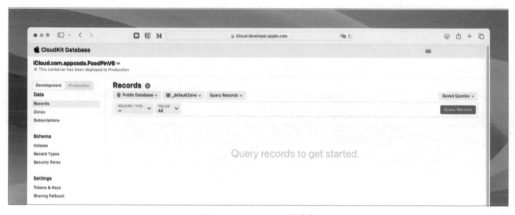

圖 23.7　CloudKit 儀表板

雲端容器有兩種環境：「開發」（Development）與「生產」（Production），生產環境是你的 App 發布給公共使用者時使用的即時環境；顧名思義，開發環境是在開發 App 或測試時使用的環境。你應該根據開發目的選擇開發環境，如圖 23.8 所示。

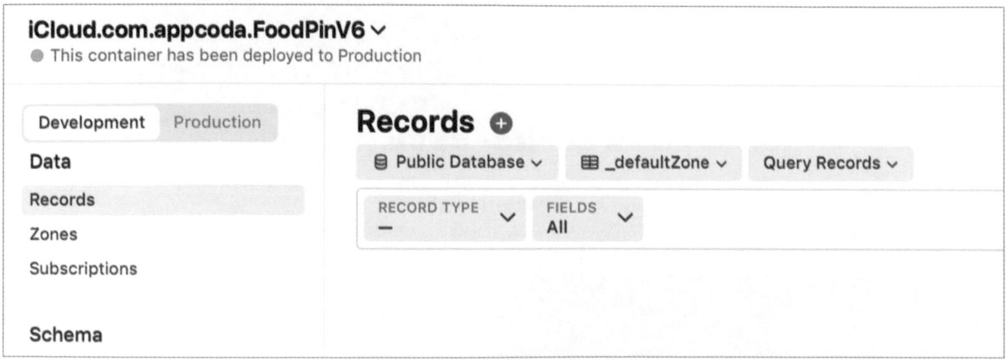

iCloud.com.appcoda.FoodPinV6 ∨
● This container has been deployed to Production

Development	Production

Data

Records

Zones

Subscriptions

Schema

Records ⊕

🗄 Public Database ∨　　⊞ _defaultZone ∨　　Query Records ∨

RECORD TYPE — 　　FIELDS All

圖 23.8　開發環境與生產環境

這個儀表板可以讓你管理容器並執行各種操作，包括新增記錄型別與移除紀錄。

在你的 App 將餐廳紀錄儲存到雲端之前，你需要定義記錄型別。你是否還記得我們在運用 SwiftData 時建立了一個 Restaurant 模型類別？在 CloudKit 中，記錄型別對應於 SwiftData 中的模型類別。

要建立新的記錄型別，則導覽到儀表板的側邊欄選單，並選擇「Record Types」，然後點選「+」按鈕來建立新的記錄型別，並命名這個記錄型別為「Restaurant」。當你建立記錄型別後，CloudKit 儀表板會顯示某些系統欄位（如 createdBy 與 createdAt），如圖 23.9 所示。

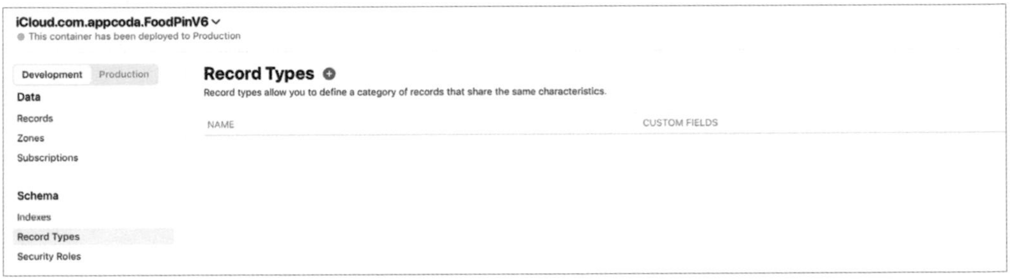

圖 23.9　加入新的記錄型別

你可以為 Restaurant 記錄型別定義自己的欄位名稱與型別。CloudKit 支援各種屬性型別，例如：String、Data / Time、Double 與 Location。如果你需要儲存圖片等二進位資料，則可使用 Asset 型別。

現在點選「Add Field」按鈕，並為 Restaurant 記錄型別新增以下的欄位名稱 / 型別：

欄位名稱	欄位型別
name	String
type	String
location	String
phone	String
description	String
image	Asset

當你新增完自己的欄位後，不要忘記點選「Save Changes」按鈕來儲存這些變更，如圖 23.10 所示。

圖 23.10　新增自訂欄位

> 說明　CloudKit 使用 Asset 物件來合併外部檔案,例如:圖片、聲音、影片、文字與二進位資料檔。素材是以 CKAsset 類別表示,並與紀錄關聯。在儲存素材時,CloudKit 只儲存素材資料,並不能儲存檔名。除了圖片之外,你可以對其餘欄位設定排序(Sort)、查詢(Query)與搜尋(Search)選項。

　　設定好記錄型別後,你的 App 現在可以將餐廳紀錄上傳到 iCloud。有兩種增加紀錄至資料庫的方式:

● 你可使用 CloudKit API 以程式設計方式建立這些紀錄。

● 或者透過 CloudKit 儀表板加入這些紀錄。

　　我們從使用儀表板來輸入一些紀錄開始。在側邊欄選單中,點選「Records」來導覽到紀錄窗格,請確認已選取「Public Database」選項,如圖 23.11 所示。

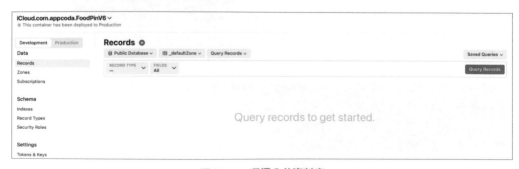

圖 23.11　選擇公共資料庫

對於「Zone」選項，請確認選取「_defaultZone」，這表示你的公共資料庫的預設記錄區；至於記錄型別，則設定為「Restaurant」。預設上，這個區域不包含任何紀錄，若要建立新紀錄，則點選「+」按鈕，輸入必要的詳細資訊，例如：名稱（Name）、型別（Type）、位置（Location）、電話（Phone）、描述（Description），然後上傳你的圖片，最後點選「Save」按鈕來儲存資料。新建立的紀錄範例，如圖23.12所示。

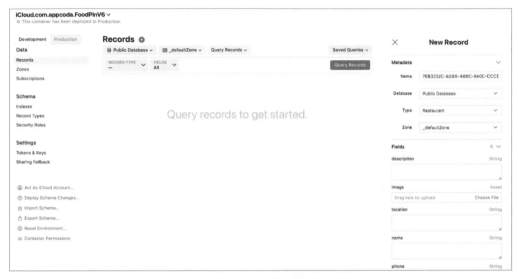

圖 23.12　在 CloudKit 儀表板加入新紀錄

現在你已經在雲端建立了一筆 Restaurant 紀錄，重複相同的步驟來建立至少十筆資料，我們稍後會用到它們。

如果你試著查詢這些紀錄，你會得到一個錯誤訊息：「Queried type is not marked indexable.」。預設情況下，建立的記錄型別的所有元資料索引是停用的，因此允許你可以查詢紀錄之前，你必須向資料庫加入索引。

在選單列中點選「Schema」下的「Indexes」選項，選擇「Restaurant」，然後點選「+」按鈕來建立新索引。資料庫索引讓查詢有效率地從資料庫取得資料，你可以點選「Add Basic Index」按鈕來建立索引，我們將在 recordName 與 createdTimestamp 欄位上建立兩個索引。對於 recordName 欄位，索引型別設定為「Queryable」，即可以查詢紀錄。稍後，我們將會以逆時序方式來取得紀錄，因此我們將 createdTimestamp 欄位的索引型別設定為「Sortable」，如圖 23.13 所示。

圖 23.13　加入索引

　　儲存變更之後，返回「Records」窗格，選擇「Public Database」，並點選「Query Records」按鈕，你現在應該能夠取得餐廳紀錄了，請確認記錄型別設定為「Restaurant」，如圖 23.14 所示。

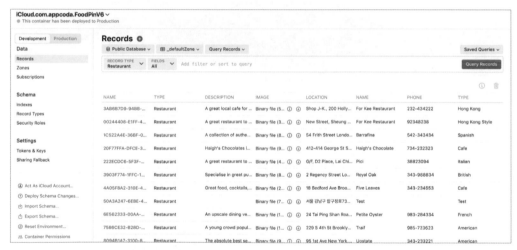

圖 23.14　查詢公共資料庫中的紀錄

23.4　使用便利型 API 從公共資料庫取得資料

　　CloudKit 框架為開發者提供兩種與 iCloud 互動的 API：便利型 API 與操作型，這兩種 API 都可以讓你從 iCloud 非同步儲存與取得資料，這表示資料傳輸是在後端進行。在本節中，我們從探索便利型 API 並實作 Discover 標籤開始，稍後我們將深入研究操作型 API。

顧名思義，便利型 API 讓你可以只用幾行程式碼就與 iCloud 互動。通常，下列的程式碼就足以從雲端取得 Restaurant 紀錄：

```
let cloudContainer = CKContainer.default()
let publicDatabase = cloudContainer.publicCloudDatabase
let predicate = NSPredicate(value: true)
let query = CKQuery(recordType: "Restaurant", predicate: predicate)

do {
    let results = try await publicDatabase.records(matching: query)
    // 處理紀錄

} catch {
    // 處理錯誤
}
```

所提供的程式碼非常簡單。首先，我們取得 App 的預設 CloudKit 容器，然後取得預設的公共資料庫。要從公共資料庫取得 Restaurant 紀錄，我們使用 Restaurant 記錄型別和搜尋條件（稱為 predicate）來建立一個 CKQuery 物件。

你可能對述詞（predicate）這個觀念很陌生，iOS SDK 提供一個名為「NSPredicate」的基礎類別，可讓開發者指定資料篩選條件，若是你有資料庫的背景，則可將其視為 SQL 中的 WHERE 子句。執行 CKQuery 時，必須包含述詞，即使你希望查詢所有的紀錄而不進行任何特定的篩選，你仍然需要提供述詞。在本例中，我們初始化一個始終為 true 的述詞，這表示沒有對查詢結果套用特定的排序或篩選。

最後，我們透過查詢來呼叫 CKDatabase 的 records 方法，然後 CloudKit 搜尋並回傳結果。搜尋與資料傳輸的操作是在背景執行（或非同步執行），以避免阻礙 UI 操作。

從 iOS 15 開始，Apple 導入一個名為「async / await」的功能來處理非同步操作，當我們需要處理背景操作時，此功能可以簡化程式碼。

如果你看一下 API 文件，records 方法是一個非同步函數，以 async 關鍵字表示：

```
func records(matching query: CKQuery, inZoneWith zoneID: CKRecordZone.ID? = nil, desiredKeys:
[CKRecord.FieldKey]? = nil, resultsLimit: Int = CKQueryOperation.maximumResults) async throws
-> (matchResults: [(CKRecord.ID, Result<CKRecord, Error>)], queryCursor: CKQueryOperation.
Cursor?)
```

這表示此操作是非同步執行。當使用 async 關鍵字呼叫方法時，你需要在呼叫前面放置 await 關鍵字：

```
let results = try await publicDatabase.records(matching: query)
```

這就是使用非同步操作所需要做的全部工作。系統將會等待非同步操作完成後，再執行「// Process the records」下的程式碼。

請注意，try 關鍵字是用於捕捉紀錄取得過程中的任何錯誤。

很簡單，對吧？現在回到 FoodPin 專案並實作 Discover 標籤，這個標籤列出了從 iCloud 取得的餐廳清單。圖 23.15 顯示了範例 UI。

圖 23.15　查詢公共資料庫中的紀錄

我們將建立一個單獨的類別來提供與 iCloud 互動並儲存從雲端資料庫取得紀錄的常用功能。在專案導覽器中的「Model」群組上按右鍵來建立一個新檔案，然後選擇「Swift File」模板，將檔案命名為「RestaurantCloudStore.swift」。

檔案內容替換如下：

```
import CloudKit
import SwiftUI

@Observable class RestaurantCloudStore {

    var restaurants: [CKRecord] = []

    func fetchRestaurants() async throws {
        // 使用便利型 API 取得資料
        let cloudContainer = CKContainer.default()
        let publicDatabase = cloudContainer.publicCloudDatabase
        let predicate = NSPredicate(value: true)
```

```
        let query = CKQuery(recordType: "Restaurant", predicate: predicate)

        let results = try await publicDatabase.records(matching: query)

        for record in results.matchResults {
            self.restaurants.append(try record.1.get())
        }
    }
}
```

這個類別標註 @Observable，因為它需要在 restaurants 陣列更新時發出變更。要使用便利型 API 從 iCloud 取得紀錄，我們首先取得 App 的預設 CloudKit 容器，然後取得預設的公共資料庫。

CKQuery 實例指定要取得的記錄型別及排序方式（即 predicate）。當我們準備好查詢，就可以呼叫資料庫的 perform 方法來連結 iCloud，並以 CKRecord 陣列的形式取得紀錄。我們將回傳的紀錄儲存到 restaurants 陣列，因為這個類別標註 @Observable，因此每當 restaurants 陣列更新時，變更都會被發布到監聽變更的視圖。在本例中，視圖是我們要實作的 DiscoverView。

現在於「View」資料夾上按右鍵，並選擇「New File...」，然後選取「SwiftUI View」模板，將檔案命名為「DiscoverView.swift」。

首先匯入 CloudKit 框架，然後宣告一個變數來存放 RestaurantCloudStore 實例：

```
@State private var cloudStore: RestaurantCloudStore = RestaurantCloudStore()
```

使用 @State 屬性包裹器，SwiftUI 只建立一次 RestaurantCloudStore 的新實例，當發布的屬性（即 restaurants）有了變更，SwiftUI 會更新受到變更影響的那些視圖。

接下來，更新 body 部分如下：

```
NavigationStack {
    List(cloudStore.restaurants, id: \.recordID) { restaurant in
        HStack {
            AsyncImage(url: getImageURL(restaurant: restaurant)){ image in
                image
                    .resizable()
                    .scaledToFill()
            } placeholder: {
                Color.purple.opacity(0.1)
            }
```

```
            .frame(width: 50, height: 50)
            .clipShape(RoundedRectangle(cornerRadius: 10))

            Text(restaurant.object(forKey: "name") as! String)
        }
    }
    .listStyle(PlainListStyle())
    .task {
        do {
            try await cloudStore.fetchRestaurants()
        } catch {
            print(error)
        }
    }

    .navigationTitle("Discover")
    .navigationBarTitleDisplayMode(.automatic)

}
```

你應該非常熟悉 List 與 NavigationStack 了，我們在清單視圖中顯示餐廳，並將其包裹在導覽視圖中。不過，有幾件事情可能會讓你感到困惑，讓我們逐行說明上列的程式碼。

首先是 task 修飾器，當清單視圖出現時，我們呼叫 cloudStore.fetchRestaurants() 從 iCloud 資料庫中取得餐廳。這個操作將會更新雲端儲存區的 restaurants 屬性，由於 fetchRestaurants() 方法是一個 async 操作，因此我們必須在方法呼叫之前放置 await 關鍵字。要捕捉任何錯誤，我們使用 do-try-catch 語法。

當從雲端取得餐廳時，雲端儲存區會通知清單視圖有關更新的資訊，然後清單視圖會自行更新，並以簡單的清單格式顯示餐廳。對於每一列，它都會顯示餐廳的小圖片與餐廳名稱。

由於 restaurant 型別是 CKRecord，因此你可以呼叫 .object(forKey:) 方法來取得特定值。在上列的程式碼中，我們使用 restaurant.object(forKey: "name") 來取得餐廳名稱，不過餐廳圖片又如何呢？什麼是 AsyncImage 呢？

到目前為止，我們只處理本地儲存在裝置上的圖片，我們可以使用 Image 視圖來輕鬆載入本地圖片。既然餐廳圖片都儲存在雲端上，那麼我們該如何從遠端載入呢？

Swift 框架有一個名為「AsyncImage」的視圖，它是一個用於非同步載入及顯示遠端圖片的內建視圖。你只需要告知圖片的 URL 是什麼，然後 AsyncImage 便會處理從遠端取得圖片且顯示圖片於螢幕上的繁重工作。

這就是 getImageURL 方法的設計目的。我們還沒有實作這個方法，因此在 DiscoverView 中插入下列的程式碼：

```
private func getImageURL(restaurant: CKRecord) -> URL? {
    guard let image = restaurant.object(forKey: "image"),
        let imageAsset = image as? CKAsset else {
        return nil
    }

    return imageAsset.fileURL
}
```

我們使用 restaurant.object(forKey: "image") 來取得餐廳圖片。由於圖片定義爲素材類型，因此我們可以使用 fileURL 屬性來取得圖片的 URL。

當你透過 AsyncImage 查看圖片的 URL 後，它就會連結 URL 並自動下載圖片。使用 AsyncImage 的最簡單方法如下：

```
AsyncImage(url: getImageURL(restaurant: restaurant))
```

那麼，爲什麼我們要編寫這樣的程式碼呢？

```
AsyncImage(url: getImageURL(restaurant: restaurant)) { image in
    image
        .resizable()
        .scaledToFill()
} placeholder: {
    Color.purple.opacity(0.1)
}
.frame(width: 50, height: 50)
.clipShape(RoundedRectangle(cornerRadius: 10))
```

如果你只使用簡單的方式來初始化 AsyncImage，它會以固有大小顯示圖片。要自訂其大小，我們必須使用替代的 init 方法，而另一種方式提供我們在閉包中的結果圖片，以供進一步的操作。搭配 frame 修飾器，我們可以應用 resizable 與 scaledToFill 修飾器來將圖片縮放至想要的大小。

這個替代的 init 方法也可以讓我們定義自己的占位符號，而不使用預設的占位符號，這裡我們以淡紫色來顯示占位符號。

在測試 App 之前，切換到 MainView.swift，並更新 Discover 標籤爲下列的程式碼：

```
DiscoverView()
    .tabItem {
        Label("Discover", systemImage: "wand.and.rays")
    }
    .tag(1)
```

現在於模擬器中執行 App，並選取 Discover 標籤，你應該會看到你已加入到 iCloud 中的紀錄。如果你有下載的問題，請確認有到「設定」，並登入你的 iCloud 帳號。圖 23.16 顯示了 Discover 標籤的範例截圖。

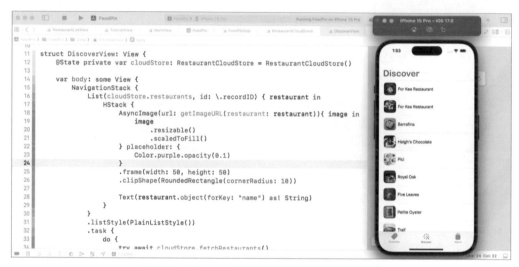

圖 23.16　Discover 標籤現在從公共資料庫下載餐廳

23.5　使用操作型 API 從公共資料庫取得資料

你已經注意到使用便利型 API 的一個缺點，雖然便利型 API 適用於簡單的查詢，但並未對從雲端取得大量資料進行最佳化。當你呼叫 records 方法時，它會立即取得所有的餐廳紀錄，依據資料的大小，下載資料需要花費相當長的時間。

要解決這個問題，並減少 Discover 標籤的載入時間，我們將進行一些最佳化。首先，我們改用操作型 API，雖然用法與便利型 API 相似，但操作型 API 提供更大的靈活性。舉例而言，我們可以指定只取得必需的欄位，例如：name 與 image 欄位，而不是下載整個餐廳紀錄。此外，它允許我們控制要下載的最大紀錄數，透過取得更少的資料，我們可加快 Discover 標籤的載入時間。

現在再次開啓 RestaurantCloudStore.swift，並建立一個新方法，如下所示：

```swift
func fetchRestaurantsWithOperational() {
    // 使用操作型 API 取得資料
    let cloudContainer = CKContainer.default()
    let publicDatabase = cloudContainer.publicCloudDatabase
    let predicate = NSPredicate(value: true)
    let query = CKQuery(recordType: "Restaurant", predicate: predicate)

    // 以 query 建立查詢操作
    let queryOperation = CKQueryOperation(query: query)
    queryOperation.desiredKeys = ["name", "image"]
    queryOperation.queuePriority = .veryHigh
    queryOperation.resultsLimit = 50
    queryOperation.recordMatchedBlock = { (recordID, result) -> Void in
        if let restaurant = try? result.get() {
            DispatchQueue.main.async {
                self.restaurants.append(restaurant)
            }
        }
    }

    queryOperation.queryResultBlock = { result -> Void in
        switch result {
        case .success(let cursor): print("Successfully retrieve the data from iCloud.")
        case .failure(let error): print("Failed to get data from iCloud - \(error.localizedDescription)")
        }
    }

    // 執行查詢
    publicDatabase.add(queryOperation)
}
```

前幾行程式碼保持不變。我們仍然會取得預設容器和公共資料庫，然後建立用於取得餐廳紀錄的查詢。

我們不呼叫 record 方法來取得紀錄，而是爲查詢建立一個 CKQueryOperation 物件，這也是 Apple 稱其爲「操作型 API」的原因。查詢操作物件爲你的設定提供多個選項，desiredKeys 屬性可讓你指定要取得的欄位，你可使用這個屬性來取得 App 所需的欄位。在上列的程式碼中，我們告知查詢操作物件只需這些紀錄的 name 及 image 欄位。

除了 desiredKeys 屬性之外，你還可以使用 queuePriority 屬性來指定操作的執行順序，並使用 resultsLimit 屬性來設定每次的最大紀錄數。

操作物件會在背景執行，它透過兩個回呼（Callback）來回報查詢操作的狀態，一個是 recordMatchedBlock，另一個是 queryResultBlock。每次回傳紀錄時，都會執行 recordMatchedBlock 內的程式碼區塊。在程式碼片段中，我們只需將每個回傳的紀錄加到 restaurants 陣列中，DispatchQueue.main.asyn 方法確保餐廳紀錄的插入是在主執行緒中執行。

另一方面，queryResultBlock 可以讓你指定在取得所有紀錄後執行的程式碼區塊，在本例中，我們請求表格視圖重新載入並顯示餐廳紀錄。

我再多說明一下 queryResultBlock，它提供一個游標物件（嵌入在 result 物件中）來指示是否有更多要取得的結果。還記得我們使用 resultsLimit 屬性來控制所取得的紀錄數量，App 可能無法在單個查詢中就取得所有資料，在這種情況下，CKQueryCursor 物件指示還有更多要取得的結果。另外，它標記了查詢的停止點以及取得剩餘結果的起點，例如：假設你總共有 100 筆餐廳紀錄，對於每次的搜尋查詢，你最多可以取得 50 筆紀錄。在第一次查詢後，游標會指出你已經取得 1 至 50 筆紀錄，對於下一次的查詢，你應該從第 51 筆紀錄開始。如果你需要分批取得資料，則游標非常有用，這是取得大量資料的方式之一。

在 fetchRecordsFromCloud 方法的結尾處，我們呼叫 CKDatabase 類別的 add 方法來執行查詢操作。

在你測試 App 之前，切換到 DiscoverView.swift，並更新 task 修飾器：

```
.task {
    do {
        try await cloudStore.fetchRestaurants()
    } catch {
        print(error)
    }
}
```

改為：

```
.task
{   cloudStore.fetchRestaurantsWithOperational()
}
```

在這個階段會有點麻煩，因為 Apple 正在從基於完成處理器的非同步 API 過渡到基於 async / await 的 API。我們在上一小節中使用的 API 是新的非同步 API，這就是我們使用 async / await 的原因。在本小節中，我們處理的 API 是基於完成處理器的非同步 API，你只要直接呼叫即可。

如果你再次在模擬器中執行 App，它應該會顯示餐廳紀錄，而結果應該和之前相同，如圖 23.17 所示。但是，你在內部已經建立了一個自訂查詢來取得你需要的那些資料。

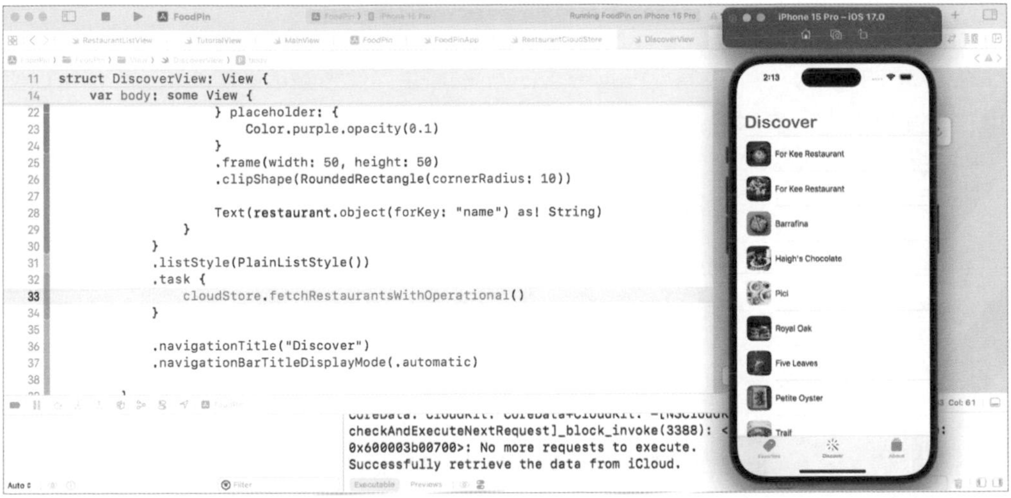

圖 23.17　使用操作型 API 來取得紀錄

23.6 使用動態指示器來優化效能

在討論效能優化時，重要的是不僅要考慮實際效能，還要考慮感知效能（Perceived Performance）。感知效能是指使用者感知你的 App 的速度，而不是實際的執行時間。

我來舉個例子，假設使用者點擊 Discover 標籤，它花了 10 秒來載入餐廳紀錄，然後你優化圖片大小，將載入時間縮減為 6 秒，實際的效能提升 40%，從技術角度來看，這似乎是一個重大的改進，不過從使用者的角度來看，App 仍然感覺緩慢，因為它沒有即時回應。因此，在效能優化時，技術統計資料可能不是唯一的考量因素，優化感知效能來讓使用者覺得你的 App 速度很快，這一點至關重要。優化感知效能的方法之一是，在使用者切換至 Discover 標籤時加入動態指示器。

圖 23.18　使用 ProgressView 建立載入指示器

在 SwiftUI 中，有一個名為「ProgressView」的原生元件來顯示操作的狀態，你可以使用它作為動態指示器，如下所示：

```
ProgressView()
```

要在 Discover 標籤中使用動態指示器，則切換至 DiscoverView.swift，宣告一個狀態變數來控制載入指示器的外觀：

```
@State private var showLoadingIndicator = false
```

要顯示載入指示器的話，我們將 List 視圖嵌入 ZStack 中，然後將 ProgressView 放在清單視圖的上方，如下所示：

```
ZStack {
    List(cloudStore.restaurants, id: \.recordID) { restaurant in
        .
        .
        .
    }
    .onAppear {
        showLoadingIndicator = true
    }

    if showLoadingIndicator {
    ProgressView()
    }
}
```

當 List 視圖出現時，會顯示載入指示器。如果你在預覽窗格中執行 App，即使餐廳紀錄已經全部載入，載入指示器仍然會顯示，如圖 23.19 所示。

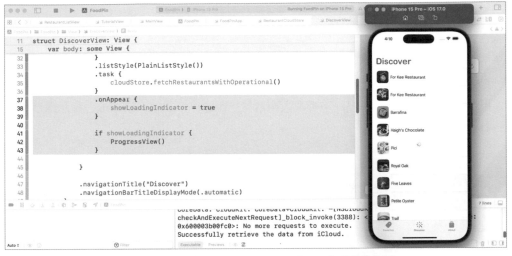

圖 23.19　即使顯示了所有紀錄，載入指示器依然繼續旋轉

　　指示器不知道何時應該隱藏，因此我們必須在下載紀錄後隱藏指示器。修改 Restaurant CloudStore 中的 fetchRestaurantsWithOperational() 方法，以接收一個完成閉包：

```
func fetchRestaurantsWithOperational(completion: @escaping () -> ()) {
```

　　然後更新 queryResultBlock 屬性如下：

```
queryOperation.queryResultBlock = { result -> Void in
    switch result {
    case .success(let cursor): print("Successfully retrieve the data from iCloud.")
    case .failure(let error): print("Failed to get data from iCloud - \(error.
localizedDescription)")
    }

    DispatchQueue.main.async {
        completion()
    }
}
```

　　當取得紀錄時，我們呼叫 completion() 函數來執行呼叫者所指定的任何操作。由於 completion 操作與 UI 相關，因此我們告知系統執行主執行緒中的程式碼。

　　現在切換回 DiscoverView.swift，將 cloudStore.fetchRestaurantsWithOperational() 替換為下列的程式碼：

```
cloudStore.fetchRestaurantsWithOperational {
    showLoadingIndicator = false
}
```

當我們完成獲取操作時，我們將 showLoadingIndicator 的值設定為「false」，以隱藏載入指示器。現在再次測試 App 來看載入指示器是否運作，當載入紀錄後，指示器應該會消失。

23.7 下拉更新

實作所有的優化之後，現在 Discover 標籤的功能應該明顯更好了，不過有一個限制：一旦載入餐廳紀錄，就沒有辦法取得更新。

現代 iOS App 大多數都包含一個名為「下拉更新」（pull-to-refresh）的功能來讓使用者重新更新其內容。下拉更新的互動最初是由 Loren Brichter 開發的，後來被許多 App 採用，包括 Apple 的郵件 App，其用於更新內容。

事實上，Apple 已經為 SwiftUI 框架導入了一個標準的下拉更新控制元件，這個新增的功能使得使用內建的 refreshable 修飾器，即可以很簡單為你的 App 加入下拉更新的功能。

只需將 .refreshable 修飾器加入 DiscoverView 結構中的 List 視圖：

```
.refreshable {
    cloudStore.fetchRestaurantsWithOperational() {
        showLoadingIndicator = false
    }
}
```

這會自動為你的 App 加入下拉更新功能，如圖 23.20 所示。當使用者下拉更新清單時，將執行在閉包中定義的程式碼來取得最新的餐廳紀錄。

圖 23.20　下拉更新

目前，當你從雲端更新資料時會有一個錯誤，即有些紀錄會重複，因為我們在將這些紀錄加入 restaurants 陣列之前，並沒有執行任何檢查。一個簡單的修復方式是在 fetchRestaurantsWithOperational 方法中更新查詢操作的 recordMatchedBlock：

```
queryOperation.recordMatchedBlock = { (recordID, result) -> Void in
    if let _ = self.restaurants.first(where: { $0.recordID == recordID })
    {
        return
    }

    if let restaurant = try? result.get() {
        DispatchQueue.main.async {
            self.restaurants.append(restaurant)
        }
    }
}
```

在將紀錄加入 restaurants 陣列之前，我們使用紀錄 ID 來檢查該紀錄是否已經出現在陣列中。

23.8 使用 CloudKit 儲存資料

現在我們已經介紹了資料查詢，接著我們進一步探索 CloudKit 框架，看看如何儲存資料到雲端。這一切都歸結於 CKDatabase 類別提供的便利型 API：

```
func save(_ record: CKRecord, completionHandler: @escaping (CKRecord?, Error?) -> Void)
```

save(_:completionHandler:) 方法帶入 CKRecord 物件，並將其上傳至 iCloud。操作完成後，它透過呼叫完成處理器來回報狀態，你可以檢查錯誤訊息並查看紀錄是否已經成功儲存。

為了示範 API 的用法，我們會調整 FoodPin App 的加入餐廳功能。當使用者加入一間新餐廳時，紀錄除了儲存到本地資料庫之外，還會上傳到 iCloud。

現在開啓 RestaurantCloudStore.swift，並加入一個新函數來將紀錄上傳到雲端：

```
func saveRecordToCloud(restaurant: Restaurant) {

    // 準備要儲存的紀錄
    let record = CKRecord(recordType: "Restaurant")
    record.setValue(restaurant.name, forKey: "name")
    record.setValue(restaurant.type, forKey: "type")
    record.setValue(restaurant.location, forKey: "location")
    record.setValue(restaurant.phone, forKey: "phone")
    record.setValue(restaurant.summary, forKey: "description")
    let imageData = restaurant.image as Data

    // 調整圖片大小
    let originalImage = restaurant.image
    let scalingFactor = (originalImage.size.width > 1024) ? 1024 / originalImage.size.width :
1.0

    guard let imageData = originalImage.pngData() else {
        return
    }

    let scaledImage = UIImage(data: imageData, scale: scalingFactor)!

    // 將圖片寫入本地端檔案，以供暫時使用
    let imageFilePath = NSTemporaryDirectory() + restaurant.name
```

```
    let imageFileURL = URL(fileURLWithPath: imageFilePath)
    try? scaledImage.jpegData(compressionQuality: 0.8)?.write(to: imageFileURL)

    // 建立要上傳的圖片素材
    let imageAsset = CKAsset(fileURL: imageFileURL)
    record.setValue(imageAsset, forKey: "image")

    // 讀取 iCloud 公共資料庫
    let publicDatabase = CKContainer.default().publicCloudDatabase

    // 儲存資料至 iCloud
    publicDatabase.save(record, completionHandler: { (record, error) -> Void  in
        if error != nil {
            print(error.debugDescription)
        }

        // 移除暫存檔
        try? FileManager.default.removeItem(at: imageFileURL)
    })
}
```

　　要將餐廳紀錄儲存至雲端，我們先使用餐廳屬性準備一個 CKRecord 物件，而餐廳圖片需要做一些程序處理。首先，我們不想要上傳超高解析度相片，而是想要在上傳前先縮小。UIImage 類別可讓我們能夠建立一個具有特定比例因子的物件，在此情況下，任何寬度大於 1024 像素的圖片都會調整大小。

　　如你所知，你使用了 CKAsset 物件來表示雲端上的圖片。要建立 CKAsset 物件，我們必須提供縮圖的檔案 URL，因此我們將圖片儲存到暫存資料夾內，你可以使用 NSTemporary Directory 函數來取得暫時目錄的路徑。透過將路徑與餐廳名稱結合，我們就有了圖片的暫時檔案路徑，然後我們使用 UIImage 的 jpegData(compressionQuality:) 函數來壓縮圖片資料，並呼叫 write 方法來將壓縮的圖片資料儲存為一個檔案。

　　縮圖準備好上傳後，我們可以使用檔案 URL 來建立 CKAsset 物件，最後我們取得預設的公共資料庫，並使用 CKDatabase 的 save 方法來將紀錄儲存到雲端。在完成處理器中，我們清除了剛才建立的暫存檔案。

　　現在 saveRecordToCloud 方法已經準備好了，我們修改 NewRestaurantView.swift 來上傳新餐廳紀錄至雲端。

　　在 NewRestaurantView 的 save() 方法中，於右括號前插入下列的程式碼：

```
let cloudStore = RestaurantCloudStore()
cloudStore.saveRecordToCloud(restaurant: restaurant)
```

你已經準備就緒，點擊「Run」按鈕並測試 App。點選「+」按鈕來加入一間新餐廳，當你儲存餐廳後，導覽至 Discover 標籤，你應該會看到其中列出的新餐廳。如果沒有立即出現，稍待幾秒鐘，然後對表格執行下拉更新；或者你可以訪問 CloudKit 儀表板來檢視新建立的紀錄。

如果在主控台中出現下列的錯誤，這表示你沒有儲存餐廳紀錄的「寫入」（Write）權限：

```
Optional(<CKError 0x6000031ac690: "Permission Failure" (10/2007); server message =
"Operation not permitted"; uuid = C057A757-193A-4245-9E00-CEBA5D9E6EF5; container ID =
"iCloud.com.appcoda.FoodPinV6">)
```

要修正這個問題，你必須更改雲端容器中更改 Restaurant 型別的權限，因此至 CloudKit 儀表板，並選取你的容器，在頂部選單中選擇「Schema」，然後選擇「Security Role」，如圖 23.21 所示。

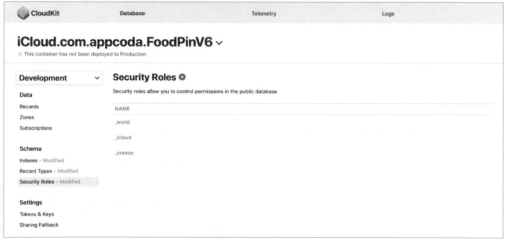

圖 23.21　設定安全角色

接著，選擇「_iCloud」（即已驗證的 iCloud 使用者）來設定這個角色的權限。預設上，只啟用了「建立」（Create）權限，要修正這個問題，你必須為已驗證的使用者啟用「讀取」（Read）與「寫入」（Write）權限。

圖 23.22　設定授權角色的權限

當你儲存角色後，你可以再次測試 App。如果你已經在模擬器中登入 iCloud，則應該能夠將餐廳紀錄儲存到雲端了。

23.9　依建立日期來排序結果

Discover 功能有一個問題是「餐廳資料沒有任何順序」。作爲使用者，你可能希望檢視其他 App 使用者所分享的新餐廳，這表示我們需要將結果做逆時序排列。

排序已經內建於 CKQuery 類別中，它提供一個名爲「sortDescriptor」的屬性來指定排序的順序。在 RestaurantCloudStore 的 fetchRestaurants 方法（與 fetchRestaurantsWithOperational 方法）中，在 CKQuery 的實例後插入下列的程式碼：

```
query.sortDescriptors = [ NSSortDescriptor(key: "creationDate", ascending: false) ]
```

這使用 creationDate 鍵（它是 CkRecord 屬性）來建立一個 NSSortDescriptor 物件，並將順序設定爲降冪排列。當 CloudKit 執行了搜尋查詢，它會依建立日期來對結果排序。你現在可以再次執行 App，並加入一間新餐廳，當儲存之後，至 Discover 標籤，可看到剛加入的餐廳出現在第一筆。

23.10　你的作業：顯示餐廳的位置與類型

目前 Discover 標籤中的每一行只顯示餐廳的名稱與縮圖，請你修改這個專案，讓其顯示餐廳的位置與類型，圖 23.23 顯示了範例的螢幕截圖。

圖 23.23　重新設計 Discover 標籤的 UI

23.11 本章小結

哇！你已經製作了一個用於分享餐廳的社群網站 App。本章的內容很多，你現在應該了解 CloudKit 的基礎知識。有了 CloudKit，Apple 讓 iOS 開發者能更容易將他們的 App 與 iCloud 資料庫做整合，只要你註冊 Apple 開發者計畫（每年 99 美元），就能使用這個完全免費的服務。

隨著 CloudKit JS 的導入，你就能建立一個網頁 App，來讓使用者訪問和你的 iOS App 相同的容器，這對開發者而言是一件非常重大的事，也就是說，CloudKit 並不完美。CloudKit 是 Apple 的產品，我還沒有看到 Apple 願意將這樣的服務開放給其他平台的可能性。如果你要建立一個基於雲端的 App 給 iOS 及 Android 時，我想 CloudKit 不會是你的首選，你可能需要探索 Google 的 Firebase、Contentful、微軟的 Azure。

如果你的開發重點是 iOS 平台，那麼 CloudKit 對你及你的使用者而言有很大的潛力。我鼓勵你在下一個 App 中採用 CloudKit。

在本章所準備的範例檔中，有最後完整的 Xcode 專案（swiftui-foodpin-cloudkit.zip）以及包含作業解答的完整專案（swiftui-foodpin-cloudkit-exercise.zip）可供你參考。

App 本地化以支援
多種語言

在本章中，我們將介紹「本地化」（Localization）。iOS 裝置（包括 iPhone 與 iPad）在世界各地都可以取得，而 App Store 在全球 150 多個國家都可下載，你的使用者來自不同的國家，說著不同的語言，要提供絕佳的使用者體驗並吸引全球的使用者，你需要讓你的 App 能夠支援多種語言，而調整 App 來支援一個特定語言的過程，一般稱為「本地化」。

Xcode 已經內建支援本地化，它讓開發者很容易透過「本地化」功能與一些 API 的呼叫來進行本地化 App。

你可能聽過這兩個名詞：「本地化」與「國際化」，你也許認為這是指翻譯過程，有部分是正確的，在 iOS 程式開發中，「國際化」（Internationalization）是建置本地化 App 的里程碑。為了讓你的 App 能夠順應不同的語言，App 設計架構中涉及語言及地區差異的部分必須獨立出來，這便是所謂的「國際化」。舉例而言，如果你的 App 需要顯示價格欄位，則已知某些國家是用「句點」來代表小數點（例如：$1000.50），而某些國家則是使用「逗點」（例如：$1000,50），因此對這個 App 做國際化的具體過程，便需要將價格欄位設計成可順應不同的地區。

至於本地化，則是 App 經過國際化後再進一步支援多種語言及地區的具體過程，這個過程包含對靜態及可見文字的特定語言翻譯，並加上對於特定國家的元素，例如：圖片、影片及聲音等。

在本章中，我們將會本地化 FoodPin App 為中文及德文，但不要期望我會翻譯 App 中的所有文字，我只是想教導你使用 Xcode 實作本地化的程序。

24.1 Xcode 15 導入字串目錄功能

隨著 Xcode 15 的發布，Apple 導入了一個令人興奮的功能，名為「字串目錄」（String Catalogs），這個功能旨在簡化 App 的本地化程序，讓你能夠比以往更輕鬆地在一個中心位置管理所有字串。利用字串目錄，您可以確保 App 在發布給用戶之前已經完全本地化，這個新功能為本地化過程提供了便利與信心。

在我們繼續實作之前，我們來檢查一下 App 中面向使用者（user-facing）的文字。原始碼中有大量的面向使用者的文字，例如：「New Restaurant」表單中顯示的文字欄位。圖 24.1 展示了在 NewRestaurantView 結構中面向使用者的文字的一些範例。

在 Xcode 的早期版本中，你必須經歷字串國際化的程序，這需要使用 String(localized:) 巨集修改現有的文字，然而隨著字串目錄的導入，就不再需要這個程序了，字串目錄會自動為你取出所有面向使用者的文字，而無須手動修改。

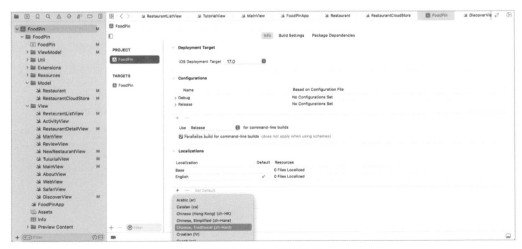

```
        struct NewRestaurantView: View {
            var body: some View {
                                .frame(minWidth: 0, maxWidth: .infinity)
                                .frame(height: 200)
                                .background(Color(.systemGray6))
                                .clipShape(RoundedRectangle(cornerRadius: 20.0))
                                .padding(.bottom)
                                .onTapGesture {
                                    self.showPhotoOptions.toggle()
                                }

                        FormTextField(label: "NAME", placeholder: "Fill in the
                            restaurant name", value: $restaurantFormViewModel.name)

                        FormTextField(label: "TYPE", placeholder: "Fill in the
                            restaurant type", value: $restaurantFormViewModel.type)

                        FormTextField(label: "ADDRESS", placeholder: "Fill in the
                            restaurant address", value:
                            $restaurantFormViewModel.location)

                        FormTextField(label: "PHONE", placeholder: "Fill in the
                            restaurant phone", value: $restaurantFormViewModel.phone)

                        FormTextView(label: "DESCRIPTION", value:
                            $restaurantFormViewModel.description, height: 100)
                }
```

圖 24.1　面向使用者的文字

24.2 加入支援的語言

目前你的 App 只支援英文，若要支援其他語言，則在專案導覽器中選取「FoodPin」專案，然後選擇「Info」，並在 PROJECT 區塊下選擇「FoodPin」。要加入其他語言，則在 Localizations 區塊下點選「+」按鈕，選擇你想要支援的語言，對於這個示範，我們選擇「Chinese(Traditional)(zh-Hant)」，如圖 24.2 所示。

圖 24.2　加入一個新語言

選擇所需的語言後，你會看到「Chinese, Traditional」語言已經加入 Localizations 區塊中。你可以重複相同的過程，依據需求增加更多的語言來支援它們。對於這個App而言，除了中文之外，我們還將支援德文，因此依照前面提到的步驟來加入「German」語言到你的專案中。

24.3 使用字串目錄

加入支援的本地化後，我們必須手動增加一個String Catalog檔案。在專案導覽中，在「FoodPin」資料夾上按右鍵，並選擇「New File...」，然後在iOS類別下尋找「String Catalog」模板，點選「Next」按鈕繼續，將檔案名稱命名為「Localizable」。

圖 24.3　使用字串目錄模板

這個程序會產生一個空的 Localizable 檔案，其中包含你的 App 支援的所有語言。要將所有面向使用者的文字取出至此檔案中，你可以按照下列步驟操作：從 Xcode 選單中選擇「Product」，然後選擇「Build」重建專案。建立過程完成後，Xcode 會自動取出所有文字，並將其填入 Localizable 檔案中。

圖 24.4　包含取出字串的字串目錄檔案

取出文字後，你可以直接在 String Catalog 檔案中為每種語言加入翻譯，這讓你可以提供文字的本地化版本，並確保 App 針對不同的語言進行了正確的本地化。

24.4 測試本地化 App

測試 App 本地化有幾種方式，其中一種方式是變更模擬器的語言偏好設定，然後執行這個本地化 App，以讓你檢視 App 在不同語言下的表現。另一個選項是利用 Xcode 中的「預覽」功能，讓你在執行期與介面建構器中以各種的語言與區域測試你的 App，我們來詳細探討這些選項。

要在 Xcode 中啟用執行期預覽功能，你可以修改方案表。在方案設定中，你可在對話方塊中設定你的偏好語言，以讓你預覽 App 在該特定語言下的顯示及功能，如圖 24.5 所示。

圖 24.5　Edit Scheme 選項

在對話方塊中，選擇「Run→Options」，並將「App Language」選項變更為你的偏好語言，例如：選擇「Chinese, Traditional」，然後點選「Close」按鈕來儲存設定，如圖24.6所示。

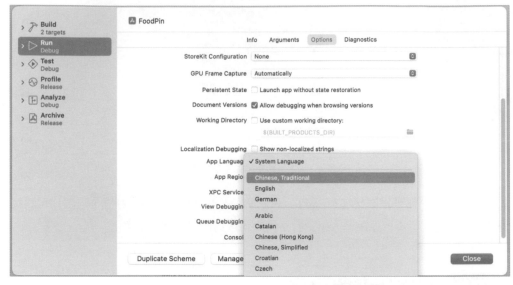

圖24.6　變更App Language選項為你的偏好語言

現在點擊「Run」按鈕來啟動App，模擬器的語言應設定為你的偏好語言。若是你將其設定為「Chinese / German」，你的App看起來應該如圖24.7所示。

圖24.7　FoodPin App的繁體中文版與德文版

24.5 使用預覽來測試本地化

要預覽 SwiftUI App 的本地化，你可以利用預覽程式碼中的 locale 環境變數，這可讓你以不同語言模擬 App 的 UI。舉例而言，如果你想要以德語預覽 App UI，則你可以使用所需的本地化設定來加入額外的預覽程式碼區塊。以下是一個例子：

```
#Preview("AboutView (German)") {
    AboutView()
        .environment(\.locale, .init(identifier: "de"))
}
```

透過將 locale 環境變數設定為「.init(identifier: "de")」，你可以預覽德語本地化的 App UI。你可以根據需求修改識別碼來模擬其他語言。

圖 24.8　以不同語言（如德語）預覽 App UI

24.6 為你的文字加入註解

在 Localizable 檔案中，有一個註解欄位會顯示每個鍵和翻譯的關聯註解。如果你想要為特定鍵加入註解，則可以在定義 Text 視圖時包含它們，如下所示：

```
Text("Sorry, this feature is not available yet. Please retry later.",
    comment: "The message displayed when a user selects to place a call to the restaurant.")
```

當你使用註解修改程式碼後，它就會出現在 Localizable 檔案中。

圖 24.9　為文字加入註解

24.7　對通用文字使用 String(localized:) 初始化器

你可能會注意到一些文字不會自動取出到 Localizable 檔案中，例如：NewRestaurant View 的文字欄位沒有本地化：

```
FormTextField(label: "NAME", placeholder: "Fill in the restaurant name", value:
$restaurantFormViewModel.name)

FormTextField(label: "TYPE", placeholder: "Fill in the restaurant type", value:
$restaurantFormViewModel.type)
```

要讓這些文字可本地化，你可以使用 String(localized:) 初始化器來修改程式碼，如下所示：

```
FormTextField(label: String(localized: "NAME"), placeholder: String(localized: "Fill in the
restaurant name"), value: $restaurantFormViewModel.name)

FormTextField(label: String(localized: "TYPE"), placeholder: String(localized: "Fill in the
restaurant type"), value: $restaurantFormViewModel.type)
```

在重建專案後，這些文字就會被整合到 Localizable 檔案中。

圖 24.10　文字整合到 Localizable 檔案中

24.8 本章小結

在本章中，我介紹了 Xcode 中的本地化程序。Xcode 15 導入字串目錄，大大簡化了開發者的工作流程，這個新功能可自動從 SwiftUI 視圖中取出文字，並將它們合併到一個集中檔案中。此外，翻譯人員可以直接在 Xcode 中方便地編輯譯文，從而簡化了本地化的過程。

請記得 App 的市場遍佈全球，使用者更喜愛擁有他們的語言的 App UI，透過本地化你的 App，你將能夠提供絕佳的使用者體驗，並吸引更多的下載。

在本章所準備的範例檔中，有最後完整的 Xcode 專案（swiftui-foodpin-localization.zip）可供你參考。

25 觸覺觸控

作為你的第一個 App，FoodPin App 已經相當令人印象深刻了，但是如果你想要進一步增強它，並納入 iOS 裝置提供的一些現代技術，則千萬不要錯過接下來的內容。

自從 iPhone 6s 與 6s Plus 推出以來，Apple 向我們介紹一種與手機互動的全新方式，稱為「3D 觸控」（3D Touch），此功能為使用者介面增加一個新維度，並提供獨特的使用者體驗。透過 3D 觸控，iPhone 不僅可以偵測到你的觸碰（Touch），還可以感知到你對顯示器施加的壓力力道。

自 iPhone 11、iPhone 11 Pro 與 iPhone 11 Pro Max 開始，Apple 已將所有 iPhone 型號上的 3D 觸控替換為觸覺觸控（Haptic Touch）。儘管觸覺觸控和 3D 觸控有相似之處，但它們之間還是存在明顯的差異，3D 觸控依賴壓力觸控（Force Touch），而觸覺觸控則是透過長按（Touch and hold）手勢來啟動。

你是否嘗試過用更大的壓力按主畫面上的 App 圖示呢？當你這樣做時，它會顯示一組快速動作，讓你直接訪問 App 的特定部分，這是觸覺觸控的實際應用範例，稱為「快速動作」（Quick Action）。在本章中，我將介紹如何在 SwiftUI 專案中實作快速動作，並建立自訂的 URL 型別來處理這些快速動作，如圖 25.1 所示：

● **New Restaurant**：直接進入 New Restaurant 畫面。

● **Discover restaurants**：直接跳到 Discover 標籤。

● **Show Favorites**：直接跳到 Favorites 標籤。

圖 25.1　**快速動作範例**

25.1 主畫面的快速動作

　　Apple 提供兩種類型的快速動作:「靜態」(Static) 與「動態」(Dynamic)。靜態快速動作寫死在 Info.plist 檔,當使用者安裝 App 後,即使在首次啟動 App 之前,也可使用快速動作。

　　顧名思義,動態快速動作本質上是動態的,App 在執行期中建立並更新快速動作。以 Instagram App 為例,其快速動作顯示了切換帳戶的選項,它們必須是動態的,因為帳戶名稱會隨時變更。

圖 25.2　**快速動作小工具**

　　但是,它們有一個共同點是無論你使用靜態還是動態快速動作,你最多可以建立四個快速動作。

　　要建立靜態快速動作非常簡單,你只需要編輯 Info.plist 檔,並新增 UIApplicationShortcut Items 陣列。陣列的每個元素都是一個包含下列屬性的字典:

- **UIApplicationShortcutItemType(必填)**:用於識別快速動作的唯一識別碼,這個識別碼在所有的 App 中應是唯一的,因此較好的作法是將識別碼的前綴加上 App Bundle ID(例如:com.appcoda.<quick-action-name>)。

- **UIApplicationShortcutItemTitle(必填)**:使用者可見的快速動作名稱。

- **UIApplicationShortcutItemSubtitle(選填)**:快速動作的副標題,它是顯示在快速動作標題下方的可選型別字串。

- **UIApplicationShortcutItemIconType（選填）**：用於指定系統庫中圖示類型的可選型別字串。你可以參考這份文件：⊡ https://developer.apple.com/documentation/uikit/uiapplicationshortcuticon#//apple_ref/c/tdef/UIApplicationShortcutIconType，來了解可用的圖示類型。

- **UIApplicationShortcutItemIconFile（選填）**：如果你想使用自己的圖示，則從 App Bundle 中指定要使用的圖示圖片，或者在素材目錄中指定圖片名稱，圖示必須要是矩形且單色，尺寸為 35×35(1x)、70×70(2x) 與 105×105(3x)。

- **UIApplicationShortcutItemUserInfo（選填）**：包含你想要傳送的一些額外資訊的可選型別字典，例如：這個字典的其中一種用途是傳送 App 版本。

如果你想加入一些靜態快速動作，下列是使用 UIApplicationShortcutItems 陣列來建立「New Restaurant」捷徑的範例，如圖 25.3 所示。

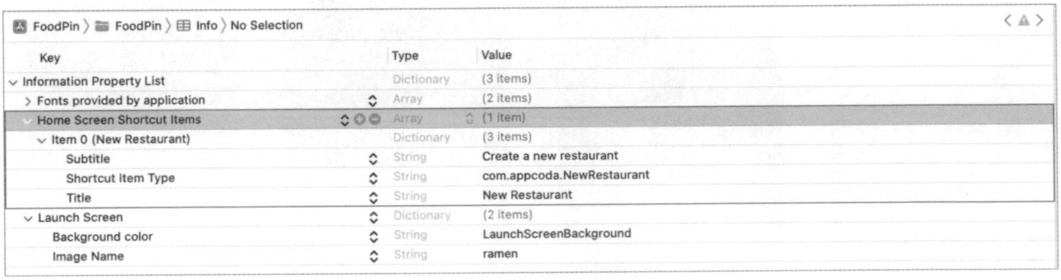

Key		Type	Value
FoodPin ⟩ 📁 FoodPin ⟩ ⊞ Info ⟩ No Selection			⟨ ▲ ⟩
∨ Information Property List		Dictionary	(3 items)
› Fonts provided by application	⇕	Array	(2 items)
∨ Home Screen Shortcut Items	⇕ ⊕ ⊖	Array ⇕	(1 item)
∨ Item 0 (New Restaurant)		Dictionary	(3 items)
Subtitle	⇕	String	Create a new restaurant
Shortcut Item Type	⇕	String	com.appcoda.NewRestaurant
Title	⇕	String	New Restaurant
∨ Launch Screen	⇕	Dictionary	(2 items)
Background color	⇕	String	LaunchScreenBackground
Image Name	⇕	String	ramen

圖 25.3　靜態快速動作的範例 Info.plist

現在你應該對靜態快速動作有些概念了，接下來我們來說明動態快速動作。我們將修改 FoodPin 專案來示範，並加入三個快速動作至 App 中：

- **New Restaurant**：直接進入 New Restaurant 畫面。

- **Discover restaurants**：直接跳到 Discover 標籤。

- **Show Favorites**：直接跳到 Favorites 標籤。

首先，為何我們要使用動態快速動作呢？簡單的答案是「我想要介紹如何使用動態快速動作」，不過實際的原因是「我只想在使用者看完導覽畫面後才啟用這些快速動作」。

要編寫程式碼來建立快速動作時，你只需要使用所需屬性來實例化一個 UIApplicationShortcutItem 物件，然後將它指定給 UIApplication 的 shortcutItems 屬性。以下是一個例子：

```
let shortcutItem = UIApplicationShortcutItem(type: "com.appcoda.NewRestaurant", localizedTitle:
"New Restaurant", localizedSubtitle: nil, icon: UIApplicationShortcutIcon(type: .add),
userInfo: nil)
UIApplication.shared.shortcutItems = [shortcutItem]
```

第一行程式碼定義一個具有快速動作型別 com.appcoda.NewRestaurant 和系統圖示 .add 的捷徑項目，快速動作的標題設定為「New Restaurant」；第二行程式碼使用 shortcutItem 初始化一個陣列，並將其設定為 shortcutItems 屬性。

要建立快速動作，我們開啟 FoodPinApp.swift，並在 FoodPinApp 結構中建立一個輔助方法：

```swift
func createQuickActions() {
    if let bundleIdentifier = Bundle.main.bundleIdentifier {
        let shortcutItem1 = UIApplicationShortcutItem(type: "\(bundleIdentifier).OpenFavorites",
localizedTitle: "Show Favorites", localizedSubtitle: nil, icon: UIApplicationShortcutIcon(
systemImageName: "tag"), userInfo: nil)
        let shortcutItem2 = UIApplicationShortcutItem(type: "\(bundleIdentifier).OpenDiscover",
localizedTitle: "Discover Restaurants", localizedSubtitle: nil, icon: UIApplicationShortcutIcon(
systemImageName: "eyes"), userInfo: nil)
        let shortcutItem3 = UIApplicationShortcutItem(type: "\(bundleIdentifier).NewRestaurant",
localizedTitle: "New Restaurant", localizedSubtitle: nil, icon: UIApplicationShortcutIcon(type:
.add), userInfo: nil)
        UIApplication.shared.shortcutItems = [shortcutItem1, shortcutItem2, shortcutItem3]
    }
}
```

程式碼和前面的範例幾乎一樣。我們建立了三個快速動作項目，每個項目都有自己的識別碼、標題與圖示。

那麼，我們應該在何處呼叫這個 createQuickActions() 方法呢？

根據 Apple 的說法，當 App 轉換至背景狀態時，是更新任何動態快速動作的最好時機，因為系統會在使用者返回主畫面之前執行程式碼。

下一個問題是我們如何偵測這種狀態變化呢？在 SwiftUI 中，你可以透過觀察 Environment 中的 scenePhase 值來讀取目前的場景階段。在 FoodPinApp 中插入下列程式碼來取得 scenePhase 值：

```swift
@Environment(\.scenePhase) var scenePhase
```

你可以將 .onChange 修飾器加到 WindowGroup 來監看場景階段的變化，如下所示：

```swift
WindowGroup {
    MainView()
}
.modelContainer(for: Restaurant.self)
```

```
.onChange(of: scenePhase) { oldValue, newValue in
    switch newValue {
    case .active:
        print("Active")
    case .inactive:
        print("Inactive")
    case .background:
        createQuickActions()
    @unknown default:
        print("Default scene phase")
    }
}
```

上列的程式碼監聽 scenePhase 狀態的變化。當狀態變更爲 background 階段時，我們執行 createQuickActions 方法來更新快速動作。

現在你可以在模擬器中建立與執行 App。App 啓動後返回主畫面，在 FoodPin 圖示上長按 1 秒鐘，然後你應該會看到快速動作選單，如圖 25.4 所示。

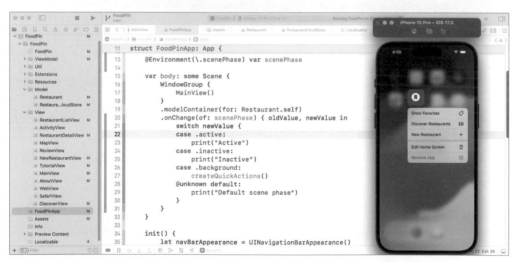

圖 25.4　FoodPin App 中的快速動作

25.2 使用自訂 URL 協定處理快速動作

快速動作還沒有準備好運作，因爲我們還沒有實作啓動快速動作所需的方法。在 UIKit 中，有一個定義在 UIWindowSceneDelegate 協定的方法，稱爲「windowScene(_:perform

ActionFor:completionHandler:)」，當使用者選擇快速動作時，此方法會被呼叫，我們將在
FoodPinApp.swift 中實作該方法。

> 注意 目前版本的 SwiftUI 不提供處理快速動作的原生方法，這便是為何我們仍然需要回復改用 UIKit。

那麼，當選擇快速動作時，我們如何導引使用者到 App 的特定部分呢？我們將使用自
訂 URL 協定，這個功能提供一種參照 App 中特定內容或資源的方式，例如：我們定義了
以下的自訂 URL：

```
foodpinapp://actions/OpenDiscover
```

當使用者點擊 URL 時，系統導引使用者至 FoodPin App 的「Discover」標籤。而我們
要做的是建立一個名為「foodpinapp://」的自訂 URL 協定，每個快速動作都有自己的自訂
URL 來導引使用者至 App 的特定畫面：

- **foodpinapp://actions/OpenFavorites**：開啓「Favorites」標籤。
- **foodpinapp://actions/OpenDiscover**：開啓「Discover」標籤。
- **foodpinapp://actions/NewRestaurant**：顯示「New Restaurant」視圖。

在 FoodPinApp.swift 中插入下列的程式碼片段：

```
final class MainSceneDelegate: UIResponder, UIWindowSceneDelegate {

    @Environment(\.openURL) private var openURL: OpenURLAction

    func windowScene(_ windowScene: UIWindowScene, performActionFor shortcutItem:
UIApplicationShortcutItem, completionHandler: @escaping (Bool) -> Void) {
        completionHandler(handleQuickAction(shortcutItem: shortcutItem))
    }

    private func handleQuickAction(shortcutItem: UIApplicationShortcutItem) -> Bool {
        let shortcutType = shortcutItem.type

        guard let shortcutIdentifier = shortcutType.components(separatedBy: ".").last else {
            return false
        }

        guard let url = URL(string: "foodpinapp://actions/" + shortcutIdentifier) else {
            print("Failed to initiate the url")
            return false
```

```
        }

        openURL(url)

        return true
    }
}
```

上列的程式碼建立了一個 MainSceneDelegate 類別，並實作 windowScene(_:performActi
onFor:completionHandler:) 方法來啓動快速動作。handleQuickActions 方法將捷徑項目作爲
參數。

它首先解析其 type 值（例如：com.appcoda.foodpin.OpenFavorites）來分析這個捷徑項目
是什麼，根據提取的值來建構自訂 URL（例如：foodpinapp://actions/OpenFavorites）。

要在 SwiftUI 中開啓 URL，你可以從環境中取得 .openURL 鍵並開啓 URL，如下所示：

```
openURL(url)
```

接下來，我們需要建立一個 AppDelegate 類別來設定 MainSceneDelegate 爲委派類別。
在同一個檔案中插入下列的程式碼：

```
final class AppDelegate: UIResponder, UIApplicationDelegate {

    func application(_ application: UIApplication, configurationForConnecting connectingSceneSession:
UISceneSession, options: UIScene.ConnectionOptions) -> UISceneConfiguration {
        let configuration = UISceneConfiguration(name: "Main Scene", sessionRole:
connectingSceneSession.role)

        configuration.delegateClass = MainSceneDelegate.self

        return configuration
    }
}
```

儘管我們已經建立 AppDelegate 類別，並採用所有必需的協定，但是 SwiftUI 中的
FoodPinApp 結構對於我們所實作的所有類別仍然一無所知，我們需要讓它知道使用 UIKit
中的 AppDelegate 類別。你可以在 FoodPinApp 結構中插入下列這行程式碼，來註冊
AppDelegate 類別：

```
@UIApplicationDelegateAdaptor private var appDelegate: AppDelegate
```

現在你應該了解我們如何處理快速動作，不過這個快速動作還沒有完成，如果你嘗試開啓任何一個快速動作，你應該會在主控台中看到以下的錯誤訊息：

```
2023-10-26 12:39:31.547378+0800 FoodPin[36298:10370760] [default] Failed to open URL foodpinapp://
actions/OpenDiscover: Error Domain=NSOSStatusErrorDomain Code=-10814 "(null)" UserInfo={_LSLine=
229, _LSFunction=-[_LSDOpenClient openURL:options:completionHandler:]}
```

原因是我們在專案中註冊了自訂協定，如果沒有註冊，系統將不會重新導引 URL 到你的 App。

切換到專案設定，並開啓「Info」標籤。在「URL Types」區塊中，點選「+」按鈕來加入新的 URL 型別，接著輸入你的識別碼，並設定「URL Schemes」選項爲「foodpinapp」，如圖 25.5 所示。

圖 25.5　加入新的 URL 型別

我們完成了嗎？我們建立了 URL 協定，App 會在選擇快速動作時開啓 URL，但還有一件事未完成，即 App 仍然不知道如何回應這個 URL。

現在切換至 MainView.swift，將 onOpenURL 修飾器加到 TabView：

```
.onOpenURL(perform: { url in

    switch url.path {
    case "/OpenFavorites": selectedTabIndex = 0
    case "/OpenDiscover": selectedTabIndex = 1
    case "/NewRestaurant": selectedTabIndex = 0
    default: return
```

```
        }
    })
```

當視圖收到 URL 時，會呼叫 .onOpenURL 函數，然後我們檢查 URL 路徑，並相應更新 selectedTabIndex 的值。

對於 NewRestaurant 動作，我們需要加入一個特別處理。開啓 RestaurantListView. swift，並將另一個 onOpenURL 修飾器加到 NavigationStack：

```
.onOpenURL(perform: { url in
    switch url.path {
    case "/NewRestaurant": showNewRestaurant = true
    default: return
    }
})
```

當偵側到 NewRestaurant 動作時，我們設定 showNewRestaurant 變數爲「true」。

這個 App 現在已經準備好進行測試了。在模擬器中執行它，並試著在主畫面中開啓快速動作，App 應該會依據你選擇的快速動作來導引你到相應的畫面。

25.3 如果 App 沒有執行怎麼辦？

我猜你的所有測試都是在 App 執行時完成的，你是否嘗試過關閉 App 並再次啓動快速動作呢？如果 App 沒有執行，則快速動作就無法運作。windowScene(_:performActionFor: completionHandler:) 方法只有在 App 處於執行狀態時，才會被呼叫。

如果 App 沒有執行，系統會呼叫下列的委派方法：

```
scene(_:willConnectTo:options:)
```

要修正此問題，則開啓 FoodPinApp.swift，並在 MainSceneDelegate 類別實作該方法：

```
func scene(_ scene: UIScene, willConnectTo session: UISceneSession, options connectionOptions:
UIScene.ConnectionOptions) {
    guard let shortcutItem = connectionOptions.shortcutItem else {
        return
    }
```

```
    handleQuickAction(shortcutItem: shortcutItem)
}
```

你可以再次測試 App，即使 App 沒有執行，快速動作還是能夠運作。

25.4 本章小結

在本章中，我介紹了一些在 SwiftUI 專案中實作快速動作的基本 API。快速動作可作為 App 的捷徑，讓使用者方便訪問特定功能。作為一個 App 開發者，優先考量提供良好的使用者體驗是很重要的，當你要開發自己的 App 時，可考慮結合快速動作來提升整體的使用者體驗，並讓使用者能夠快速且容易地訪問主要功能。

在本章所準備的範例檔中，有最後完整的 Xcode 專案（swiftui-foodpin-haptictouch. zip）可供你參考。

在 iOS 10 之前，使用者通知都是很單調且簡單的，沒有豐富的圖片或多媒體，單純是以文字格式顯示。依照使用者的設定，通知可以顯示在螢幕鎖定畫面或主畫面中，若是使用者遺漏了任何一則通知，可以開啟通知中心來查看所有待處理的通知，如圖 26.1 所示。

圖 26.1　螢幕鎖定畫面與主畫面中的使用者通知範例

自 iOS 10 版本發布以來，Apple 改版通知系統，支援豐富內容以及自訂通知 UI 的使用者通知。「豐富內容」即表示你可以在通知中加入靜態圖片、動畫 GIF、影片與音樂，圖 26.2 向你展示了豐富內容通知的概念。

圖 26.2　具豐富內容的使用者通知範例

你也許聽過推播通知（Push Notification），其已在通訊 App 中廣為採用。實際上，使用者通知可以分成兩種類型：「本地推播通知」（Local Notifications）與「遠端推播通知」（Remote Notifications）。「本地推播通知」是由應用程式本身來觸發，並收納在使用者的裝置中，例如：基於位置的 App 會在使用者位於特定地區時向使用者發送通知，或者待辦事項 App 會在某個項目接近截止日期時顯示通知。

遠端推播通知通常是由遠端伺服器的伺服端應用程式所啟動，當伺服器應用程式想要傳送訊息給使用者，它會向 Apple 推播通知服務（簡稱 APNS）發送通知，然後這個服務會轉發通知至使用者的裝置上。

本章將不討論遠端推播通知的實作，而是將重點放在本地推播通知，並且向你示範如何使用新的使用者通知框架來實作豐富內容的通知。

26.1 善用使用者通知來提升客戶參與度

那麼我們要為 FoodPin App 加上什麼功能呢？使用本地推播通知是提醒使用者注意你的 App 的絕佳方式。最近一項研究指出，只有不到 25% 的人會多次使用某個 App，換句話說，超過 75% 的使用者在下載 App 後開啟它，之後就不曾再使用過了。

> 提示 More than 75% of App Downloads Open an App Once And Never Come Back.
>
> ──Erin Griffith（ URL http://fortune.com/2016/05/19/app-economy/ ）

在 App Store 中有超過 200 萬個 App，要讓人注意到並下載你的 App 已經很難了，更何況是讓人持續使用又更加困難。善用使用者通知，可以幫助你留住使用者，並改善 App 的使用者體驗。

使用者通知框架提供了不同的觸發器來啟動本地推播通知：

- **基於時間的觸發器（Time-based trigger）**：在特定時間後觸發本地推播通知（例如：10 分鐘後）。
- **基於行事曆的觸發器（Calendar-based trigger）**：在特定日期與時間觸發本地推播通知。
- **基於位置的觸發器（Location-based trigger）**：當使用者到達特定地點時觸發本地推播通知。

FoodPin App 是專為美食愛好者設計，可以將他們最愛的餐廳加到收藏夾，如果 App 能夠在使用者到達某個地點時推薦使用者最愛的餐廳，是不是很棒呢？舉例而言，你已經儲存了東京數間餐廳，當你到達東京時，這個 App 會觸發通知，顯示這個城市中你最喜歡的餐廳清單。

或者你可以使用基於行事曆的觸發器，在假期來臨前啟動通知（例如：聖誕節前 10 天）。通知可以這樣寫：

「嗨！聖誕節前夕，是時候利用假期和朋友一起聚餐了。這裡有一些你最喜歡的餐廳，你可以參考看看。」

上述是一些示範的範例，使用者在看到通知後，會更有意願返回使用 App。

為了讓這本初階書內容保持簡單，我們將不實作上述的觸發器；相反的，我將向你示範如何使用基於時間的觸發器來觸發本地推播通知。也就是說，這些通知並非是無用或是像垃圾郵件，一旦你了解使用者通知框架的基礎知識，要實作其他類型的觸發器就不會太困難。

我們準備要做的是，當使用者上次使用 App 後經過一段時間（例如：24 小時），我們會發送通知並推薦使用者一間餐廳。此外，我們將讓使用者和通知進行互動，當使用者看到通知時，他可以選擇是否要訂位，若是使用者點擊該按鈕，就會直接撥打餐廳電話，圖 26.3 顯示了一個通知範例。

圖 26.3　FoodPin App 透過本地推播通知向使用者推薦餐廳

看起來是不是很棒呢？我們將開始並說明如何在你的 App 中發出通知。

26.2 使用者通知框架

「使用者通知框架」是用來管理和排程通知的框架。要實作使用者導向的通知，首先在你的程式碼中匯入這個框架，以便你可以存取框架綁定的 API。

在 FoodPinApp.swift 中插入下列這行程式碼：

```
import UserNotifications
```

26.3 請求使用者許可

不管通知的類型為何，你都必須先請求使用者授權與許可，然後才能向使用者的裝置發送通知。我們通常會在 AppDelegate 類別中採用 application(_:didFinishLaunchingWithOptions:) 方法來實作授權請求。在 AppDelegate 類別中插入下列的程式碼：

```
func application(_ application: UIApplication, didFinishLaunchingWithOptions launchOptions:
[UIApplication.LaunchOptionsKey : Any]? = nil) -> Bool {

    UNUserNotificationCenter.current().requestAuthorization(options: [.alert, .sound, .badge])
{ (granted, error) in

        if granted {
            print("User notifications are allowed.")
        } else {
            print("User notifications are not allowed.")
        }
    }

    return true
}
```

使用授權請求提示使用者非常簡單，從上列的程式碼可以看到，我們呼叫與這個 App 有關的 UNUserNotificationCenter 物件的 requestAuthorization，而且我們要求顯示提示、播放聲音，並更新 App 圖示的徽章通知（Badge）。

現在執行這個專案來測試它。當 App 啟動時，你應該會看到一個授權請求，一旦你接受後，App 便可以向裝置發送通知。若要驗證通知的設定，你可以至「Setting →FoodPin → Notifications」中做確認，如圖 26.4 所示。

圖 26.4　請求使用者的許可與授權

26.4 建立與排程通知

現在 FoodPin App 已經準備好發送通知給使用者。我們先了解一下 iOS 中通知的基本外觀，通知的最上面是標題，下一行是副標題，接著是訊息的本文，如圖 26.5 所示。

圖 26.5　iOS 中的標準通知

使用者通知的內容是以 UNMutableNotificationContent 表示。要建立內容，你需要實例化一個 UNMutableNotificationContent 物件，並設定其屬性給適當的資料。舉例如下：

```
let content = UNMutableNotificationContent()
content.title = "Restaurant Recommendation"
content.subtitle = "Try new food today"
content.body = "I recommend you to check out Cafe Deadend."
```

如果你想要觸發通知時播放聲音，也可以設定內容的 sound 屬性：

```
content.sound = UNNotificationSound.default()
```

排程通知就像使用你偏好的觸發器建立 UNNotificationRequest 物件一樣簡單，然後將請求新增至 UNUserNotificationCenter。我們來看下列的程式碼片段，這是排程通知所需的程式碼。

```
let trigger = UNTimeIntervalNotificationTrigger(timeInterval: 10, repeats: false)
let request = UNNotificationRequest(identifier: "foodpin.restaurantSuggestion", content:
content, trigger: trigger)

// 排程通知
UNUserNotificationCenter.current().add(request, withCompletionHandler: nil)
```

如前所述，我們要在一段時間後觸發通知。我們建立 UNTimeIntervalNotificationTrigger 物件，並將時間間隔設定為特定值（例如：10 秒），然後我們以通知內容及觸發器來建立一個 UNNotificationRequest 物件，你必須為這個請求指定一個唯一識別碼。之後，若你想要移除或更新通知，則可以使用識別碼來識別通知，最後你使用通知請求呼叫 UNUserNotificationCenter 的 add 方法來排程通知。

現在你應該對於如何建立與排程通知有些概念了，我們來實作餐廳的推薦通知。開啟 RestaurantListView.swift，然後在 RestaurantListView 結構中插入下列的方法：

```
private func prepareNotification() {
    // 確保餐廳陣列不為空值
    if restaurants.count <= 0 {
        return
    }

    // 隨機選擇一間餐廳
    let randomNum = Int.random(in: 0..<restaurants.count)
```

```
    let suggestedRestaurant = restaurants[randomNum]

    // 建立使用者通知
    let content = UNMutableNotificationContent()
    content.title = "Restaurant Recommendation"
    content.subtitle = "Try new food today"
    content.body = "I recommend you to check out \(suggestedRestaurant.name). The restaurant
is one of your favorites. It is located at \(suggestedRestaurant.location). Would you like to
give it a try?"
    content.sound = UNNotificationSound.default

    let trigger = UNTimeIntervalNotificationTrigger(timeInterval: 10, repeats: false)
    let request = UNNotificationRequest(identifier: "foodpin.restaurantSuggestion", content:
content, trigger: trigger)

    // 排程通知
    UNUserNotificationCenter.current().add(request, withCompletionHandler: nil)

}
```

　　為了更好管理程式碼，我們建立了 prepareNotification() 方法來處理使用者通知。我們之前已經瀏覽過大部分的程式碼，但是第一行程式碼對你而言是新的，這裡我們想從最愛的餐廳中隨機選擇一間餐廳，並推薦給使用者。下列這行程式碼是用來產生亂數：

```
let randomNum = Int.random(in: 0..<restaurants.count)
```

　　random(in:) 函數是用來產生亂數，它接受一個數字範圍，並在這個範圍內產生一個亂數。在上列的程式碼中，假設你最愛的餐廳有 10 間，這個函數將隨機產生一個 0 至 9 之間的數字。有了亂數，我們就可以從陣列中選擇出一間推薦的餐廳，並建立通知內容。

　　要注意的是，我們設定時間間隔為 10 秒，這是為了示範、方便測試才如此設定，實際上這樣的時間太過於短暫，你可能希望在 24 小時（24×60×60 秒）或更長時間後觸發通知：

```
let trigger = UNTimeIntervalNotificationTrigger(timeInterval: 86400, repeats: false)
```

　　現在 prepareNotification 方法已經準備好了，你可以將 task 修飾器加到 NavigationStack 來呼叫它，如下所示：

```
.task {
    prepareNotification()
}
```

很棒！我們來執行這個專案，並快速進行測試。這個通知不會在 App 內顯示，因此啓動 App 後，請返回主畫面或是鎖定畫面，接著等待 10 秒鐘，你應該會看到通知。

當通知顯示在鎖定畫面上，你可以滑動通知來返回 FoodPin App。而當裝置解鎖時，這個通知會以橫幅的形式由上往下移動，你可以進一步向下滑動它來顯示完整內容，或者只需點擊通知即可跳回 App，如圖 26.6 所示。

圖 26.6　主畫面與鎖定畫面上的使用者通知

26.5 加入圖片至通知中

我們從本章一開始就討論了豐富內容的通知，到目前為止，我們建立的通知都是純文字形式，那麼該如何將推薦餐廳的圖片綁定到通知中呢？

這很簡單，設定 UNMutableNotificationContent 物件的 attachment 屬性即可：

```
content.attachments = [attachment]
```

attachments 屬性接受一個 UNNotificationAttachment 物件的陣列，以便與通知一起顯示。附件（attachment）可以包括圖片、聲音、音樂與影片檔。

請注意，你需要提供附件的 URL。在我們的例子中，就是推薦餐廳的圖片檔。

如果你還記得的話，Restaurant 的 image 屬性是 Data 型別，那麼為了建立附件物件，我們該如何從圖片資料中建立圖片檔呢？

我們先檢視建立附件的程式碼，你可以在 prepareNotification 方法中（在觸發器實例化之前）插入下列的程式碼：

```
// 加入圖片
let tempDirURL = URL(fileURLWithPath: NSTemporaryDirectory(), isDirectory: true)
let tempFileURL = tempDirURL.appendingPathComponent("suggested-restaurant.jpg")

try? suggestedRestaurant.image.jpegData(compressionQuality: 1.0)?.write(to: tempFileURL)

if let restaurantImage = try? UNNotificationAttachment(identifier: "restaurantImage", url:
tempFileURL, options: nil) {
    content.attachments = [restaurantImage]
}
```

iOS SDK 提供一個名為「jpegData(compressionQuality:)」的內建函數，用來將圖片資料轉換成 JPEG 圖片檔。在上列的程式碼中，我們首先找到可存放圖片的暫時目錄，NSTemporaryDirectory() 函數回傳暫存檔的目錄路徑，然後我們將暫存檔名稱設定為「suggested-restaurant.jpg」。如果你將檔案路徑輸出到主控台，它將顯示如下：

```
file:///Users/simon/Library/Developer/CoreSimulator/Devices/DC573158-103F-4D1B-8489-742E3C651
D33/data/Containers/Data/Application/C2386E9A-48F7-411B-B485-95EC07CA0D8E/tmp/suggested-resta
urant.jpg
```

jpegData(compressionQuality:) 函數回傳 JPEG 格式的圖片資料，然後將圖片資料寫入 JPEG 檔，我們利用此檔建立 UNNotificationAttachment 物件，並將其指定給通知的 attachments 屬性。

現在，是時候來再次測試 App 了，執行專案並在模擬器中開啓 App。請記得導覽回主畫面，並等待通知出現，這次你應該會在通知中看到一個小縮圖，向下滑動來檢視大圖，如圖 26.7 所示。

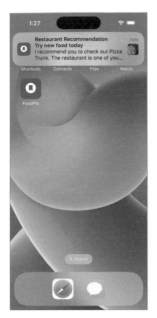

圖 26.7　在通知中加入圖片

26.6 與使用者通知互動

　　目前使用者只有一種方式可和通知互動，即點擊來啟動 App，如果你未提供自訂的實作，就會以此作為預設動作。

　　「互動式通知」（Actionable Notifications）能在不切換到 App 的情況下回應通知。互動式通知的最佳範例就是提醒事項 App，當你收到來自提醒事項 App 的通知時，你可以直接從通知中管理提醒事項，你可以將其標示為已完成或者重新排程提醒事項，這些都無須啟動 App 便可做到。

　　藉由使用者通知框架，我們可以對來自 FoodPin App 的通知實作自訂動作。當通知出現在螢幕上，它會提供兩個選項供使用者選擇：

- 訂位（**Reserve a table**）：如果使用者選擇這個選項，App 會呼叫推薦的餐廳，以讓使用者可以訂位。
- 稍後（**Later**）：對於這個選項，我們只是取消通知而已。

　　要實作自訂動作，你必須建立一個 UNNotificationAction 物件，並將其與通知類別關聯。動作物件需要一個唯一識別碼與一個標題（例如：訂位），這將顯示在動作按鈕上。或者，你可以指定應如何執行動作。預設上，該動作是一個背景動作，它會取消通知，並在背景執行你的自訂工作。例如：如果我們在程式碼中定義「稍後」（Later）動作，如下所示：

```
let laterAction = UNNotificationAction(identifier: "foodpin.cancel", title: "Later", options: [])
```

如果選擇「稍後」（Later）選項，則動作便會取消通知，因此我們在建立動作物件時，不提供其他的選項。

另一方面，「訂位」（Reserve a table）動作是一個前景動作，由於我們必須將 App 帶到前景，才能撥打電話，因此該動作會像這樣實作：

```
let makeReservationAction = UNNotificationAction(identifier: "foodpin.makeReservation", title: "Reserve a table", options: [.foreground])
```

設定動作物件後，將其與類別關聯：

```
let category = UNNotificationCategory(identifier: "foodpin.restaurantaction", actions: [makeReservationAction, cancelAction], intentIdentifiers: [], options: [])
```

你為類別提供唯一的識別碼，並傳送動作物件來關聯該類別，當準備好類別後，將其註冊到 UNUserNotificationCenter 物件，如下所示：

```
UNUserNotificationCenter.current().setNotificationCategories(["foodpin.restaurantaction"])
```

現在我們已經建立了動作，並將它們註冊到通知中心，不過這些動作尚未和通知關聯在一起。為此，你只需要將類別識別碼設定為通知內容的 categoryIdentifier 屬性即可：

```
content.categoryIdentifier = "foodpin.restaurantaction"
```

這就是你為使用者通知實作自訂動作所需的程式碼。插入下列的程式碼片段到 prepareNotification 方法中（放在 trigger 變數之前）：

```
// 加入動作
let categoryIdentifer = "foodpin.restaurantaction"
let makeReservationAction = UNNotificationAction(identifier: "foodpin.makeReservation", title: "Reserve a table", options: [.foreground])
let cancelAction = UNNotificationAction(identifier: "foodpin.cancel", title: "Later", options: [])
let category = UNNotificationCategory(identifier: categoryIdentifer, actions: [makeReservationAction, cancelAction], intentIdentifiers: [], options: [])
UNUserNotificationCenter.current().setNotificationCategories([category])
content.categoryIdentifier = categoryIdentifer
```

上列的程式碼和我們剛才討論的程式碼相同。現在，是時候執行 App 並測試通知動作，當通知橫幅出現時向下滑動它，你便會看到已實作的自訂動作，如圖 26.8 所示。

圖 26.8　使用者通知的自訂動作

26.7　處理動作

如果你點擊「Reserve a table」按鈕，它會開啟 FoodPin App，不過請注意它不會自動為你打電話給餐廳。如前所述，動作物件有一個選項用來確定動作該如何執行。對於「Later」按鈕，我們未提供任何其他的選項，所以預設是取消通知；而對於「Reserve a table」按鈕，我們設定選項為「.foreground」，這會在點擊時把 App 帶到前景來。

那麼，當 App 返回前景時，我們該如何處理這個動作呢？

使用者通知框架中的 UNUserNotificationCenterDelegate 協定便是為了這個目的而設計的，這個協定定義了一個回應互動式通知的方法：

```
optional func userNotificationCenter(_ center: UNUserNotificationCenter,
                    didReceive response: UNNotificationResponse,
        withCompletionHandler completionHandler: @escaping () -> Void)
```

要處理動作並執行自訂程式碼，你需要在一個委派物件中實作協定，並將其指定給通知中心物件，當 App 返回前景時，將相應地呼叫該方法。

我們將在 AppDelegate 中實作這個協定，但在我們這樣做之前，你可能還有另一個問題，我們要打電話給推薦的餐廳，則該如何從 RestaurantListView 傳送餐廳的電話號碼至 AppDelegate 呢？

通知內容有一個名為「userInfo」的屬性，可以讓你以字典的格式儲存自訂資訊。例如：你可以在通知中儲存電話號碼，如下所示：

```
content.userInfo = ["phone": suggestedRestaurant.phone]
```

將上列這行程式碼放在 prepareNotification 方法中的 content.sound 下方。

透過與通知關聯的電話號碼，現在我們來實作 UNUserNotificationCenterDelegate 協定。開啟 FoodPinApp.swift，並編輯 AppDelegate 來採用這個協定，如下所示：

```
final class AppDelegate: UIResponder, UIApplicationDelegate, UNUserNotificationCenterDelegate {
```

然後，在類別中插入下列的方法：

```
func userNotificationCenter(_ center: UNUserNotificationCenter, didReceive response:
UNNotificationResponse, withCompletionHandler completionHandler: @escaping () -> Void) {

    if response.actionIdentifier == "foodpin.makeReservation" {
        print("Make reservation...")
        if let phone = response.notification.request.content.userInfo["phone"] {
            let telURL = "tel://\(phone)"
            if let url = URL(string: telURL) {
                if UIApplication.shared.canOpenURL(url) {
                    print("calling \(telURL)")
                    UIApplication.shared.open(url)
                }
            }
        }
    }

    completionHandler()
}
```

當使用者選擇通知的動作時，userNotificationCenter(_:didReceive:withCompletionHandler:) 會被呼叫，因此我們提供自己的實作來撥打電話給推薦的餐廳。

由於我們只需要處理「訂位」（Reserve a table）動作，因此我們先確認動作的識別碼，然後從通知內容的 userInfo 屬性取得餐廳的電話號碼。

在 iOS 中，你可以使用特定的 URL 來啟動某些系統 App。在本例中，我們想要開啟電話 App 來撥打號碼，你可以使用 tel 協定來開始撥打電話的動作。以下是一個範例 URL：

```
tel://<phone-number>
```

在上列的程式碼中，我們建立 telURL 並呼叫 UIApplication 的 open 方法來啟動電話 App。

在該方法的最後面，需要呼叫 completionHandler 區塊，來讓系統知道你已經完成通知的處理。

你要做的最後一件事是設定通知中心的委派。在 AppDelegate 的 application(_:didFinishLaunchingWithOptions:) 中加入下列的程式碼：

```
UNUserNotificationCenter.current().delegate = self
```

這樣就完成了，執行專案並在實機上部署 App 來進行測試，你必須使用實機，因為無法使用模擬器撥打電話。當你點選「Reserve a table」按鈕，App 會啟動 FoodPin App，並向你顯示「撥打電話」的選項。

26.8 本章小結

使用者通知框架是開發者管理及排程使用者通知的重要工具。在本章中，我介紹了這個框架的概貌，並示範如何排程本地推播通知。

透過結合互動式及豐富內容的通知後，你可以提升使用者體驗，並讓你的 App 更加吸引人。這個作法能有效提高 App 的留存率，當你開發下一個 App 時，請考慮利用使用者通知，並思考如何提升你的 App 價值。

本章所準備的範例檔中，有最後完整的 Xcode 專案（swiftui-foodpin-usernotifications.zip）可供你參考。

在 iOS 實機上部署與
測試 App

到目前為止，你一直在內建的模擬器上執行與測試你的 App，模擬器是 App 開發的一個很有價值的工具，尤其是當你尚未擁有一台 iPhone 時。雖然模擬器很有用，但你不能全部都只依賴模擬器，我們不建議你未經過實機測試，就上傳你的 App 至 App Store，有些 App 的錯誤可能只在 iPhone 實機上執行或透過行動網路執行時才會顯現，若是你真的想建立一個很棒的 App，那麼在發布之前，你必須以實機做過測試。

有一個令人興奮的好消息，特別是對於有抱負的 iOS 開發者而言，Apple 不再要你先註冊 Apple 開發者計畫，才能在 iOS 裝置上測試你的 App，你只需使用你的 Apple ID 登入 Xcode，你的 App 就可以在 iPhone 或 iPad 執行了。不過，請注意如果你的 App 利用到 CloudKit 與推播通知等服務，你還是需要註冊 Apple 開發者計畫，該計畫的費用為每年 99 美元。我明白對於某些人而言，這筆費用並不便宜，但是如果你從本書的一開始就跟著我們實作至現在，我相信你一定為了你的受眾及部署 App 下了堅定的決心。能走到這一步實屬不易，為什麼要就此止步呢？若你的經費不會太拮据，我建議你可以註冊開發者計畫，以便繼續學習其餘的內容，最重要的是可以在 App Store 上發布你的 App。

要在實體裝置上測試 App 之前，你需要先執行下列幾項設定：

- 申請開發者憑證。
- 為你的 App 建立 App ID。
- 設定你的開發裝置。
- 為你的 App 建立描述檔（Provisioning Profile）。

在過去的 iOS 開發中，你必須透過 iOS Provisioning Portal（iOS 設定入口網站或會員中心）來自行管理上述的設定，而現在版本的 Xcode 使用名為「自動簽署」（Automatic Signing）的功能，來自動化整個簽署與設定流程，這讓你的生活更加輕鬆，接下來你很快就會了解我的意思。

27.1 程式碼簽章與描述檔

你可能想知道為什麼只為了在自己的裝置上安裝 App，就必須申請憑證，並完成這些複雜的程序，畢竟這是你的 App 與裝置，這背後的主要原因是「安全性考量」。部署在 iOS 裝置上的每個 App 都會經過程式碼簽章（Code Signing）的程序，Xcode 利用你的私密金鑰（Private Key）與數位憑證（Digital Certificate）來簽署程式碼，透過簽署你的程式碼，Apple 可以驗證你是該 App 的合法擁有者。如你所知，Apple 只向已註冊開發者計畫的授權開發者來頒發數位憑證，這過程還可以確保只有授權的開發者才能在 App Store 上部署 App，從而防止未經授權的個人這樣做。

Apple 頒發兩種類型的數位憑證，即「開發」（Development）與「發布」（Distribution），要在實機上執行 App，只需要用到開發憑證（Development Certificate），而當你想要上傳 App 至 Apple Store 時，你便必須使用發布憑證（Distribution Certificate）對 App 進行簽署，這些事同樣是由 Xcode 自動處理的。我們會在之後的章節討論 App 上架的部分，現在先將重點放在如何部署 App 至裝置中。

「描述檔」（Provisioning Profile）是你在 App 部署時會遇到的另一個術語，Provisioning 是指一個 App 在裝置上啓動的準備與設定的過程。團隊描述檔可讓所有團隊成員（假使你是一位個人開發者，則你就是團隊唯一的成員）在其裝置上簽署與執行你的 App，圖 27.1 是團隊描述檔的說明。

圖 27.1　團隊描述檔的說明

27.2　檢視你的 Bundle ID

繼續往下之前，我希望你檢視一下你的 Bundle ID。如前所述，Bundle ID 是用來識別單一 App，因此它必須是獨一無二的。如果你已經閱讀 CloudKit 一章，我相信你已經建立了你自己的 Bundle ID，不過讓我再次提醒你，你不能使用 com.appcoda.FoodPin（或是 com.appcoda.FoodPinV6），因爲它已經在範例 App 中使用過了，否則你將不能部署 App 至你的實體裝置中。

因此，請確認你已經變更了 Bundle ID，它可以任意設定，不過如果你已經有自己的網域，你可以使用它，並以 DNS 反寫的格式來編寫 ID（例如：edu.self.foodpinapp）。

> 注意 當 App 發布到 App Store 之後，你將無法變更 Bundle ID。

27.3 在 Xcode 中自動簽署

「自動簽署」（Automatic Signing）是自 Xcode 8 發布以來的功能。如前所述，在實體裝置上部署與執行你的 App 時，你需要先進行下列幾項工作：

- 申請你的開發者憑證。
- 為你的 App 建立 App ID。
- 為你的 App 建立描述檔。

透過自動簽署功能，你便不再需要手動建立開發者憑證或描述檔，Xcode 會自動為你完成所有這些工作。

建立 Xcode 的專案時，自動簽署是預設啟用的，若是你在專案導覽器中選取「FoodPin」專案，並到 FoodPin Target 中，你應該會發現「Automatically manage signing」選項設定為「on」。

我們在執行自動簽署之前，將你的 iPhone（或 iPad）連接到你的 Mac，在 Xcode 中點擊「模擬器」按鈕，你應該會在模擬器／裝置清單中看到你的裝置，請確認你已選取裝置，因為 Xcode 在簽署過程中，會將你的 iPhone 註冊為一個有效的測試裝置。

現在至專案選項，並選擇 Signing & Capabilities 區塊，這裡的「Team」選項設為「None」。要使用自動簽署，你必須在你的專案中新增帳戶，點選「Team」選項並選取「Add an Account」後，填入你的「Apple ID／密碼」，並點選「Add」來繼續，如圖 27.2 所示。如果你之前有加入過你的帳號，則可以跳過這個步驟。

圖 27.2　在 Xcode 中加入你的 iOS 開發者帳號

即使你尚未註冊 Apple 開發者計畫，你依然可以使用你的 Apple ID 來登入。

當加入你的帳號後，Xcode 會產生開發者憑證，並自動建立描述檔。在 Signing 區塊中，你會找到你的簽署憑證與描述檔，你可以進一步點選「info」圖示（在 provisioning profile 旁）來顯示詳細資訊，如圖 27.3 所示。

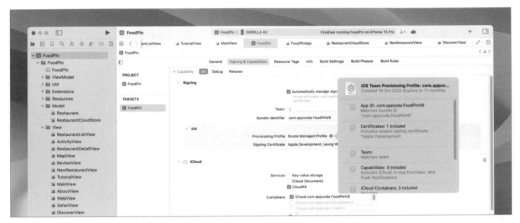

圖 27.3　**Xcode 為你建立描述檔與簽署憑證**

你可以隨時在會員中心（Member Center）查詢你的 App ID 與描述檔。開啓 Safari 並訪問 URL https://developer.apple.com/membercenter/，然後以你的開發者帳號來登入，你將會看到如圖 27.4 所示的畫面。

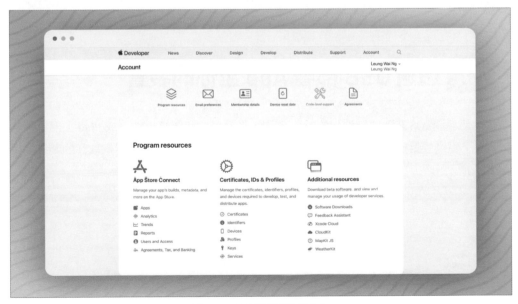

圖 27.4　**iOS 開發者會員中心**

選擇「Identifiers」後，你將被導覽至另一個畫面來管理憑證、識別碼、描述檔。在 Identifiers 區塊下，你會找到你的 App ID（和你的 Bundle ID 相同），圖 27.5 顯示了範例 App ID。

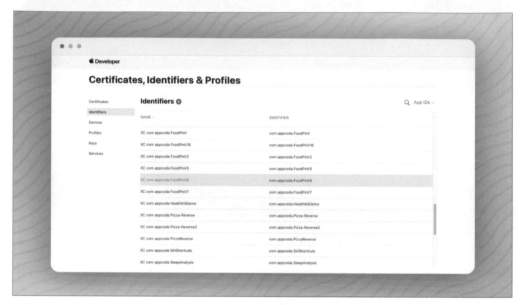

圖 27.5　範例 App ID

27.4 透過 USB 部署 App 至你的裝置

當你已經將 iOS 裝置連接到你的 Mac 電腦，你就可以在你的 iPhone 或 iPad 上部署及測試 App。點選模擬器／裝置的彈出式選單，並捲動到清單的最上方，以選取你的裝置，如圖 27.6 所示。

圖 27.6　在方案彈出式選單中的 iOS 裝置

提示 如果你的 iOS 裝置不符合條件，在繼續往下之前，得修復這個問題。例如：裝置沒有符合部署目標（如 iOS 17），那麼就更新 iOS 裝置的版本。

如果你的裝置上顯示了「Developer Mode disabled」訊息，則你需要在 iPhone / iPad 上啓用它。至「設定→隱私權與安全性→開發者模式」（Settings → Privacy & Security → Developer Mode），將開發者模式開啓，iOS 會提示你確認，並要求重新啓動裝置，以開啓開發者模式。

說明 「開發者模式」是在 iOS 16 與 watchOS 9 中導入，可防止人們無意間在其裝置上安裝到惡意軟體，並減少開發者專用功能暴露的攻擊媒介。
— Apple 文件（URL https://developer.apple.com/documentation/xcode/enabling-developer-mode-on-a-device）

你現在已經準備好在裝置上部署與執行 App 了，點擊「Run」按鈕，並開始部署過程。請記得在部署你的 App 之前，先解鎖你的 iPhone，否則你將無法啓動它。

圖 27.7　**啟用開發者模式**

透過 Wi-Fi 部署 App

從 Xcode 9 開始，這個開發工具內建了一個備受期望的 App 部署功能，Xcode 可以讓你不使用 USB 連接線，就可以直接透過 Wi-Fi 部署 App 至任何 iOS 裝置。

不過，有一個問題是你使用這個新功能之前，你必須要先使用 USB 連接線來連結你的 iOS 裝置，並進行一個簡單的設定。

假設你已連接裝置，到 Xcode 選單並選擇「Window → Devices and Simulators」，如圖 27.8 所示。

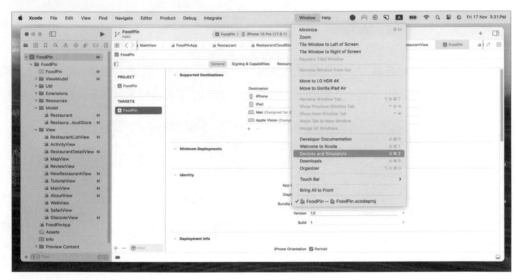

圖 27.8　選擇「Devices and Simulators」選項

在 Connected 區塊下選取你的裝置，然後你應該會找到一個「Connect via network」的核取方塊，請勾選它來啟用 Wi-Fi 部署，如圖 27.9 所示。

圖 27.9　啟用「Connect via network」選項

現在你可以將 iPhone 或 iPad 與 Mac 電腦分離，確認你的裝置與 Mac 都有連上 Wi-Fi 網路，即可透過 Wi-Fi 來部署你的 App，如圖 27.10 所示。

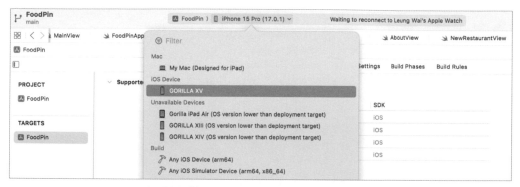

圖 27.10　如果你的裝置符合 Wi-Fi 部署條件，則會出現一個地球圖示

27.6　本章小結

能在實體裝置上執行你的 App 是不是很令人興奮呢？現在你可以向朋友、家人自豪地展示你的 App。最新版的 Xcode 透過簡化了建立描述檔、產生 App ID 與開發者憑證的過程，讓開發者的工作變得更加輕鬆，只要點選幾下，你就能在你的裝置上測試 App，更不用說，新增 Wi-Fi 部署是一個非常棒的功能。

如果你在 App 部署上碰到任何問題，只要將問題刊登至我們的 Facebook 私密社團即可（ URL https://www.facebook.com/groups/appcodatw/ ）。

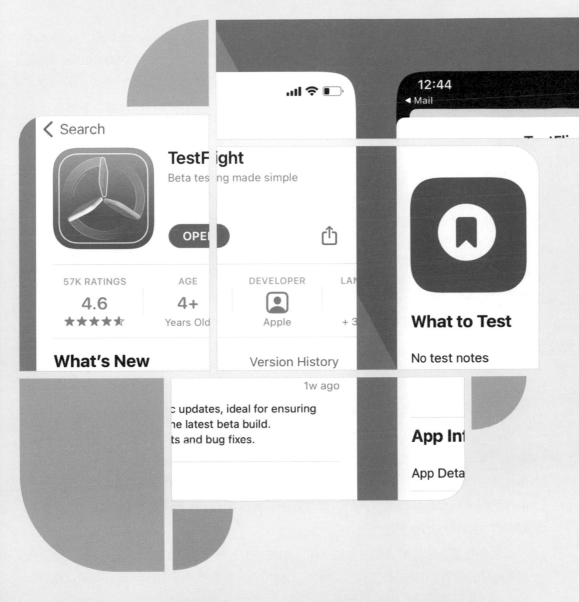

使用 TestFlight 進行 Beta 測試及 CloudKit 生產環境部署

現在你已經完成了實體裝置中的 App 測試，那麼下一步呢？直接上傳你的 App 到 App Store 讓人下載嗎？是的，如果你的 App 很簡單，你可以這麼做；如果你開發的是一個高品質的 App，就不要急於發布你的 App，我建議你在正式發布前先對 App 進行 Beta 測試。

Beta 測試是軟體產品發布週期中的一個步驟，我知道你已經使用內建的模擬器在自己的裝置上測試過 App，有趣的是，即使你是 App 的開發者，也可能無法發現某些錯誤，而透過 Beta 測試，你會驚訝地發現此階段中仍然有許多的缺陷被找出來。Beta 測試一般是向特定數量的使用者開放，他們可能是你的 App 潛在使用者、部落格粉絲、臉書粉絲、同事、朋友、甚至家庭成員。Beta 測試的目的是讓一小群人實際使用你的 App，對其測試並提供回饋；在此階段中，你希望 Beta 測試者發現儘可能多的錯誤，以讓你在 App 正式推出之前，先修復這些問題。

你也許想了解如何為你的 App 進行 Beta 測試、Beta 測試者如何在 App Store 上架之前執行你的 App，以及測試人員如何回報錯誤呢？

在 iOS 開發中，Apple 提供了一個名為「TestFlight」的工具來簡化 Beta 測試。你也許曾經聽過 TestFlight，它作為一個行動 App 測試的獨立行動平台已經好幾年了。2014 年 2 月，Apple 收購了 TestFlight 的母公司 Burstly，現在 TestFlight 已整合到 App Store Connect（之前稱為 iTunes Connect）與 iOS 中，讓你可以只使用電子郵件位址來邀請 Beta 測試者。

TestFlight 區分了 Beta 測試者與內部使用者，從概念上來說，兩者皆是你在 Beta 測試階段的測試者，但是 TestFlight 把內部使用者視為在 App Store Connect 中擔任技術者或管理者角色的開發團隊成員，你最多可邀請 100 名內部使用者來測試你的 App；另一方面，Beta 測試者被視為你的團隊與公司之外的外部使用者，你最多可邀請 10,000 名使用者來對你的 App 進行 Beta 測試。

如果你要讓外部使用者測試你的 App，則在邀請外部使用者之前，你的 App 必須先通過 Apple 的審查，但這個限制不適用於內部使用者，當你將 App 上傳到 App Store Connect 後，內部使用者便可做 Beta 測試。

和 CloudKit 類似，TestFlight 不是免費提供的，你必須先註冊 Apple 開發者計畫（每年 99 美元），才能使用 TestFlight。

在本章中，我會帶領你使用 TestFlight 做 Beta 測試。我們一般需要進行下列幾項工作，以做發布 App 前的 Beta 測試：

- 在 App Store Connect 建立 App 紀錄。
- 更新建置版本字串。

- 打包與驗證你的 App。

- 上傳你的 App 到 App Store Connect。

- 在 App Store Connect 中管理 Beta 測試。

28.1 在 App Store Connect 建立 App 紀錄

首先，你需要在 App Store Connect 有一個App 紀錄，才能夠上傳 App。App Store Connect 是一個網頁應用程式，供 iOS 開發者管理在 App Store 上銷售的 App。如果你已經註冊 iOS 開發者計畫，則可以透過下列網址訪問 App Store Connect：URL http://appstoreconnect.apple.com。當登入 App Store Connect 之後，選擇「Apps」以及「+」圖示來建立新的 iOS App，如圖 28.1 所示。

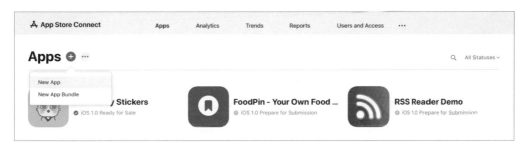

圖 28.1　在 App Store Connect 建立新的 iOS App

系統會提示你填入下列資訊，如圖 28.2 所示：

- **Platform**：選取 App 平台，即 iOS。

- **Name**：即出現在 App Store 的 App 名稱，長度不能超過 30 個字元。

- **Primary Language**：你的 App 的主要語言，如英文。

- **Bundle ID**：如我們在上一章所建立的 Bundle ID。

- **SKU**：以最小存貨單位（Stock Keeping Unit，SKU）表示，可依照你自己的喜好定義。例如：你的 App 名稱是「Awesome Food App」，則可以使用「awesome_food_app」作為 SKU，除了空格以外，還可以使用字母、數字、連字號、句號及底線。

- **User Access**：除非你想要限制特定使用者在 App Store Connect 中查看此 App，否則選取「Full Access」。

圖 28.2　填入你的 App 資訊

當你點選「Create」按鈕後，你將進入另一個畫面來填寫 App 的詳細資訊。

28.2 App 資訊

首先，在側邊列選單中點選「App Information」，這個部分將顯示你剛才填寫的 App 詳細資訊，除了你的 App 名稱之外，你還可以提供副標題來進一步描述你的 App，如圖 28.3 所示。

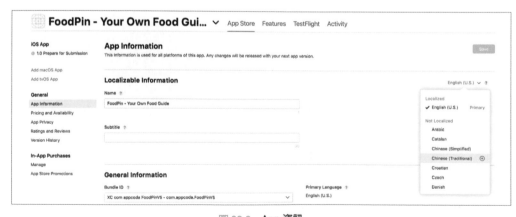

圖 28.3　App 資訊

另外，你可以提供其他語言的 App 資訊，只需點選「English(U.S.)」按鈕來選擇另一種語言。有一個選項必須設定，即選擇 App 的主要類別，這是你的 App 在 App Store 中所列的分類，請選擇最適合 App 的類別，例如：你可以為 FoodPin App 選擇「Food & Drink」類別。

28.3 定價與供應狀況

在側邊列選單中，你應該會看到「Pricing and Availability」區塊，這是你設定 App 價格的地方。預設上，你的 App 可以全球下載，如果你想要限制 App 只在某些國家／地區上架，你可以點選「Availability」區塊下的「Edit」按鈕，然後選擇你想上架的國家。請記得在進行下一個部分之前，先儲存所有的變更。

從 macOS Big Sur 開始，可以在 Apple silicon Mac 上使用兼容的 iPhone 與 iPad App；預設上，你的 iOS App 可供 macOS 的使用者來使用，如果你不希望 Apple silicon Macs 的使用者下載你的 App，則取消勾選「Make this app available」核取方塊。

28.4 App 隱私權政策

自 2018 年 10 月 3 日開始，需要為所有 App 與 App 更新制定隱私權政策，以便進行在 App Store 發布或者透過 TestFlight 做外部測試。在側邊列選單中選擇「App Privacy」，然後填寫你的隱私權政策的 URL，並點選「Get Started」按鈕，以聲明你的 App 是否會從使用者那裡收集任何資料。

28.5 準備送審

除了基本資訊以外，你還需要提供其他資訊，如螢幕截圖、App 描述、App 圖示、聯絡資訊等。在側邊列選單中，選擇「Prepare for Submission」選項來開始。

① App 預覽與螢幕截圖

如圖 28.4 所示，這些是你的 App 的預覽畫面。對於螢幕截圖，你需要提供至少一個 6.5 英吋（或 6.7 英吋）裝置的螢幕截圖，另外你也可以上傳 iPhone 5.5 英吋的螢幕截圖。如果你的 App 支援 iPad，則需要提供 iPad 的螢幕截圖。

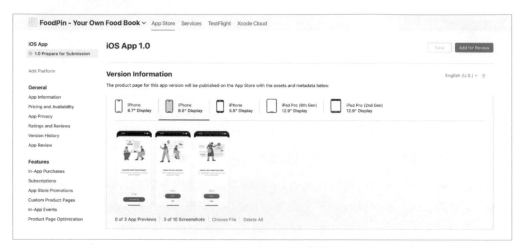

圖 28.4　準備 App 螢幕截圖

欲新增螢幕截圖，可點選「Choose File」，或者只需將檔案拖曳到方框即可，另外你也可以加入 App 預覽影片。

> 提示 你可以進一步參考 Apple 的《App Store Connect 開發者指南》的內容，以了解詳細資訊：
> URL https://developer.apple.com/support/app-store-connect/。

② App 描述與 URL

接著，填入你的 App 描述（Description）與宣傳文字（Promotional Text）。宣傳文字會出現在描述的上方，長度最多輸入 170 個字元，你可以使用此欄位來分享有關你的 App 的任何資訊，例如：你的 App 正在促銷中，便可使用這個欄位來通知你的潛在使用者，並可隨時修改宣傳文字。

「關鍵字」（Keyword）是用來描述 App 性質，你應該輸入至少一組的關鍵字來描述你的 App；假使你有多個關鍵字，則可以使用逗號來分開它們，例如：「food,restaurant,recipe」。關鍵字是作為 App Store 搜尋參考用，這是影響你的 App 下載的最重要元素之一，你也許聽過「應用程式商店排名優化」（App Store Optimization，ASO），關鍵字優化是 ASO 的一部分，這裡我將不進行關鍵字優化的探討，若是你想要學習更多關於關鍵字優化的知識，則可參考這篇文章：🔲https://neilpatel.com/blog/app-store-optimization/，或者 Google 一下「ASO」。

另外，「Support URL」欄位是必填的，你可以填入你的網站或部落格的 URL，如果你沒有的話，可以到 wordpress.com（🔲http://wordpress.com/）註冊一個網站。

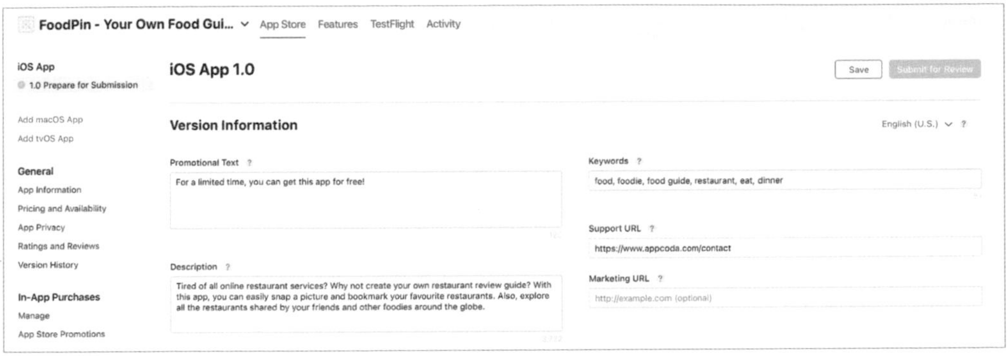

圖 28.5　你的 App 描述

③一般 App 資訊

你可以跳過「Build」部分，直接進入「General App Information」部分，這是關於你的 App 的一般資訊。你必須為你的 App 分級，只需點選 Rating 旁的「Edit」按鈕，然後填寫表單即可，App Store Connect 便會依照你的答案來為 App 分級。

圖 28.6　編輯年齡分級

對於「Copyright」欄位，你只需在獲得所有權的年份之前填寫你的姓名或公司（例如：
2023 AppCoda Limited），如圖 28.7 所示。

圖 28.7　範例 App 的資訊

④ App 審核資訊

只需在此部分填寫你的聯絡資訊即可。這個範例帳號欄位是可選填的，它適用於那些
需要登入的 App，而對於不需要登入的 App，則取消勾選「Sign-in required」核取方塊。

⑤ 版本發布

當 App 通過審核後，你就可以自動或手動發布你的 App，只需將其設定為「Automatically
release this version」即可，最後點選右上角的「Save」按鈕來儲存變更。

如果你沒有漏掉任何必需的資訊，「Submit for Review」按鈕應該會啟動，這表示你的
App 紀錄已經在 App Store Connect 上成功建立了。

28.6　更新建置版本字串

現在回到 Xcode，我們將建立 App 並上傳到 App Store Connect，但在此之前，請檢查
你的專案，並確定版本號碼與你在 App Store Connect 上輸入的版本號碼是相符的。在專
案導覽器中，選擇專案及目標來顯示專案編輯器（Project Editor），然後在 Genernal 標籤
下，檢查 Identity 區塊下的 Version 欄位，由於這是第一版，所以我們在 Build 欄位設定為
「1」，如圖 28.8 所示。

圖 28.8　在專案編輯器中檢查 Version 與 Build 欄位

28.7 準備 App 圖示

在發布 App 之前，請確認你已加入 App 圖示與啓動畫面（Launch Screen）。App 圖示是由素材目錄所管理，你可以在 Asset.xcassets 中找到 AppIcon 集。

從 Xcode 14 開始，Xcode 爲開發者綁定 App 圖示做了改進。在 Xcode 14 之前，你必須提供各種尺寸的 App 圖示，以配合不同的裝置，而現在只需要包含一個 1024×1024 像素的 App 圖示，Xcode 即會負責產生其餘的圖示。

你可以使用像是 Sketch 與 Figma 等設計工具來設計 App 圖示，建立完成後，你可將圖示拖曳至素材目錄中。

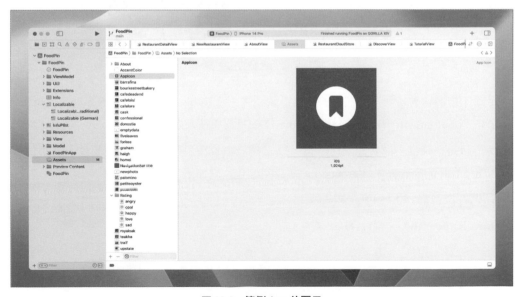

圖 28.9　範例 App 的圖示

「啟動畫面」是開啟 App 時顯示給使用者的第一個畫面。以 UIKit 來說，Xcode 可以讓開發者使用故事板或介面建構器檔案來設計啟動畫面，但是對於 SwiftUI 專案而言，建立啟動畫面的程序略有不同。

圖 28.10 顯示了我們將要建立的啟動畫面，這是只顯示一張圖片的超簡單畫面；啟動畫面還具有淺色及深色模式的不同背景顏色。

圖 28.10　啟動畫面範例

要實作這個啟動畫面，先到下列連結下載圖片： URL https://www.appcoda.com/resources/swift53/FoodPinSwiftUILaunchImage.zip，然後將圖片匯入素材目錄。

我們還需要建立一個新的顏色素材，以支援淺色及深色模式下的不同顏色。將顏色集命名為「LaunchScreenBackground」，並設定顏色代碼如下：

- **Any Appearance**：#EEEEEE。
- **Dark Appearance**：#111111。

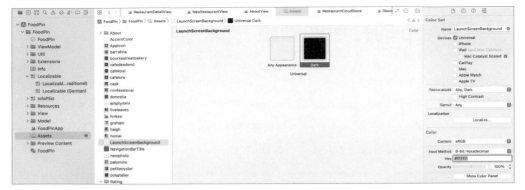

圖 28.11　為啟動畫面新增顏色集

在 SwiftUI 專案中，預設上不會產生啟動畫面，你需要在 Info.plist 檔中手動新增它。開啟檔案後，你應該會看到一個名為「Launch Screen」的項目，點擊其左側的箭頭，以變更箭頭方向，接著點擊「+」按鈕來新增項目，如圖 28.12 所示。

圖 28.12　設定啟動畫面選項

有多個選項可供你選擇。要設定背景顏色，則設定鍵為「Background color」、值為「LaunchScreenBackground」（即我們在前面所建立的顏色集）；對於「Image Name」，則設定「ramen」（即你匯入到素材目錄中的圖片檔）。

如果我們想要確保圖片保持在安全區域內，則加入「Image respects safe area insets」，並設定其值為「YES」。其餘選項是用於設定導覽列、標籤列與工具列的外觀，你可以依照你的偏好來決定是否啟用。

完成設定後，你可以點擊「Run」按鈕，以在模擬器上執行 App。當啟動 App 時，它應該顯示啟動畫面，而背景顏色會自適應底層的介面樣式。如果你的模擬器無法顯示啟動畫面，則到模擬器選單並點選「Device → Restart」來清除快取。

App 的打包與驗證

　　在 App 上傳到 App Store Connect 之前，你需要打包 App 檔案。首先，檢視「Archive」方案設定，確定「Build Configuration」為「Release」（而不是 DeBug）。至 Xcode 選單中，選擇「Product → Scheme → Edit Scheme」，然後選擇打包方案，並檢查「Build Configuration」的設定，這個選項應設定為「Release」，如圖 28.13 所示。

圖 28.13　**檢視打包方案設定**

　　現在你已經準備好打包你的 App 了。假如你是使用模擬器，打包功能是關閉的，因此你需要從方案彈出式選單中選擇「Any iOS Device」或你的裝置名稱（如果你已經將裝置連接到 Mac 電腦），然後到 Xcode 選單並選擇「Product → Archive」，如圖 28.14 所示。

圖 28.14　**打包你的 App**

打包完之後，你打包好的檔案會出現在 Organizer 中，它已準備好上傳到 App Store Connect，但是最好透過驗證程序來檢查是否有任何問題，只需點選「Validate App」按鈕，即可開始驗證程序，如圖 28.15 所示。

圖 28.15　你的 App 打包檔案出現在 Organizer 中

系統將提示你選擇 App Store 發布選項，只需接受預設的設定並繼續即可，在接下來的畫面中選擇「Automatically manage signing」，來讓 Xcode 為你簽署發行版本。現在點選「Validate」繼續，如果系統要求你產生一個 Apple 發布憑證（Apple Distribution certificate），則請勾選核取方塊，這是在 App Store 上發布 App 的必要步驟。

當你的 App 皆符合所有的要求，則你應該會看到「Your app successfully passed all validation checks」的訊息，如圖 28.16 所示。

圖 28.16　Xcode 會自動為你的發行版本建立描述檔

如果驗證成功，你可以點擊「Distribute App」按鈕來上傳檔案到 App Store Connect。由於我們要上傳到 App Store，因此當詢問發布方法時，請選擇「App Store Connect」。同樣的，只需接受 App Store 發布選項的預設設定，然後選擇「Automatically manage signing」選項。

現在點選「Upload」選項來開始上傳你的 App 打包檔到 App Store Connect，如圖 28.17 所示。在你看到「Upload Success」訊息之前，整個過程約需要幾分鐘的時間。

圖 28.17　上傳你的 App 打包檔到 App Store Connect

28.11 管理內部測試

現在你已經將建置版本（Build）上傳到 App Store Connect，我們來了解如何推出你的 App 來進行內部測試。

回到 URL https://appstoreconnect.apple.com，選擇「My Apps」，然後選取你的 App。在選單中選擇「TestFlight」，App Store Connect 需要一些時間來處理你剛上傳的建置版本，如果你在 TestFlight 沒有看見任何內容，則到 Activity 檢查狀態，也許 App Store Connect 仍在處理你的建置版本，請稍待片刻。

假設你的建置版本已經準備好進行測試，則應該會出現在 TestFlight 中，你需要先點選「Manage」按鈕，以提供出口合規資訊（Export Compliance Information），如圖 28.18 所示。

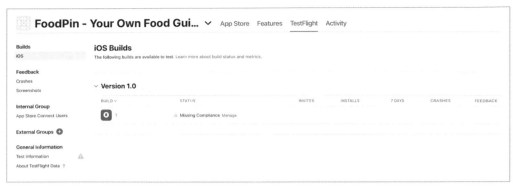

圖 28.18　TestFlight 中的 iOS 建置版本

　　在通知內部使用者測試 App 之前，你必須在 TestFlight 填寫測試資訊，包括回饋電子郵件、隱私權政策、行銷 URL 和許可協定。點選「Test Information」並填寫所需的資訊，你的測試者就可將回饋傳送到回饋電子郵件位址，因此請務必確認輸入正確的資訊。

　　當你填好所需資訊後，從側邊列選單中選擇「App Store Connect Users」，點選「Testers」旁邊的「+」按鈕並選擇測試者，然後點選「Add」來做確認，如圖 28.19 所示。如此，TestFlight 會自動以電子郵件通知測試者。

Builds
iOS

App Store Connect Users Edit Name
You can add anyone from your team to this group, and they can test builds using the TestFlight app.

Feedback
Crashes
Screenshots

Tester Feedback ?
Feedback On Disable

Build Distribution ?
Automatic for Xcode Builds

Internal Testing ⊕
App Store Connect Users

Test iPhone and iPad Apps on Apple Silicon Macs ?
Not Available Enable

External Testing ⊕

General Information
Test Information ⚠
About TestFlight Data ?

Testers (0) ⊕

Testers in this group will be notified when a new build is available and will have access to all builds added to this group.

Build (1)

BUILD ∨	STATUS	PLATFORM	SESSIONS	CRASHES
⊙ 1.0 (1)	✓ Ready to Test Expires in 90 days	iOS	–	

圖 28.19　增加測試者

> 說明　內部使用者是指 App Store Connect 團隊中擔任管理員、法律或技術角色的使用者，如果你想要加入更多的使用者或者變更他們的角色，則選擇「App Store Connect → Users and Roles」，然後點選「+」按鈕來新增使用者，另外你可直接加入獨立的測試者。

當測試者收到電子郵件通知，他／她需要點選「View in TestFlight」按鈕，iOS 會自動在 Safari 中開啓這個連結，測試者只需跟著指示來安裝 TestFlight App，便可以使用兌換碼來下載你的 App，如圖 28.20 所示。

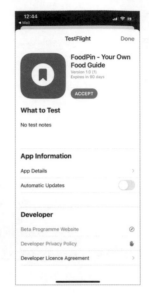

圖 28.20　傳送測試邀請給測試者

你的 Beta 版 App 會在 90 天後過期，未來 Beta 版 App 有任何更新，你的內部測試者可以持續取得最新上傳的版本。

28.12 管理外部使用者的 Beta 測試

你可最多邀請 100 名內部使用者來進行測試，一旦你的 App 達到了使用者的期望，你就可以邀請更多的使用者來測試你的 App。TestFlight 可讓你邀請最多 10,000 名外部使用者來進行 Beta 測試，你所需要的只是每一個測試者的電子郵件位址，以便你向他們發送邀請。

若要新增外部測試者，則在側邊列選單中點選「Add External Testers」，你可以建立多個群組來管理你的測試者。在出現的提示視窗中，輸入你的群組名稱，然後點擊「Create」按鈕，如圖 28.21 所示。

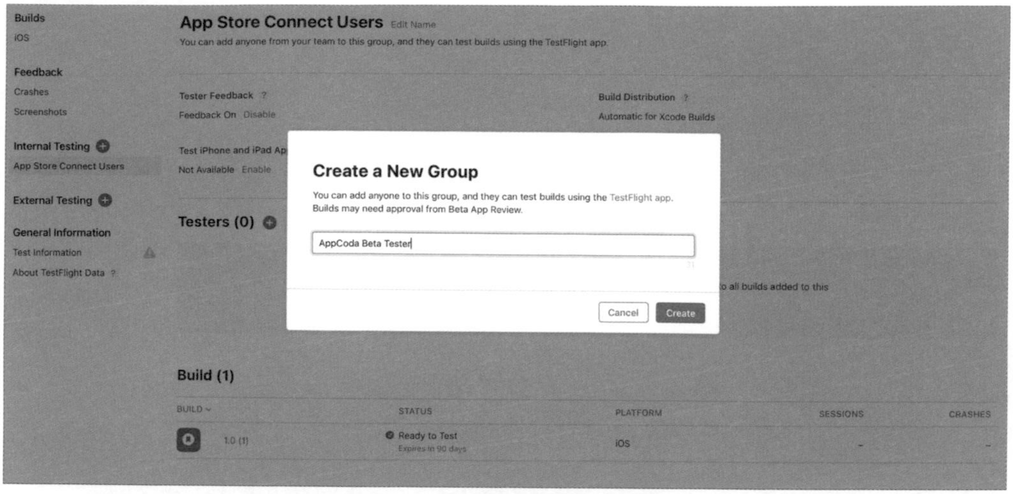

圖 28.21　建立群組來管理測試者

　　跟著指示來加入新測試者，你可以手動填寫他們的電子郵件位址或者透過上傳CSV檔來匯入。

　　當你建立群組後，在側邊列選單中選擇「iOS」，並點選App圖示。接下來，點選「Group」旁邊的「+」圖示，在彈出式選單中，選取你剛才建立的群組並繼續，跟著指示輸入Beta測試人員的測試資訊。

　　如前所述，在傳送你的測試邀請之前，你的App必須先通過Apple的審核，所以最後一步是點擊「Submit for Review」按鈕，以將你的App送審，如圖28.22所示。

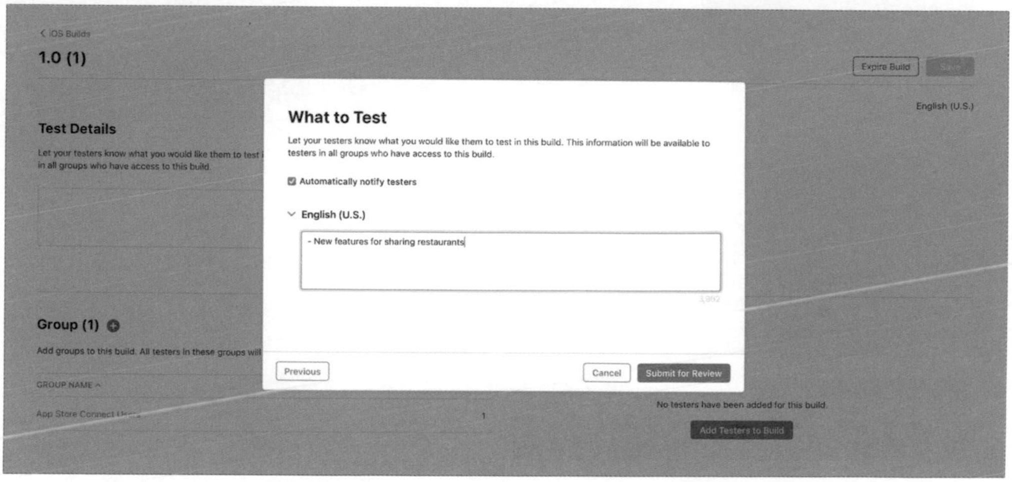

圖 28.22　你必須先將你的 App 送審，才能邀請外部使用者進行測試

你的 App 提交審核之後，建置狀態（Build Status）會變更爲等待建置版本通過核准，通常只需不到兩天的時間就會通過審核。

在 Apple 審核通過之後，你便可以通知外部使用者進行 Beta 測試。

28.13 CloudKit 生產環境部署

FoodPin App 利用 iCloud 資料庫來儲存公共紀錄。至目前爲止，我們只在 CloudKit 的開發環境（Development Environment）中測試我們的 App，對於使用 TestFlight 發布的 App，便不再允許使用開發環境，因此你必須要將開發環境的資料庫設定部署到生產環境中。

要做到這一點，回到 CloudKit 儀表板並選擇你的容器。在側邊列選單中，你應該會找到「Deploy Schema Changes...」按鈕，點選它來設定爲生產環境（Production Environment）。

你會看到確認部署的提示視窗，點選「Deploy」按鈕來繼續，如圖 28.23 所示。部署只會將架構（例如：記錄類型）提升到生產環境，但它不會將開發環境的紀錄複製到生產環境，因此你必須要在部署後建立有紀錄的生產環境。

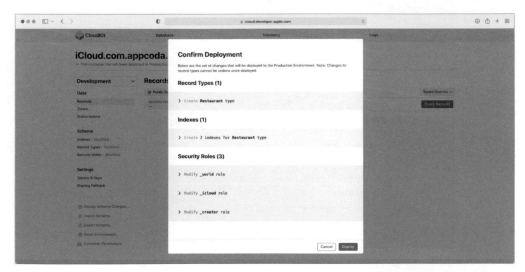

圖 28.23　部署到生產環境

28.14 本章小結

TestFlight 提供一個強大的工具，讓我們輕鬆對 App 做 Beta 測試。在本章中，我引導你了解 TestFlight Beta 測試的基礎知識，如果你目前正在開發下一個 App，我鼓勵你利用這個工具邀請你的朋友及 Beta 使用者在正式發布之前測試你的 App，這一步驟對於建立高品質的 App 至關重要。

29 App Store 上架

恭喜你！在進行 App 開發的最後步驟之前，你可能已歷經了數週或數月的努力。經過 Beta 測試以及大量的錯誤修復後，你的 App 終於可以上傳了。

在上一章中，你已經將 App 二進位檔（Binary）上傳到 App Store Connect，因此將 App 提交到 App Store 非常簡單。提交 App 後，Apple 的 App 審查團隊會對其進行審核，然後再將其發布到 App Store。對於第一次送審的 App 開發者而言，向 App Store 提交 App 是一個夢魘，你可能需要提交多次才能通過 Apple 的審核。

在本章中，我會引導你完成 App 的上架程序，並且給你一些指引，以最大程度減少被退件的可能性。

29.1 做好準備與充分測試

就開發者的角度來看，App 的審核過程如同黑箱作業，我依然記得我向 App Store 提交第一個 App 後被退件的那種受挫感，從那時起，我了解到可以採取一些措施來最大程度減少被退件的可能性。

徹底測試你的 App

在提交 App 之前，你有做過測試嗎？若你已學習過前兩章的內容，你應該已經在實機上測試了你的 App，並且邀請了一群 Beta 測試者做過測試。不過，讓我再次重申測試的重要性，你不應該只用內建的模擬器測試你的 App，你必須至少在 iOS 實機上進行測試，如果這個 App 是通用的，則記得要在 iPhone 與 iPad 上測試。

假使你的 App 整合其他的服務（如 iCloud），則確認你已在行動通訊與 Wi-Fi 網路測試過。可能的話，跟著上一章的說明來對你的 App 進行 Beta 測試，如果你提交的 App 無法正常運作或者會無預期當機，則 Apple 一定會退件。

另外，請記得在一般及特殊的狀況下測試你的 App。假使你的 App 需要網路才能正常運作，那麼若是在沒有訊號的情況下會發生什麼事情呢？App 是否會當機或者只是顯示出錯誤訊息呢？這些都是你必須要注意的事情，並確保你的 App 在所有情況下都能正常運作。

遵循 App Store 的審核指南

儘管我們認為 App Store 的審核過程如同黑箱作業，Apple 也有提供審核指南給開發者參考，你可以訪問該審核指南（URL https://developer.apple.com/app-store/review/guidelines/）。雖然我建議你仔細閱讀一遍，但主要有以下的重點：

- App 當機會被退件。

- App 若存在錯誤會被退件。

- 不符合開發者描述的 App 會被退件。

- 包含與 App 描述不一致的未記錄或隱藏功能的 App 會被退件。

- 使用非公開 API 的 App 會被退件。

　　你也應該注意你的 App 標題是否包含任何 Apple 的商標，我曾經建立過一個有關 iOS 的圖書 App，並且取名為「iPhone Handbook」，而這個 App 立刻被 Apple 退件，之後我修改 App 標題為「Handbook for iPhone」，就順利通過審核了。Apple 允許 Apple 這個字的用法是在「作為參考」的情況才行，像是使用「for」的字眼。

　　送審的詳細資訊可以參考 Apple 的指南： URL https://www.apple.com/legal/intellectual-property/guidelinesfor3rdparties.html。

- **符合使用者介面要求**：你的 App UI 應該是簡潔且友善使用者操作；否則，Apple 會因 UI 設計不合格而退件。你可以進一步參考《UI Design Dos and Don'ts》（ URL https://developer.apple.com/design/tips/）來了解詳細資訊。

- **失效連結**：所有嵌入在 App 的連結都必須有作用，失效連結是不被允許的。

- **圖片與文字都是最終版本**：在上傳你的 App 做審查之前，所有 App 的圖片與文字都要是最終版本，如果有包含任何占位符內容（Placeholder Content），你的 App 會被退件。

　　若想進一步了解常見會造成 App 被退件的原因，請參考： URL https://developer.apple.com/app-store/review/rejections/。另外，不要忘記看《App Store Review guidelines》（ URL https://developer.apple.com/app-store/review/guidelines/）。

29.2 上傳你的 App 至 App Store

　　若是你還沒有讀過前一章，則返回閱讀在 App Store Connect 建立 App 紀錄並上傳 App 打包檔的程序。

　　現在至 URL https://appstoreconnect.applc.com，並選取「My Apps」，然後選擇「FoodPin App」。假設你已經完成在 App Information 中的所有必需資訊，在側邊列選單中點選「Pricing and Availability」，若是你之前設定過價格，這是再次檢查你的設定的好機會。App Store Connect 的最新版讓開發者可以規劃價格變動，假設你希望 App 剛上架時可免費下載，而過一段時間後，就改為付費版 App，這個「Plan a Price Change」選項可以幫你提前規劃未來的價格變動，如圖 29.1 所示。

圖 29.1 **填寫生效日期與定價**

接著到「Prepare for Submission」選項，向下捲動到 Build 區塊，點選「Select a build before you submit your app」按鈕來加入建置版本，並選擇要提交的建置版本，如圖 29.2 所示。

圖 29.2 **選擇要提交的建置版本**

最後，儲存變更並點選「Submit for Review」按鈕來上傳你的 App，如圖 29.3 所示。填寫好出口合規資訊（Export Compliance）、內容權利（Content Rights）及廣告識別碼（Advertising Identifier）後，你的 App 就可以提交了。

圖 29.3　**點選「Submit for Review」按鈕來提交你的 App**

成功提交你的 App 後，狀態會變更爲等待審核。

現在，下一步是什麼呢？除了耐心等待以外，你也無法做任何事。在過去，你的 App 需要等待大約七天才能獲得審核結果；近年來，Apple 開始將審核時間從一週縮短到兩天以內。

提示　平均而言，50% 的 App 在 24 小時內就會開始審核，大約 90% 的 App 在 48 小時內會做審核。

※ 出處：URL https://developer.apple.com/support/app-review/

因此，請保持耐心，不管你的 App 通過與否，你將會收到電子郵件的通知。

29.3 本章小結

再一次恭喜你！你已經建立了眞正的 App，並學習如何上架到 App Store。我期許你的 App 第一次提交就能通過 Apple 的審核，即使被退件，也不要失望，許多 iOS 開發者都有相同的經驗，只需解決問題並重新提交你的 App 即可。

最後，謝謝你閱讀本書，這是一段漫長的旅程，我期望你一切順利，能夠很快發布你的 App。若是你的 App 已通過審核，我很樂意聽到你的成功故事，歡迎隨時 Email 至 simonng@appcoda.com，並記得加入我們的臉書開發者社群：URL https://www.facebook.com/groups/appcodatw。

A Swift 基礎概論

Swift 是開發 iOS、macOS、watchOS 以及 tvOS App 的新程式語言，與 Objective-C 相較，Swift 是一個簡潔的語言，可使 iOS App 開發更容易。在附錄 A 中，我會對 Swift 做簡要的介紹，這裡的內容並不是完整的程式指南，不過我們提供了初探 Swift 所需的基本概念，你可以參考官方文件（URL https://swift.org/documentation/），有更完整的內容。

A.1 變數、常數與型別推論

Swift 中是以 var 關鍵字來宣告變數（Variable），常數（Constant）的宣告則使用 let 關鍵字，下列為其範例：

```
var numberOfRows = 30
let maxNumberOfRows = 100
```

有二個宣告常數與變數的關鍵字需要知道，你可使用 let 關鍵字來儲存不會變更的值；反之，則使用 var 關鍵字儲存可變更的值。

這是不是比 Objective-C 更容易呢？

有趣的是，Swift 允許你使用任何字元作為變數與常數名稱，甚至你也可以使用表情符號（Emoji Character）來命名。

你可能注意到 Objective-C 在變數的宣告上與 Swift 有很大的不同。在 Objective-C 中，開發者在宣告變數時，必須明確地指定型別的資訊，如 int、double 或者 NSString 等。

```
const int count = 10;
double price = 23.55;
NSString *myMessage = @"Objective-C is not dead yet!";
```

你必須負責指定型別。而在 Swift，你不再需要標註變數型別的資訊，它提供了一個「型別推論」（Type Inference）的強大功能，這個功能啟動編譯器，透過你在變數中所提供的值做比對，來自動推論其型別。

```
let count = 10
// count 被推論為 Int 型別
var price = 23.55
// price 被推論為 Double 型別
var myMessage = "Swift is the future!"
// myMessage 被推論為 String 型別
```

和 Objective-C 相較的話，Swift 使得變數與常數的宣告更容易，Swift 也另外提供一個明確指定型別資訊的功能，下列的範例介紹了如何在 Swift 宣告變數時指定型別資訊：

```
var myMessage : String = "Swift is the future!"
```

A.2 沒有分號做結尾

在 Objective-C 中，你需要在你的程式碼的每一段敘述（Statement）之後，加上一個分號作為結尾，如果你忘記加上分號，在編譯時會得到一個錯誤提示。如同上列的範例，Swift 不需要你在每段敘述之後加上分號（ ; ），但是若你想要這麼做的話也沒問題。

```
var myMessage = "No semicolon is needed"
```

A.3 基本字串操作

在 Swift 中，字串是以 String 型別表示，全是 Unicode 編譯。你可將字串宣告為變數或常數：

```
let dontModifyMe = "You cannot modify this string"
var modifyMe = "You can modify this string"
```

在 Objective-C 中，為了指定字串是否可變更，你必須在 NSString 與 NSMutableString 類別間做選擇；而 Swift 不需要這麼做，當你指定一個字串為變數時（即使用 var），這個字串就可以在程式碼中做變更。

Swift 簡化了字串的操作，並且可以讓你建立一個混合常數、變數、常值（Literal）、運算式（Expression）的新字串。字串的串接超級簡單，只要將兩個字串以 + 運算子加在一起即可：

```
let firstMessage = "Swift is awesome. "
let secondMessage= "What do you think?"
var message = firstMessage + secondMessage
print(message)
```

Swift 自動將兩個訊息結合起來，你可以在主控台看見下列的訊息。注意，print 是 Swift 中一個可以將訊息列印輸出到主控台中的全域函數（Global Function）。

Swift 太棒了，你覺得呢？你可以在 Objective-C 中使用 stringWithFormat: 方法來完成，但是 Swift 是不是更容易閱讀呢？

```
NSString *firstMessage = @"Swift is awesome. ";
NSString *secondMessage = @"What do you think?";
NSString *message = [NSString stringWithFormat:@"%@%@", firstMessage, secondMessage];
NSLog(@"%@", message);
```

字串的比較也更簡單了，你可以像這樣直接使用 == 運算子來做字串的比較：

```
var string1 = "Hello"
var string2 = "Hello"
if string1 == string2 {
    print("Both are the same")
}
```

A.4 陣列

Swift 中宣告陣列（Array）的語法與 Objective-C 相似，舉例如下：

Objective-C

```
NSArray *recipes = @[@"Egg Benedict", @"Mushroom Risotto", @"Full Breakfast", @"Hamburger",
@"Ham and Egg Sandwich"];
```

Swift

```
var recipes = ["Egg Benedict", "Mushroom Risotto", "Full Breakfast", "Hamburger", "Ham and Egg
Sandwich"]
```

在 Objective-C 中，你可以將任何物件放進 NSArray 或 NSMutableArray，而 Swift 中的陣列只能儲存相同型別的項目，以上列的範例來說，你只能儲存字串至字串陣列。有了型別推論，Swift 自動偵測陣列型別，或者你也可以用下列的形式來指定型別：

```
var recipes : String[] = ["Egg Benedict", "Mushroom Risotto", "Full Breakfast", "Hamburger",
"Ham and Egg Sandwich"]
```

Swift 提供各種讓你查詢與操作陣列的方法。只要使用 count 方法就可以找出陣列中的項目數：

```
var numberOfItems = recipes.count
// recipes.count 會回傳 5
```

Swift 讓陣列操作更為簡單，你可以使用 += 運算子來增加一個項目：

```
recipes += ["Thai Shrimp Cake"]
```

這樣的作法可以讓你加入多個項目：

```
recipes += ["Creme Brelee", "White Chocolate Donut", "Ham and Cheese Panini"]
```

要在陣列存取或變更一個特定的項目，和 Objective-C 以及其他程式語言一樣，使用下標語法（Subscript Syntax）傳送項目的索引（Index）：

```
var recipeItem = recipes[0]
recipes[1] = "Cupcake"
```

Swift 中一個有趣的功能是，你可以使用「...」來變更值的範圍，舉例如下：

```
recipes[1...3] = ["Cheese Cake", "Greek Salad", "Braised Beef Cheeks"]
```

這將 recipes 陣列的項目 2 至 4 變更為「Cheese Cake」、「Greek Salad」、「Braised Beef Cheeks」（要記得陣列第一個項目是索引 0，這便是為何索引 1 對應項目 2）。

當你輸出陣列至主控台，結果如下所示：

- Egg Benedict
- Cheese Cake
- Greek Salad
- Braised Beef Cheeks
- Ham and Egg Sandwich

Swift 提供三種集合型別（Collection Type）：陣列、字典與集合。我們先來討論字典（Dictionary），每個字典中的值對應一個唯一的鍵。要在 Swift 宣告一個字典，程式碼寫法如下：

```
var companies = ["AAPL" : "Apple Inc", "GOOG" : "Google Inc", "AMZN" : "Amazon.com, Inc",
"FB" : "Facebook Inc"]
```

鍵值對（Key-value Pair）中的鍵與值用冒號分開，然後用方括號包起來，每一對用逗號來分開。

就像陣列或其他變數一樣，Swift 自動偵測鍵與值的型別，但你也可以用下列的語法來指定型別資訊：

```
var companies: [String: String] = ["AAPL" : "Apple Inc", "GOOG" : "Google Inc", "AMZN" :
"Amazon.com, Inc", "FB" : "Facebook Inc"]
```

要對字典做逐一查詢，可以使用 for-in 迴圈：

```
for (stockCode, name) in companies {
    print("\(stockCode) = \(name)")
}

// 你可以使用 keys 與 values 屬性來取得字典的鍵值
for stockCode in companies.keys {
    print("Stock code = \(stockCode)")
}
for name in companies.values {
    print("Company name = \(name)")
}
```

要取得特定鍵的值，使用下標語法指定鍵，當你要加入一個新的鍵值對到字典中，只要使用鍵作為下標，並指定一個值，就像這樣：

```
companies["TWTR"] = "Twitter Inc"
```

現在 companies 字典總共包含五個項目，"TWTR":"Twitter Inc" 配對自動加入 companies 字典。

A.6 集合

集合（Set）和陣列非常相似，陣列是有排序的集合，而集合則是沒有排序的集合；在陣列中的項目可以重複，但是在集合中則沒有重複值。

要宣告一個集合，你可以像這樣撰寫：

```
var favoriteCuisines: Set = ["Greek", "Italian", "Thai", "Japanese"]
```

此語法和陣列的建立一樣，不過你必須明確指定 Set 型別。

如前所述，集合是不同項目、沒有經過排序的集合。當你宣告一組集合有重複的值，它便不會儲存這個值，以下列程式碼為例：

```
var favoriteCuisines: Set = ["Greek", "Italian", "Thai", "Japanese", "Thai", "Italian"]    {"Japanese", "Italian", "Thai", "Greek"}
```

集合的操作和陣列很相似，你可以使用 for-in 迴圈來針對集合做迭代（Iterate）。不過，當你要加入一個新項目至集合中，你不能使用 += 運算子，你必須呼叫 insert 方法：

```
favoriteCuisines.insert("Indian")
```

有了集合，你可以輕鬆判斷兩組集合中有重複的值或不相同的值，例如：你可以使用兩組集合來分別代表兩個人最愛的料理種類：

```
var tomsFavoriteCuisines: Set = ["Greek", "Italian", "Thai", "Japanese"]
var petersFavoriteCuisines: Set = ["Greek", "Indian", "French", "Japanese"]
```

當你想要找出他們之間共同喜愛的料理種類，你可以像這樣呼叫 intersection 方法：

```
tomsFavoriteCuisines.intersection(petersFavoriteCuisines)
```

結果會回傳：

```
{"Greek", "Japanese"}
```

或者，若你想找出哪些料理是他們不共同喜愛的，則可以使用 symmetricDifference 方法：

```
tomsFavoriteCuisines.symmetricDifference(petersFavoriteCuisines)
// Result: {"French", "Italian", "Thai", "Indian"}
```

在 Objective-C 中，你針對一個類別（Class）分別建立了介面（.h）與實作（.m）檔，而 Swift 不再需要開發者這麼做了，你可以在單一個檔案（.swift）中定義類別，不需要額外分開介面與實作。

要定義一個類別，須使用 class 關鍵字，下列是 Swift 中的範例類別：

```
class Recipe {
    var name: String = ""
    var duration: Int = 10
    var ingredients: [String] = ["egg"]
}
```

在上述的範例中，我們定義一個 Recipe 類別加上三個屬性，包含 name、duration 與 ingredients。Swift 需要你提供屬性的預設值，如果缺少初始值，你將得到編譯錯誤的結果。

若是你不想指定一個預設值呢？Swift 允許你在值的型別之後寫一個問號（？），將它的值定義為可選型別（Optional）。

```
class Recipe {
    var name: String?
    var duration: Int = 10
    var ingredients: [String]?
}
```

在上列的程式碼中，name 與 ingredients 屬性自動被指定一個 nil 的預設值。想建立一個類別的實例（Instance），只要使用下列的語法：

```
var recipeItem = Recipe()
// 你可以使用點語法來存取或變更一個實例的屬性
recipeItem.name = "Mushroom Risotto"
recipeItem.duration = 30
recipeItem.ingredients = ["1 tbsp dried porcini mushrooms", "2 tbsp olive oil", "1 onion,
chopped", "2 garlic cloves", "350g/12oz arborio rice", "1.2 litres/2 pints hot vegetable
stock", "salt and pepper", "25g/1oz butter"]
```

Swift 允許你繼承以及採用協定。舉例而言，如果你有一個從 UIViewController 類別延伸而來的 SimpleTableViewController 類別，並採用 UITableViewDelegate 與 UITableView DataSource 協定，你可以像這樣做類別宣告：

```
class SimpleTableViewController : UIViewController, UITableViewDelegate, UITableViewDataSource
```

A.8 方法

和其他物件導向語言一樣，Swift 允許你在類別中定義函數，即所謂的「方法」（Method）。你可以使用 func 關鍵字來宣告一個方法，下列為沒有帶著回傳值與參數的方法範例：

```
class TodoManager {
    func printWelcomeMessage() {
        print("Welcome to My ToDo List")
    }
}
```

在 Swift 中，你可以使用點語法（Dot Syntax）呼叫一個方法：

```
todoManager.printWelcomeMessage()
```

當你需要宣告一個帶著參數與回傳值的方法，方法看起來如下：

```
class TodoManager {
    func printWelcomeMessage(name:String) -> Int {
        print("Welcome to \(name)'s ToDo List")

        return 10
    }
}
```

這個語法看起來較為難懂，特別是 -> 運算子，上述的方法取一個字串型別的 name 參數作為輸入，-> 運算子是作為方法回傳值的指示器。從上列的程式碼來看，你將待辦事項總數的回傳型別指定為 Int。下列為呼叫此方法的範例：

```
var todoManager = TodoManager()
let numberOfTodoItem = todoManager.printWelcomeMessage(name: "Simon")
print(numberOfTodoItem)
```

A.9　控制流程

控制流程（Control Flow）與迴圈利用和 C 語言非常相似的語法。如前所述，Swift 提供了 for-in 迴圈來迭代陣列與字典。

for 迴圈

如果你想要迭代一定範圍的值，你可使用 ... 或 ..< 運算子。這些都是在 Swift 中引入用於表示值的範圍的新運算子，例如：

```
for i in 0..<5 {
    print("index = \(i)")
}
```

這會在主控台輸出下列的結果：

```
index = 0
index = 1
index = 2
index = 3
index = 4
```

那麼 ..< 與 ... 有什麼不同呢？如果我們將上面範例中的 ..< 以 ... 取代，這定義了執行 0 到 5 的範圍，而 5 也包括在範圍內。下列是主控台的結果：

```
index = 0
index = 1
index = 2
index = 3
index = 4
index = 5
```

if-else 敘述

和 Objective-C 一樣,你可以使用 if 敘述依照某個條件來執行程式碼。這個 if-else 敘述的語法與 Objective-C 很相似,Swift 只是讓語法更簡單,讓你不再需要用一對圓括號來將條件包裹起來。

```
var bookPrice = 1000;
if bookPrice >= 999 {
    print("Hey, the book is expensive")
} else {
    print("Okay, I can affort it")
}
```

switch 敘述

我要特別強調 Swift 的 switch 敘述,相對於 Objective-C 而言是一個很大的改變,請看下列的範例,你有注意到什麼地方比較特別嗎?

```
switch recipeName {
    case "Egg Benedict":
        print("Let's cook!")
    case "Mushroom Risotto":
        print("Hmm... let me think about it")
    case "Hamburger":
        print("Love it!")
    default:
        print("Anything else")
}
```

首先,switch 敘述可以處理字串。在 Objective-C 中,無法在 NSString 做 switch,你必須用數個 if 敘述來實作上面的程式碼;而 Swift 可使用 switch 敘述,這個特點最受青睞。

另一個你可能會注意到的有趣特點是,它沒有 break。記得在 Objective-C 中,你需要在每個 switch case 後面加上 break,否則的話,它會進到下一個 case;在 Swift 中,你不需要明確加上一個 break 敘述,Swift 中的 switch 敘述不會落到每個 case 的底部,然後進到下一個;相反的,當第一個 case 完成配對後,全部的 switch 敘述便完成任務的執行。

除此之外,switch 敘述也支援範圍配對(range matching),以下列程式碼來說明:

```
var speed = 50
switch speed {
case 0:
    print("stop")
case 0...40:
    print("slow")
case 41...70:
    print("normal")
case 71..<101:
    print("fast")
default:
    print("not classified yet")
}

// 當速度落在 41 與 70 的範圍，它會在主控台上輸出 normal
```

　　switch case 可以讓你透過二個運算子 ... 與 ..< 來檢查一個範圍內的值。這兩個運算子是作爲表示一個範圍值的縮寫。

　　例如：41...70 的範圍，... 運算子定義了從 41 到 70 的執行範圍，有包含 41 與 70。如果我們使用 ..< 取代範例中的 ...，則是定義執行範圍爲 41 至 69，換句話說，70 不在範圍之內。

A.10 元組

　　Swift 導入了一個在 Objective-C 所沒有的先進型別稱爲「元組」（Tuple），元組可以允許開發者建立一個群組值並且傳送。假設你正在開發一個可以回傳多個值的方法，你便可以使用元組作爲回傳值取代一個自訂物件的回傳。

　　元組把多個值視爲單一複合值，以下列的範例來說明：

```
let company = ("AAPL", "Apple Inc", 93.5)
```

　　上面這行程式碼建立了一個包含股票代號、公司名稱以及股價的元組，你可能會注意到元組內可以放入不同型別的值。你可以像這樣來解開元組的值：

```
let (stockCode, companyName, stockPrice) = company
print("stock code = \(stockCode)")
```

```
print("company name = \(companyName)")
print("stock price = \(stockPrice)")
```

　　一個使用元組的較佳方式是，在元組中賦予每個元素一個名稱，而你可以使用點語法來存取元素值，如下列的範例所示：

```
let product = (id: "AP234", name: "iPhone X", price: 599)
print("id = \(product.id)")
print("name = \(product.name)")
print("price = USD\(product.price)")
```

　　使用元組的常見方式是作為回傳值。在某些情況下，你想要在方法中不使用自訂類別來回傳多個值，你可以使用元組作為回傳值，如下列的範例所示：

```
class Store {
    func getProduct(number: Int) -> (id: String, name: String, price: Int) {
        var id = "IP435", name = "iMac", price = 1399
        switch number {
        case 1:
            id = "AP234"
            name = "iPhone X"
            price = 999
        case 2:
            id = "PE645"
            name = "iPad Pro"
            price = 599
        default:
            break
        }

        return (id, name, price)
    }
}
```

　　在上列的程式碼中，我們建立了一個名為「getProduct」、帶著數字參數的呼叫方法，並且回傳一個元組型別的產品值，你可像這樣呼叫這個方法並儲存值：

```
let store = Store()
let product = store.getProduct(number: 2)
print("id = \(product.id)")
```

```
print("name = \(product.name)")
print("price = USD\(product.price)")
```

A.11 可選型別

何謂「可選型別」（Optional）？當你在 Swift 中宣告變數，它們預設是設定為非可選型別。換句話說，你必須指定一個非 nil 的值給這個變數。如果你試著設定一個 nil 值給非可選型別，編譯器會告訴你：「Nil 值不能指定為 String 型別！」。

```
var message: String = "Swift is awesome!" // OK
message = nil // 編譯期錯誤
```

在類別中，宣告屬性時也會應用到，屬性預設設定為非可選型別。

```
class Messenger {
    var message1: String = "Swift is awesome!" // OK
    var message2: String // 編譯期錯誤
}
```

這個 message2 會得到一個編譯期錯誤（Compile-time Error）的訊息，因為它沒有指定一個初始值，這對那些有 Objective-C 經驗的開發者而言會有些驚訝，在 Objective-C 或其他程式語言（例如：JavaScript），指定一個 nil 值給變數，或宣告一個沒有初始值的屬性，不會有編譯期錯誤的訊息。

不過，這並不表示你不能在 Swift 中宣告一個沒有指定初始值的屬性，Swift 導入了可選型別來指出缺值，它是在型別宣告後面加入一個？運算子來定義，以下列範例來說明：

```
class Messenger {
    var message1: String = "Swift is awesome!" // OK
    var message2: String? // OK
}
```

當變數定義為可選型別時，你仍然可以指定值給它，但若是這個變數沒有指定任何值給它，它會自動定義為 nil。

A.12 為何需要可選型別？

Swift 是為了安全性考量而設計的。Apple 曾經提過，可選型別是 Swift 作為型別安全語言的一個印證。從上列的範例來看，Swift 的可選型別提供編譯時檢查，避免執行期一些常見的程式錯誤，我們來看下列的範例，你將會更了解可選型別的功能。

```swift
func findStockCode(company: String) -> String? {
    if (company == "Apple") {
        return "AAPL"
    } else if (company == "Google") {
        return "GOOG"
    }

    return nil
}

var stockCode:String? = findStockCode(company: "Facebook")
let text = "Stock Code - "
let message = text + stockCode  // 編譯期錯誤
print(message)
```

這個函數接收一個公司名稱，並回傳對應的股票代號。從程式碼中可以看出它只能支援 Apple 與 Google 這兩家公司，回傳值可以是 AAPL、GOOG 或 nil 值。

假設 Swift 沒有可選型別（Optional）的功能，那麼當我們執行上面的程式碼時會發生什麼事呢？由於這個方法對 Facebook 回傳 nil 值，因此執行 App 時會丟擲出執行期例外（Runtime Exception），最糟的情況是 App 可能會當機。

有了 Swift 的可選型別，它會在編譯期找出錯誤，而不是在執行期才發現錯誤。由於 stockCode 被定義一個可選型別，Xcode 會立即偵測到一個潛在的錯誤：「可選型別 String? 的值還未解開」（value of optional type String? is not unwrapped），並且告訴你要修正它。

從範例中可以知道 Swift 的可選型別強化了 nil 值的檢查，並提供編譯期錯誤的提示給開發者，因此使用可選型別有助於提升程式碼的品質。

A.13 解開可選型別

那麼我們該如何讓程式可以運作？顯然的，我們需要測試 stockCode 是否有包含一個 nil 值，我們修改程式碼如下：

```
var stockCode:String? = findStockCode(company: "Facebook")
let text = "Stock Code - "
if stockCode != nil {
    let message = text + stockCode!
    print(message)
}
```

我們使用 if 來執行 nil 檢查，一旦我們知道可選型別必須包含一個值，我們在可選型別名稱的後面加上一個驚嘆號（！）來解開它。在 Swift 中，這就是所謂的「強制解開」（Forced Unwrapping），你可以使用！運算子來解開可選型別的包裹以及揭示其內在的值。

參考上列的範例程式碼，我們只在 nil 值檢查後解開 stockCode 可選型別，我們知道可選型別在使用！運算子解開它之前，必須包含一個非 nil 的值。這裡要強調的是，建議在解開它之前，驗證可選型別必須包含值。

但如果我們像下列的範例這樣忘記驗證呢？

```
var stockCode:String? = findStockCode(company: "Facebook")
let text = "Stock Code - "
let message = text + stockCode!  // 執行期錯誤
```

這種情況不會有編譯期錯誤，當強制解開啟用後，編譯器假定可選型別包含了一個值，不過當你執行 App 時，就會在主控台產生一個執行期錯誤的訊息。

A.14 可選綁定

除了強制解開之外，「可選綁定」（Optional Binding）是一個較簡單且推薦用來解開可選型別包裹的方式，你可以使用可選綁定來驗證可選型別是否有值，如果它有值則解開它，並把它放進一個暫時的常數或變數。

沒有比使用實際範例的更好方式來解釋可選綁定了。我們將前面範例中的範例程式碼轉換成可選綁定：

```
var stockCode:String? = findStockCode(company: "Facebook")
let text = "Stock Code - "
if let tempStockCode = stockCode {
    let message = text + tempStockCode
    print(message)
}
```

if let（或 if var）是可選綁定的兩個關鍵字，以白話來說，這個程式碼是說：「如果 stockCode 包含一個值則解開它，將其值設定到 tempStockCode，然後執行後面的條件敘述，否則的話彈出這段程式」。因為 tempStockCode 是一個新的常數，你不需要使用「!」字尾來存取其值。

你也可以透過在 if 敘述中做函數的判斷，進一步簡化程式碼：

```
let text = "Stock Code - "
if var stockCode = findStockCode(company: "Apple") {
    let message = text + stockCode
    print(message)
}
```

這裡的 stockCode 不是可選型別，所以不需要使用「!」字尾在程式碼區塊中存取其值。如果從函數回傳 nil 值，程式碼區塊便不會執行。

A.15 可選鏈

在解釋「可選鏈」（Optional Chaining）之前，我們調整一下原來的範例。我們建立了一個名為「Stock」的新類別，其 code 及 price 屬性是可選型別。findStockCode 函數修改為回傳 Stock 物件而不是字串。

```
class Stock {
    var code: String?
    var price: Double?
}

func findStockCode(company: String) -> Stock? {
    if (company == "Apple") {
```

```
        let aapl: Stock = Stock()
        aapl.code = "AAPL"
        aapl.price = 90.32

        return aapl

    } else if (company == "Google") {
        let goog: Stock = Stock()
        goog.code = "GOOG"
        goog.price = 556.36

        return goog
    }

    return nil
}
```

我們重寫原來的範例，如下所示，並先呼叫 findStockCode 函數來找出股票代號，然後計算買 100 張股票的總成本是多少：

```
if let stock = findStockCode(company: "Apple") {
    if let sharePrice = stock.price {
        let totalCost = sharePrice * 100
        print(totalCost)
    }
}
```

由於 findStockCode() 的回傳值是可選型別，我們使用可選綁定來驗證實際上是否有值。顯然的，Stock 類別的 price 屬性是可選型別，我們再次使用 if let 敘述來驗證 stock.price 是否包含一個非空值。

上列的程式碼運作沒有問題。你可以使用可選鏈來取代巢狀式 if let 的撰寫，以簡化程式碼。這個功能允許我們將多個可選型別以 ?. 運算子連結起來，下列是程式碼的簡化版本：

```
if let sharePrice = findStockCode(company: "Apple")?.price {
    let totalCost = sharePrice * 100
    print(totalCost)
}
```

可選鏈提供另一種存取 price 值的方式，現在程式碼看起來更簡潔了，此處只是介紹了可選鏈的基礎概念，你可以進一步至《Apple's Swift Guide》研究有關可選鏈的資訊。

A.16 可失敗初始化器

　　Swift 引入「可失敗初始化器」（Failable Initializers）的功能，初始化（Initialization）是一個類別中儲存每個屬性設定初始值的程序。在某些情況下，實例（Instance）的初始化可能會失敗，現在像這樣的失敗可以使用可失敗初始化器。可失敗初始化器的結果包含一個物件或是 nil，你需要使用 if let 來檢查初始化是否成功。舉例而言：

```
let myFont = UIFont(name : "AvenirNextCondensed-DemiBold", size: 22.0)
```

　　如果字型檔案不存在或無法讀取，UIFont 物件的初始化便會失敗，初始化失敗會使用可失敗初始化器來回報，回傳的物件是一個可選型別，此不是物件本身就是 nil，因此我們需要使用 if let 來處理可選型別：

```
if let myFont = UIFont(name : "AvenirNextCondensed-DemiBold", size: 22.0) {

    // 下列為要處理的程序

}
```

A.17 泛型

　　「泛型」（Generic）不是新的觀念，在其他程式語言如 Java，已經運用很久了，但是對於 iOS 開發者而言，你可能會對泛型感到陌生。

泛型函數（Generic Functions）

　　泛型是 Swift 強大的功能之一，可以讓你撰寫彈性的函數。那麼，何謂泛型呢？好的，我們來看一下這個範例，假設你正在開發一個 process 函數：

```
func process(a: Int, b: Int) {
    // 執行某些動作
}
```

　　這個函數接受二個整數值來做進一步的處理，那麼當你想要帶進另一個型別的值，如 Double 呢？你可能會另外撰寫函數如下：

```
func process(a: Double, b: Double) {
    // 執行某些動作
}
```

這二個函數看起來非常相似，假設函數本身是相同，差異性在於「輸入的型別」。有了泛型，你可以將它們簡化成可以處理多種輸入型別的泛型函數：

```
func process<T>(a: T, b: T) {
    // 執行某些動作
}
```

現在它是以占位符型別（Placeholder Type）取代實際的型別名稱，函數名稱後的 <T>，表示這是一個泛型函數，對於函數參數，實際的型別名稱則以泛型型別 T 來代替。

你可以用相同的方式呼叫這個 process 函數，實際用來取代 T 的型別，會在函數每次被呼叫時來決定。

```
process(a: 689, b: 167)
```

A.18 泛型型別約束

我們來看另一個範例，假設你撰寫另一個比較二個整數值是否相等的函數：

```
func isEqual(a: Int, b: Int) -> Bool {
    return a == b
}
```

當你需要和另一個型別的值（如字串）來做比較，你需要另外寫一個像下列的函數：

```
func isEqual(a: String, b: String) -> Bool {
    return a == b
}
```

有了泛型的幫助，你可以將二個函數合而為一：

```
func isEqual<T>(a: T, b: T) -> Bool {
    return a == b
}
```

同樣的，我們使用 T 作爲型別的值的占位符，如果你在 Xcode 測試上列的程式碼，這個函數無法編譯，問題在於 a==b 的檢查，雖然這個函數接受任何型別的值，但不是所有的型別皆可以支援 == 運算子，因此 Xcode 才會指出錯誤。在這個範例中，你需要使用泛型型別約束：

```swift
func isEqual<T: Equatable>(a: T, b: T) -> Bool {
    return a == b
}
```

你可以在型別參數名稱後面寫上一個協定的型別約束，以冒號來做區隔，這裡的 Equatable 就是協定，換句話說，這個函數只會接受支援協定的值。

在 Swift 中，它內建一個名爲「Equatable」的標準協定，所有遵循這個 Equatable 協定的型別，都可以支援 == 運算子，所有標準型別如 String、Int 與 Double 都支援 Equatable 協定，因此你可以像這樣使用 isEqual 函數：

```swift
isEqual(a: 3, b: 3)            // true
isEqual(a: "test", b: "test")  // true
isEqual(a: 20.3, b: 20.5)      // false
```

A.19 泛型型別

在函數中，使用泛型是沒有限制的，Swift 可以讓你定義自己的泛型型別，這可以是自訂類別或結構，內建的陣列與字典就是泛型型別的範例。

我們來看下列的範例：

```swift
class IntStore {
    var items = [Int]()

    func addItem(item: Int) {
        items.append(item)
    }

    func findItemAtIndex(index: Int) -> Int {
        return items[index]
    }
}
```

IntStore 是一個儲存 Int 項目陣列的簡單類別，它提供兩個方法：

● 新增項目到 Store 中。

● 從 Store 中回傳一個特定的項目。

顯然的，在 IntStore 類別支援 Int 型別項目。那麼如果你能夠定義一個處理任何型別值的泛型 ValueStore 類別會不會更好呢？下列是此類別的泛型版本：

```
class ValueStore<T> {
    var items = [T]()

    func addItem(item: T) {
        items.append(item)
    }

    func findItemAtIndex(index: Int) -> T {
        return items[index]
    }
}
```

和你在泛型函數一節所學到的一樣，使用占位符型別參數（T）來表示一個泛型型別，在類別名稱後的型別參數 () 指出這個類別為泛型型別。

要實例化類別，則在角括號內寫上要儲存在 ValueStore 的型別。

```
var store = ValueStore<String>()
store.addItem(item: "This")
store.addItem(item: "is")
store.addItem(item: "generic")
store.addItem(item: "type")
let value = store.findItemAtIndex(index: 1)
```

你可以像之前一樣呼叫這個方法。

A.20 計算屬性

「計算屬性」（Computed Properties）並沒有實際儲存一個值，相對的，它提供了自己的 getter 與 setter 來計算值，以下列的範例說明：

```
class Hotel {
    var roomCount:Int
    var roomPrice:Int
    var totalPrice:Int {
        get {
            return roomCount * roomPrice
        }
    }

    init(roomCount: Int = 10, roomPrice: Int = 100) {
        self.roomCount = roomCount
        self.roomPrice = roomPrice
    }
}
```

這個 Hotel 類別有儲存二個屬性：roomPrice 與 roomCount。要計算旅館的總價，我們只要將 roomPrice 乘上 roomCount 即可。在過去，你可能會建立一個可以執行計算並回傳總價的方法，有了 Swift，你可以使用計算屬性來代替，在這個範例中，totalPrice 是一個計算屬性，這裡不使用儲存固定的值的方式，它定義了一個自訂的 getter 來執行實際的計算，然後回傳房間的總價。就和值儲存在屬性一樣，你也可以使用點語法來存取屬性：

```
let hotel = Hotel(roomCount: 30, roomPrice: 100)
print("Total price: \(hotel.totalPrice)")
// 總價：3000
```

或者，你也可以對計算屬性定義一個 setter，再次以這個相同的範例來說明：

```
class Hotel {
    var roomCount:Int
    var roomPrice:Int
    var totalPrice:Int {
        get {
            return roomCount * roomPrice
        }

        set {
            let newRoomPrice = Int(newValue / roomCount)
            roomPrice = newRoomPrice
        }
    }
```

```
    init(roomCount: Int = 10, roomPrice: Int = 100) {
        self.roomCount = roomCount
        self.roomPrice = roomPrice
    }
}
```

　　這裡我們定義一個自訂的 setter，在總價的值更新之後計算新的房價。當 totalPrice 的新值設定好之後，newValue 的預設名稱可以在 setter 中使用，然後依照這個 newValue，你便可以執行計算並更新 roomPrice。

　　那麼可以使用方法來代替計算屬性嗎？當然可以，這和編寫程式的風格有關，計算屬性對簡單的轉換與計算特別有用，你可以看上列的範例，這樣的實作看起來更為簡潔。

A.21 屬性觀察者

　　「屬性觀察者」（Property Observers）是我最喜歡的 Swift 功能之一，屬性觀察者觀察並針對屬性的值的變更做反應。這個觀察者在每次屬性的值設定後都會被呼叫，在一個屬性中可以定義二種觀察者：

● willSet 會在值被儲存之前被呼叫。

● didSet 會在新值被儲存之後立即呼叫。

　　再次以 Hotel 類別為例，例如：我們想要將房價限制在 1000 元，每當呼叫者設定的房價值大於 1000 時，我們會將它設定為 1000，你可以使用屬性觀察者來監看值的變更：

```
class Hotel {
    var roomCount:Int
    var roomPrice:Int {
        didSet {
            if roomPrice > 1000 {
                roomPrice = 1000
            }
        }
    }

    var totalPrice:Int {
        get {
            return roomCount * roomPrice
```

```
        }

        set {
            let newRoomPrice = Int(newValue / roomCount)
            roomPrice = newRoomPrice
        }
    }

    init(roomCount: Int = 10, roomPrice: Int = 100) {
        self.roomCount = roomCount
        self.roomPrice = roomPrice
    }
}
```

　例如：你設定 roomPrice 為 2000，這裡的 didSet 觀察者會被呼叫並執行驗證，由於值是大於 1000，所以房價會設定為 1000，如你所見，屬性觀察者對於值變更的通知特別有用。

A.22 可失敗轉型

　as!（或者 as?）即所謂的可失敗轉型（failable cast）運算子。你若不是使用 as!，就是使用 as?，來將物件轉型為子類別型別，若是你十分確認轉型會成功，則可以使用 as! 來強制轉型，以下列範例來說明：

```
let cell = tableView.dequeueReusableCell(withIdentifier: cellIdentifier, for: indexPath) as!
RestaurantTableViewCell
```

　如果你不太清楚轉型是否能夠成功，只要使用 as? 運算子即可，使用 as? 的話，它會回傳一個可選型別的值，假設轉型失敗的話，這個值會是 nil。

A.23 repeat-while

　Apple 導入了一個名為「repeat-while」的新流程控制運算子，主要用來取代 do-while 迴圈。舉例如下：

```
var i = 0
repeat {
    i += 1
    print(i)
} while i < 10
```

　　repeat-while 在每個迴圈後做判斷，若是條件爲 true，它就會重複程式碼區塊；若是得到的結果是 false 時，則會離開迴圈。

A.24 for-in where 子句

　　你不只可以使用 for-in 迴圈來迭代陣列中所有的項目，你也可以使用 where 子句來定義一個篩選項目的條件，例如：當你對陣列執行迴圈，只有那些符合規則的項目才能繼續。

```
let numbers = [20, 18, 39, 49, 68, 230, 499, 238, 239, 723, 332]
for number in numbers where number > 100 {
        print(number)
}
```

　　在上列的範例中，它只會列印大於 100 的數字。

A.25 Guard

　　在 Swift 2 時導入了 guard 關鍵字。在 Apple 文件中，guard 的描述如下：

　　「一個 guard 敘述就像 if 敘述一樣，依照一個表達式的布林值來執行敘述。爲了讓 guard 敘述後的程式碼被執行，你使用一個 guard 敘述來取得必須爲眞的條件。」

　　在我繼續解釋 guard 敘述之前，我們直接來看這個範例：

```
struct Article {
    var title:String?
    var description:String?
    var author:String?
    var totalWords:Int?
}
```

```
func printInfo(article: Article) {
    if let totalWords = article.totalWords, totalWords > 1000 {
        if let title = article.title {
            print("Title: \(title)")
        } else {
            print("Error: Couldn't print the title of the article!")
        }
    } else {
        print("Error: It only works for article with more than 1000 words.")
    }
}

let sampleArticle = Article(title: "Swift Guide", description: "A beginner's guide to Swift 2",
author: "Simon Ng", totalWords: 1500)
printInfo(article: sampleArticle)
```

在上列的程式碼中，我們建立一個 printInfo 函數來顯示一篇文章的標題，但我們只是要輸出一篇超過上千文字的文章資訊，由於變數是可選型別，我們使用 if let 來確認可選型別是否有值，如果這個可選型別是 nil，則會顯示一個錯誤訊息。當你在 Playground 執行這個程式碼，它會顯示文章的標題。通常 if-else 敘述會依照這個模式：

```
if some conditions are met {
    // 執行一些動作
    if some conditions are met {
        // 執行一些動作
    } else {
        // 顯示錯誤或執行其他操作
    }
} else {
    // 顯示錯誤或執行其他操作
}
```

你也許注意到，當你必須測試更多條件，它會嵌入更多條件。編寫程式上，這樣的程式碼沒有什麼錯，但是就可讀性而言，你的程式碼看起來很凌亂，因為有很多嵌套條件。

因此 guard 敘述因應而生。guard 的語法如下：

```
guard else {
    // 執行假如條件沒有匹配要做的動作
}
// 繼續執行一般的動作
```

如果定義在 guard 敘述內的條件不匹配，else 後的程式碼便會執行；反之，如果條件符合，它會略過 else 子句，並且繼續執行程式碼。

當你使用 guard 重寫上列的範例程式碼時會更簡潔：

```
func printInfo(article: Article) {
    guard let totalWords = article.totalWords , totalWords > 1000 else {
        print("Error: It only works for article with more than 1000 words.")
        return
    }

    guard let title = article.title else {
        print("Error: Couldn't print the title of the article!")
        return
    }

    print("Title: \(title)")
}
```

有了 guard，你就可將重點放在處理不想要的條件。甚至，它會強制你一次處理一個狀況，避免有嵌套條件，如此程式碼便會變得更簡潔易讀。

A.26 錯誤處理

在開發一個 App 或者任何程式，不論好壞，你需要處理每一種可能發生的狀況。顯然的，事情可能會有所出入，例如：當你開發一個連線到雲端的 App，你的 App 必須處理網路無法連線或者雲端伺服器故障而無法連結的情況。

在之前的 Swift 版本，它缺少了適當的處理模式。舉例而言，處理錯誤條件的處理如下：

```
let request = NSURLRequest(URL: NSURL(string: "http://www.apple.com")!)
var response:NSURLResponse?
var error:NSError?
let data = NSURLConnection.sendSynchronousRequest(request, returningResponse: &response, error: &error)

if error == nil {
    print(response)
    // 解析資料
```

```
} else {
     // 處理錯誤
}
```

當呼叫一個方法時，可能會造成失敗，通常是傳遞一個 NSError 物件（像是一個指標）給它。如果有錯誤，這個物件會設定對應的錯誤，然後你就可以檢查是否錯誤物件為 nil，並且給予相對的回應。

這是在早期 Swift 版本處理錯誤的作法。

> **注意** NSURLConnection.sendSynchronousRequest() 在 iOS 9 已經不推薦使用，但因為大部分的讀者比較熟悉這個用法，所以在這個範例中才使用它。

try / throw / catch

從 Swift 2 開始，內建了使用 try-throw-catch 關鍵字，如例外（Exception）的模式。相同的程式碼會變成這樣：

```
let request = URLRequest(url: URL(string: "https://www.apple.com")!)
var response:URLResponse?
do {
    let data = try NSURLConnection.sendSynchronousRequest(request, returning: &response)
    print(response)

    // 解析資料
} catch {
    // 處理錯誤
    print(error)
}
```

現在你可以使用 do-catch 敘述來捕捉（Catch）錯誤並處理它，你也許注意到我們放了一個 try 關鍵字在呼叫方法前面，有了錯誤處理模式的導入，一些方法會丟出錯誤來表示失敗。當我們呼叫一個 throwing 方法，你需要放一個 try 關鍵字在前面。

你要如何知道一個方法是否會丟出錯誤呢？當你在內建編輯器輸入一個方法時，這個 throwing 方法會以 throws 關鍵字來標示，如圖 A.1 所示。

圖 A.1　throwing 方法會以 throws 關鍵字來標示

現在你應該了解如何呼叫一個 throwing 方法並捕捉錯誤，那要如何指示一個可以丟出錯誤的方法或函數呢？

想像你正在規劃一個輕量型的購物車，客戶可以使用這個購物車來短暫儲存，並針對購買的貨物做結帳，但是購物車在下列的條件下會丟出錯誤：

- 購物車只能儲存最多 5 個商品，否則的話會丟出一個 cartIsFull 的錯誤。
- 結帳時在購物車中至少要有一項購買商品，否則會丟出 cartIsEmpty 的錯誤。

在 Swift 中，錯誤是由遵循 Error 協定的型別的值來顯示。

通常是使用一個列舉（Enumeration）來規劃錯誤條件。在此範例中，你可以建立一個採用 Error 的列舉，如下列購物車發生錯誤的情況：

```swift
enum ShoppingCartError: Error {
    case cartIsFull
    case emptyCart
}
```

對於購物車，我們建立一個 LiteShoppingCart 類別來規劃它的函數，參考下列程式碼：

```swift
struct Item {
    var price:Double
    var name:String
}

class LiteShoppingCart {
    var items:[Item] = []

    func addItem(item:Item) throws {
        guard items.count < 5 else {
            throw ShoppingCartError.cartIsFull
        }
```

```
        items.append(item)
    }

    func checkout() throws {
        guard items.count > 0 else {
            throw ShoppingCartError.emptyCart
        }
        // 繼續結帳
    }
}
```

　　若是你更進一步看一下這個 addItem 方法，你可能會注意到這個 throws 關鍵字，我們加入 throws 關鍵字在方法宣告處來表示這個方法可以丟出錯誤。在實作中，我們使用 guard 來確保全部商品數是少於 5 個；否則，我們會丟出 ShoppingCartError.cartIsFull 錯誤。

　　要丟出一個錯誤，你只要撰寫 throw 關鍵字，接著是實際錯誤。針對 checkout 方法，我們有相同的實作，如果購物車沒有包含任何商品，我們會丟出 ShoppingCartError. emptyCart 錯誤。

　　現在，我們來看結帳時購物車是空的時會發生什麼事情？我建議你啟動 Xcode，並使用 Playgrounds 來測試程式碼。

```
let shoppingCart = LiteShoppingCart()
do {
    try shoppingCart.checkout()
    print("Successfully checked out the items!")
} catch ShoppingCartError.cartIsFull {
    print("Couldn't add new items because the cart is full")
} catch ShoppingCartError.emptyCart {
    print("The shopping cart is empty!")
} catch {
    print(error)
}
```

　　由於 checkout 方法會丟出一個錯誤，我們使用 do-catch 敘述來捕捉錯誤，當你在 Playgrounds 執行上列的程式碼，它會捕捉 ShoppingCartError.emptyCart 錯誤，並輸出相對的錯誤訊息，因為我們沒有加入任何項目。

　　現在至呼叫 checkout 方法的前面，在 do 子句插入下列的程式碼：

```
try shoppingCart.addItem(item: Item(price: 100.0, name: "Product #1"))
try shoppingCart.addItem(item: Item(price: 100.0, name: "Product #2"))
```

```
try shoppingCart.addItem(item: Item(price: 100.0, name: "Product #3"))
try shoppingCart.addItem(item: Item(price: 100.0, name: "Product #4"))
try shoppingCart.addItem(item: Item(price: 100.0, name: "Product #5"))
try shoppingCart.addItem(item: Item(price: 100.0, name: "Product #6"))
```

這裡我們加入全部6個商品至 shoppingCart 物件。同樣的，它會丟出錯誤，因爲購物車不能存放超過5個商品。

當捕捉到錯誤時，你可以指示一個正確的錯誤（例如：ShoppingCartError.cartIsFull）來匹配，因此你就可以提供一個非常具體的錯誤處理。

另外，如果你沒有在 catch 子句指定一個模式（Pattern），Swift 會匹配任何錯誤，並自動綁定錯誤至 error 常數，最好的作法還是應該要試著去捕捉由 throw 方法所丟出的特定錯誤，同時你可以寫一個 catch 子句來匹配任何錯誤，這可以確保所有可能的錯誤都有處理到。

A.27 可行性檢查

若是所有的使用者被強制更新到最新版的 iOS 版本，這可讓開發者更輕鬆些，Apple 已經盡力推廣使用者升級它們的 iOS 裝置，不過還是有一些使用者不願升級，因此爲了能夠推廣給更多的使用者使用，我們的 App 必須應付不同 iOS 的版本（例如：iOS 13、iOS 14 與 iOS 15）。

當你只在你的 App 使用最新版本的 API，則在其他較舊版本的 iOS 會造成錯誤，因此當使用了只能在最新的 iOS 版本才能用的 API，你必須要在使用這個類別或呼叫這個方法之前做一些驗證。

例如：用於 List 的 refreshable 修飾器只能在 iOS 15（或之後的版本）使用，如果你在更早的 iOS 版本使用這個修飾器，你便會得到一個錯誤，如圖 A.2 所示。

```
10    struct ContentView: View {
11        var body: some View {
12            List {
13                Text("Item 1")
14                Text("Item 2")
15                Text("Item 3")
16            }
17            .refreshable {        ⊘ 'refreshable(action:)' is only available in iOS 15.0 or newer
18                // update item
19            }
20        }
21    }
```

圖 A.2　refreshable 修飾器只適用 iOS 15 及之後的版本

Swift 內建了 API 可行性檢查（Availability Checking），你可以輕易地定義一個可行性條件，因此這段程式碼將只會在某些 iOS 版本執行，如下列的範例：

```
if #available(iOS 15.0, *) {
    List {
        Text("Item 1")
        Text("Item 2")
        Text("Item 3")
    }
    .refreshable {
        // 更新項目
    }
} else {
    // 退回至早期的版本
    List {
        Text("Item 1")
        Text("Item 2")
        Text("Item 3")
    }
}
```

你在一個 if 敘述中使用 #available 關鍵字。在這個可行性條件中，你指定了要確認的 OS 版本（例如：iOS 15），星號（*）是必要的，並指示了 if 子句所執行的最低部署目標以及其他 OS 的版本。以上列的範例來說，if 的主體將會在 iOS 15 或之後的版本執行，以及其他平台如 watchOS。

那麼當你想要開發一個類別或方法，可以讓某些 OS 的版本使用呢？Swift 讓你在類別／方法／函數中應用 @available 屬性，來指定你的目標平台與 OS 版本。舉例而言，你正在開發一個名為「SuperFancy」的類別，而它只能適用於 iOS 15 或之後的版本，你可以像這樣應用 @available：

```
@available(iOS 15.0, *)
class SuperFancy {
    // 實作內容
}
```

當你試著在 Xcode 專案使用這個類別來支援多種 iOS 版本，Xcode 會顯示錯誤。

> 注意 你不能在 Playground 做可行性檢查，若你想要嘗試的話，可建立一個新的 Xcode 專案來測試這個功能。